Risk Management and Insurance for Offshore Wind Farm

海上风电
项目风险管理与保险

主编　杨　亚

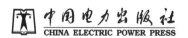

中国电力出版社
CHINA ELECTRIC POWER PRESS

内 容 提 要

在全球能源由化石燃料向清洁可再生能源转换的过程中，海上风电作为不占用土地资源、靠近电力负荷中心并可以大规模开发的可再生清洁能源，已逐步登上全球能源革命的舞台。由于海上风电具有风资源丰富、风机利用率高、单机发电容量大、距离用电负荷近等优势，使得近年来风电行业逐渐由陆上向海上发展，海上风电将成为未来风电行业的重要增量。然而，在海上风电蓬勃发展过程中，也存在着一定的风险隐患。

本书全面介绍了海上风电项目的发展历程与现状，阐述了海上风电项目在设计、建设、运行及维护阶段的基本施工方案与流程；对海上风电项目设计、建设、运行及维护阶段的风险识别与衡量进行了分析，并提出相应的风险管理对策；系统地对海上风电项目设计、建设、运行及维护阶段风险保障的保险险种与再保险进行了剖析；对海上风电项目中的典型事故案例进行了深入细致的分析，并对海上风电风险管理与保险相关的法律法规进行了归纳与总结。

本书理论联系实际，内容全面，针对性强，专业性与实用性相结合，适合海上风电项目工程技术人员、工程管理人员、保险从业人员及高等院校风险管理与保险专业的师生使用。

图书在版编目（CIP）数据

海上风电项目风险管理与保险 / 杨亚主编．—北京：中国电力出版社，2020.9
ISBN 978-7-5198-4412-7

Ⅰ．①海…　Ⅱ．①杨…　Ⅲ．①海洋发电–风力发电–项目管理–风险管理–研究②海洋发电–风力发电–项目管理–保险管理–研究　Ⅳ．①TM612②F840.681

中国版本图书馆 CIP 数据核字（2020）第 035254 号

出版发行：中国电力出版社
地　　址：北京市东城区北京站西街 19 号（邮政编码 100005）
网　　址：http://www.cepp.sgcc.com.cn
责任编辑：安小丹（010-63412367）
责任校对：黄　蓓　郝军燕
装帧设计：赵姗姗
责任印制：吴　迪

印　　刷：三河市万龙印装有限公司
版　　次：2020 年 9 月第一版
印　　次：2020 年 9 月北京第一次印刷
开　　本：787 毫米×1092 毫米　16 开本
印　　张：19.25
字　　数：431 千字
印　　数：0001—2000 册
定　　价：128.00 元

本书编委会

主　　编：杨　亚

副 主 编：何召滨　王振京　冯贤国　刘敬山　郭　枫

编　　委：孙群力　陈文灏　王三度　张　翼　白　伟
马长军　周　欣　房　梁　陈　俐　刘　健
闫　祎　王　磊　方　骏　陈立志　戴苏峰
苏　栋　王建新　张惠峰　陈　鹏　王光辉
陶金汉　吴　玲　宁　威　秦晓珊　周昆燕
丁桂荣　秦志达

编写组长：秦志达

编写人员：陈　鹏　闫　祎　秦晓珊　宁　威　周昆燕
刘健夫　李　彭　谢　丹　程晨光　胡姜文赫
武　凡　万　科　李士喜　王　浩　张　宇
杨洪源　蔡继峰　于贵勇　张云霞　王丹丹
韩孟娟　胡安超　杜邦国　吉彩红　董　捷
杨　妍　胡靖宁　贾宏晨

组织编写单位：国家电投集团保险经纪有限公司

参与编写单位：北京工商大学风险管理与保险学系
北京鉴衡认证中心有限公司
仑顿海事咨询（天津）有限公司

序　言

近年来，面对化石能源日益枯竭以及传统能源开发利用所带来的气候变化、环境污染等人类共同的难题，大规模开发利用新能源已成为世界各国的共识。我国已向国际社会承诺，2030年碳排放值达到峰值，非化石能源占一次能源消费比重提高到20%左右，大规模发展新能源将是实现上述目标的重要途径之一。当前，风电已成为新能源发电的"主力军"。由于陆上风电可开发区域逐渐减少，以及可能给居民的生活带来影响，其发展逐渐受到限制，人们转而将目光投向海上。海上风能资源丰富，对人类活动的干扰程度小，且沿海地区经济发达、电网容量大、风电接入条件好，因此，风电产业的中心正从陆上逐渐向近海、甚至深远海转移，海上风电将成为未来风电市场的发展重心。

2014年，随着我国海上风电产业的爆发式增长，海上风电政策导向也逐步明确，逐渐由风电政策细分至海上风电政策。2016年之后，海上风电产业进入全面加速阶段，相关政策的出台也变得更加密集、详细。在国家政策的大力支持下，我国海上风电产业近年来发展迅速，2018年新增装机量占全球新增装机量的40%，位居全球第一；装机累计总量占比由2017年的14.8%增长到20%，稳居全球第三位，展现出了强大的市场前景与发展潜力。

我国海上风电产业发展迅速，涌现出了一大批优秀企业与示范工程项目，积累了大量的实践经验。然而，在蓬勃发展过程中，不可避免地会存在风险，保险正是风险管理传统且有效的措施。改革开放以来，中国保险业在学习、借鉴国际经验的基础上获得了长足的发展，成为国民经济中增长最快的行业之一。保险业与经济社会发展的联系日益紧密，保险企业经营管理的复杂程度日益加深，保险从业人员加强学习的任务日益繁重，《海上风电项目风险管理与保险》一书应运而生。

本书以海上风电项目风险管理和保险实务为主线，兼顾理论和其他。由于海上风电项目涉及面和所研究的问题较为广泛，本书将所涉及问题之精华、要点、基本点阐述得非常清晰，突出了基础性、实用性和创新性的特点。本书以成熟的专业理论为主干，以完整的业务流程为主线，吸收前沿的理论创新成果和先进的实践经验做法，融理论、精神、知识、方法、工具于一体。在理论方面，能够使读者对海上风电项目有一个整体的了解和认识，尤其是使在岗人员或从事保险和学习研究相关保险的人员能够重温一些保险理论，并能在此基础上提升或拓展研究水平与空间；在实务方面，能够使从业人员尽快掌握入门的路径，少走弯路，快速上岗，符合岗位工作的具体要求，同时，使从业人员能够拓展思路、提升自身的业务技能与管理水平，达到胜任岗位职能的要求。

本书的出版能够助力广大从业人员加强学习，对他们提高理论素养、知识水平、业务本领和工作能力具有重要意义。我相信，每位读者都能成为本书的受益者。

中国人民保险集团股份有限公司党委书记、董事长

缪建民

前　　言

在全球能源由化石燃料向清洁可再生能源转换的过程中，海上风电作为不占用土地资源、靠近电力负荷中心并可以大规模开发的可再生清洁能源，已逐步登上全球能源革命的舞台。由于海上风电具有风资源丰富、风机利用率高、单机发电容量越大、距离用电负荷近等优势，使得风电行业逐渐由陆上向海上发展，海上风电将成为未来风电行业的重要增量。近年来，全球海上风电市场发展稳健。2018 年，全球海上风电累计装机容量达到 23GW，占风电总装机容量的 4%；新增装机容量为 4.5GW，占全年风电新增装机容量的 8%。根据全球风能理事会预测，全球海上风电将以 6GW/年以上的增长速度持续发展，到 2025 年，全球海上风电总装机容量将达到 100GW，占到全球风电总装机容量的 10%，其主要增长动力来自于亚洲市场的拉动，尤其是中国市场。

我国海上风电相对起步较晚，但发展迅猛。自 2010 年 9 月国内首个海上（潮间带）风电场在江苏建成并正式投产发电开始，我国海上风电行业便保持高速发展势头。根据中国风能协会数据，2018 年，我国海上风电新增风电装机容量同比增长 42.7%，累计装机容量同比增长 59.1%，海上风电累计装机容量约为 3.6GW，已开工在建项目装机容量约为 6GW，已核准装机容量超过 17GW。2018 年，我国实现新增海上风电装机容量和并网容量全球位列第一，已并网海上风电装机容量仅次于英国和德国，位居全球第三位。根据国家能源局制定的《风电发展“十三五”规划》发展目标，到 2020 年，我国海上风电开工建设规模达到 10GW，累计并网容量达到 5GW 以上。

海上风电市场前景广阔。然而，在蓬勃发展过程中，也存在着大量的风险隐患。维斯塔斯 V112－3.0WM 风机在巴西风电场发生机舱着火事故、西门子 2.3MW 机组的机舱与风轮坠海、SeaWork 号在丹麦海上风电场内倾覆，众多事故都说明了海上风电的高风险性。海上风电除了具有一般建设工程的风险外，由于其技术含量高，因而受到海域环境等外部因素的影响较大。现阶段我国海上风电从勘测、设计、施工、安装到设备供应进入的时间都比较短，在认知、技术和管理上还不够成熟。同时，海上风电的投资金额较大，一旦发生事故，所带来的损失也会非常严重。因此，海上风电企业在做好风险管理的同时，迫切需要寻找合适的途径来转移风险，以避免因事故损失过大而影响公司的运营。而选择合适的保险方案是转移风险、分摊损失的最佳手段，但目前我国尚未有专门针对海上风电项目的保险险种，这为我国海上风电的快速发展埋下了巨大隐患。如何对海上风电项目的风险进行全面风险管理，从而为我国海上风电发展保驾护航，成为严峻且紧迫的现实问题。考虑到海上风电项目风险的特殊性以及市场需求的迫切性，作者感到有责任、有义务适时编写本书。

本书共分四篇十六章。第一篇概念篇，包括海上风电发展、海上风电设计、海上风电施工建设、海上风电运行及维护、海上风电保险经纪人五章，阐述了海上风电工程项目的发展历程与现状，介绍了海上风电工程在设计、建设、运行及维护等阶段基本施工方案与流程；第二篇风险管理篇，包括海上风电风险管理、海上风电设计阶段的风险管理、海上风电建设阶段的风险管理、海上风电运行及维护阶段的风险管理四章，针对海上风电项目的设计、建设、运行及维护等阶段进行了风险识别、衡量，提出了对应的风险管理方法建议；第三篇保险篇，包括海上风电保险概述、海上风电设计阶段的保险运用、海上风电建设阶段的保险运用、海上风电运行及维护阶段的保险运用、海上风电再保险五章，系统地对海上风电项目在设计、建设、运行及维护等阶段的具体险种与再保险进行了剖析；第四篇案例及法规篇，包括典型事故案例、海上风电风险与保险的相关法规两章，对海上风电典型事故案例进行了深入细致的分析，并对海上风电风险与保险相关的法律法规进行了归纳与总结。

本书具有专业性的特点，涉及专业门类众多，既涉及海上风电项目风险与风险管理的基本知识，又涉及海上风电项目设计、运行及维护阶段的技术介绍，还涉及工程学、保险学等多种学科。考虑到读者对象的广泛性，本书编写过程中力求做到通俗易懂、深入浅出，并尽可能做到图文配合，使读者对本书的认识更加直观。

本书还具有实用性的特点，在实践中，海上风电项目技术人员对于保险知识知之甚少，迫切需要一本通俗易懂的读物能了解相关保险知识，同时，大部分保险从业人员对海上风电项目风险的了解也比较有限，而目前与海上风电和保险均相关的著作却较为匮乏。鉴于这种情况，本书力求满足不同读者的需要，以实用性为编写原则，特别是对典型事故案例的分析，读者可以从中深入了解海上风电项目风险管理与保险的过程，并在实践工作中进行借鉴与参考。在第四篇中，还对与海上风电项目风险与保险相关的法律法规进行了汇总，方便读者查阅。

本书在海上风电保险这一领域做出了有益的尝试和探索，加强了对海上风电保险的理论研究，对于我国海上风电保险的制度化、规范化、国际化建设大有裨益。相信此书的出版对于业内人士及关心保险业发展的社会各界能起到良好的参考和启发作用。

本书在编写过程中，得到了相关企业、有关院校及同行业专家的大力指导和帮助，特别是国家电投集团保险经纪有限公司、北京鉴衡认证中心有限公司、仑顿海事咨询（天津）有限公司、北京工商大学风险管理与保险学系，在此表示诚挚的谢意。本书编写过程中，参阅了许多文献资料，特此向有关作者致谢。

本书难免存在偏差和疏漏之处，恳请专家和读者批评指正。

编著者

2020 年 3 月

目　　录

第二篇　风 险 管 理 篇

第三篇　保　险　篇

第一篇

概念篇

第一章

海 上 风 电 发 展

第一节　海 上 风 电 概 念

一、海上风电起源

世界上第一个真正意义上的海上风电场起始于欧洲丹麦 Vindeby 海上风电场（见图 1–1），从 1991 年至今海上风电发展已经有近 30 年的历史。Vindeby 海上风电场位于 Lolland 岛附近 Vindeby 的低水位海域，共安装了 11 台单机容量为 450kW 的风电机组，这些机组均由 Bonus Energi（现西门子—歌美飒）提供。Vindeby 海上风电场于 2017 年正式退役。可以说，Vindeby 风电场是海上风电产业的诞生地和摇篮。目前丹麦已成为全球主要的海上风电开发国家之一。

二、海上风电概念

海上风电，又称离岸风力发电，通常设置地点在大陆架，利用风能进行发电。一般而言，海上风力资源较陆上丰富，且风向较为稳定，使得海上风电发电较陆上风力发电在同样时间内能够提供更多的发电量，且设施远离民众居住地，不占用土地，适宜大规模开发。如图 1–2 所示为某丹麦在运营中的海上风电场。

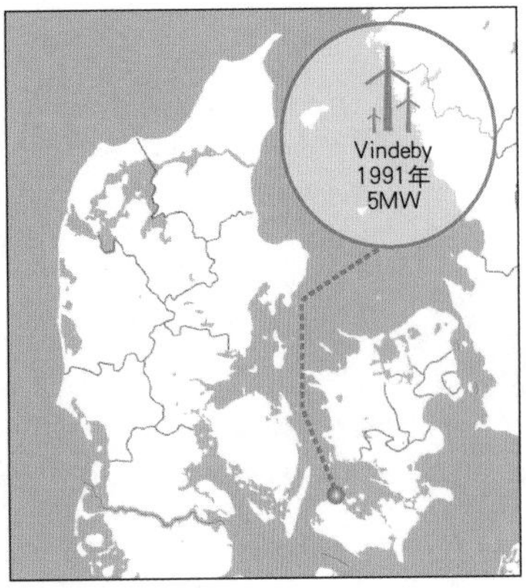

图 1–1　欧洲丹麦 Vindeby 海上风电场

图 1–2　某丹麦在运营中的海上风电场

（图片来源：DONG Energy A/S）

第二节 海上风电发展历程

一、国外海上风电发展历程

根据全球风能理事会（GWEC）数据，截至 2018 年底，全球海上风电累计装机容量达到 23.14GW，欧洲累计装机容量为 18.5GW，占全球累计 80%。欧洲海上风电发展历史有着全球性代表意义。从 1991 年丹麦建成世界上首个海上风电场至今，欧洲海上风电的开发经历了试验示范、规模化应用、商业化发展三个阶段。

（一）试验阶段

Vindeby 海上风电场于 1991 年在丹麦近海运行，安装了 11 台单机容量为 450kW 的风电机组，此后直到 2000 年，海上风电的发展一直处于试验示范阶段，主要在丹麦和荷兰的海域安装了少量的风电机组，单机容量均小于 1MW，至 2000 年累计装机容量仅仅 36MW。

（二）规模化应用

2001 年，丹麦 Middelgrunden 海上风电场建成运行，安装了 20 台 2MW 的风电机组，总装机容量 40MW，成为首个规模级海上风电场。欧洲海上风电从此进入规模化应用阶段，此后每年都有新增海上风电容量，风电机组单机容量均超过 1MW，至 2010 年欧洲海上风电累计装机容量达 2946MW。同时，从 2010 年开始，欧洲以外地区才开始建设海上风电场。

（三）商业化发展阶段

进入 2011 年，欧洲新建海上风电场的平均规模达近 200MW，风电机组平均单机容量 3.6MW，离岸距离 23.4km，水深 22.8m，欧洲海上风电开发进入商业化发展阶段，朝着大规模、深水化、离岸化的方向发展。2012 年比利时建成的 Thornton Bank2 海上风电场风电机组单机容量已达 6MW；2013 年建成的英国 London Array 海上风电场总装机容量达到 630MW；2018 年，Ørsted 位于英国的 1.2GW Hornsea Project One 海上风电场已经开工，同时 Hornsea Project two 将于 2020 年开始发电，两个风电场发电量共 3GW，成为世界上最大的海上风电场。

二、我国海上风电发展历程

我国海上风电以 2008 年上海东大桥 102MW 海上风电场核准为标志，已历经了 12 年的发展历程。可以分为四个发展阶段：技术引进阶段、探索阶段、示范项目建设阶段和规模化初始阶段。

（一）技术引进阶段（2005～2008 年）

在 2005 年，我国先后考察了英国、丹麦海上风电，加强了技术交流。在我国暂无海上风电行业的相关规程规范和工程经验的背景下，引进了先进的设计建设经验和技术标准，并应用于 2008 年启动的上海东大桥试点项目。

（二）探索阶段（2009～2010 年）

2009 年 1 月，国家能源局在北京组织召开全国海上风电工作会议，正式启动海上风电规划工作，组织开展江苏特许权项目的招标工作。沿海各省区均开展了海上风电资源调查和海上风电场工程规划工作，有序推进全国海上风电开发建设。

（三）示范项目建设阶段（2011～2013 年）

自上海东大桥 102MW 海上风电场作为第一个示范项目成功后，2010 年，江苏如东潮间带试验风电场成功建成，并投产运营。截至 2013 年底，全国海上风电累计核准规模约为 2.21GW，共建成容量约为 0.428GW，处于示范项目建设阶段。

（四）规模化初始阶段（2014 年至今）

自 2014 年之后，国家发改委发布了《关于海上风电上网电价政策的通知》，制定了《海上风电开发建设管理办法》和技术标准，推进示范项目和一批海上风电项目建设，规模连片发展。

第三节 海上风电发展现状

一、国外海上风电发展现状

（一）全球海上风电行业发展概况

全球海上风电起步于 20 世纪 90 年代的欧洲市场，早期为近海小型项目。2000 年以来，很多国家开始关注海上风电，但并未付诸实际的行动和投资建设。2009～2010 年是最重要的分水岭，当时几个单体较大的 300MW 级别的海上风电拉开了英国、德国等欧洲海上风电发展的序幕，从此全球海上风电新增装机规模迈上吉瓦（GW）级发展新台阶。2020 年后预计将进入年新增装机容量 5GW 时代，如图 1－3 所示。

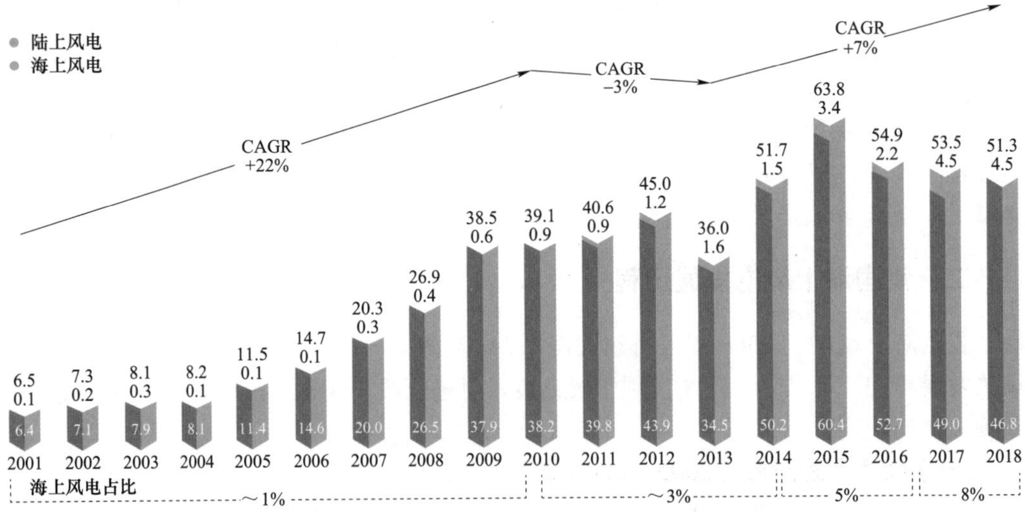

图 1－3 2001～2018 年全球陆上及海上风电（蓝色）新增装机容量（单位：GW）

注：CAGR（Compound Annual Growth Rate）为复合年均增长率。

根据全球风能理事会发布的《全球风能发展报告 2018》，2018 年全球新增海上风电装机容量 4.5GW，与 2017 年保持持平，增长稳定。2018 年，全球新增海上风电装机主要来自中国、英国、德国，这三个国家的市场份额分别为 40%、29%和 22%，其他市场仅为 9%。截至 2018 年底，全球海上风电累计装机中，英国、德国、中国分别占到 31%、28%和 20%，其他市场占到 18%。海上风电新增装机和累计装机的全球市场占比分别如图 1－4、图 1－5 所示。

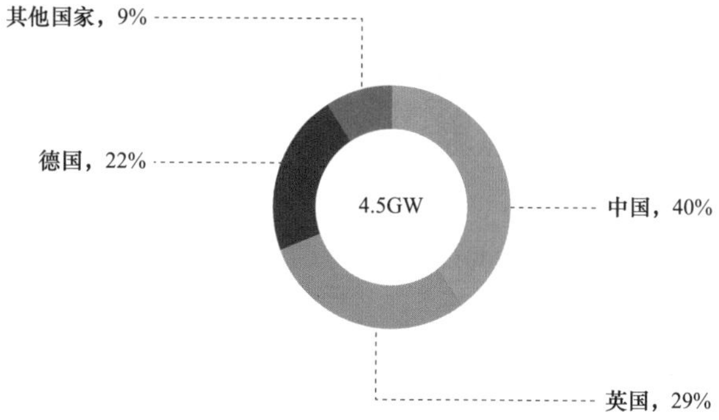

图 1－4　2018 年海上风电新增装机国别分布情况（单位：GW）

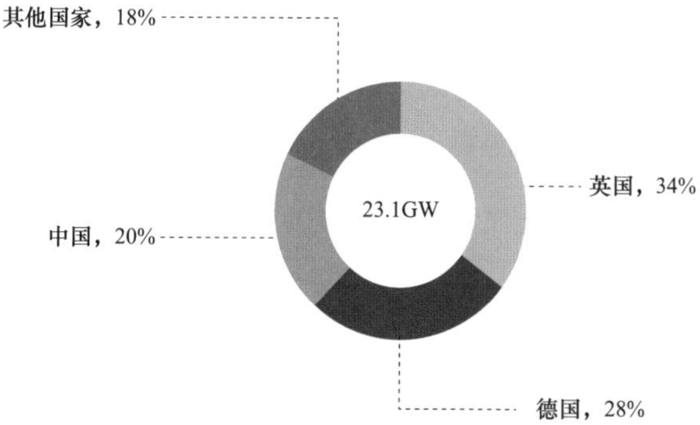

图 1－5　2018 年海上风电累计装机国别分布情况（单位：GW）

（二）欧洲海上风电发展情况

欧洲海上风电起步早，已进入规模化持续增长发展阶段。根据欧洲风能协会披露，截至 2016 年底全球海上风电装机容量 14.28GW，其中欧洲装机容量 12.63GW，占全球总装机容量的 88%，共有 3589 台风电机组分布在欧洲 10 个国家的 81 个海上风电场。其中，装机规模前 5 名分别为英国、德国、丹麦、荷兰和比利时。

2018 年，欧洲海上风电新增装机容量 2.65GW，累计装机容量 18.5GW。其中，英国达到 8.183GW，德国为 6.38GW，丹麦为 1.329GW，比利时为 1.186GW，荷兰为 1.118GW。这些国家还规划了积极的长期目标，到 2030 年，英国计划海上风电装机规模达到 30GW，德国为 15GW，荷兰为 1.15GW，法国为 5GW。

如图 1－6 所示为 2008～2018 年欧洲海上风电市场分布情况。

（三）国外海上风电发电成本和上网电价情况

1. 国外海上风电项目发电成本

过去五年，全球海上风电的度电成本平均已下降超过 50%，接近 120 美分/MWh（相当于 0.78 元/kWh）。根据已投运的项目分析，全球海上风电度电成本最低的地区

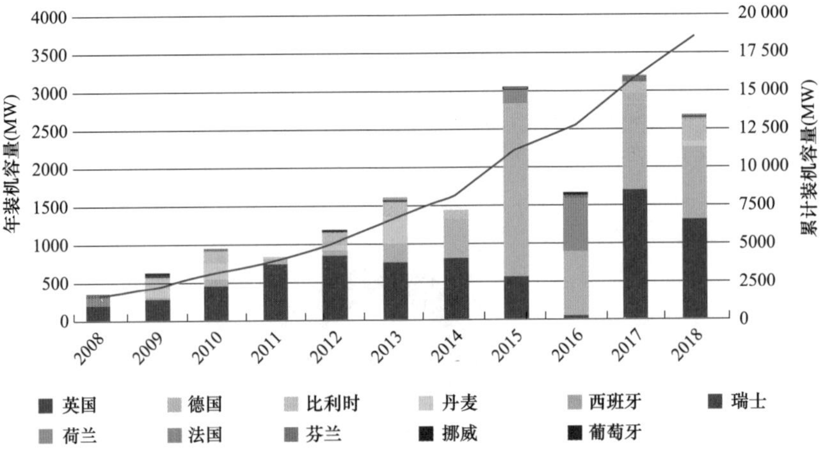

图 1-6　2008～2018 年欧洲海上风电市场分布情况（单位：MW）

为荷兰、中国、丹麦，均低于 100 美元/MWh，主要因为这些风场离岸距离较近，水深相对德国和英国项目较浅。

不同国家地区的海上风电度电成本水平有较大差异，主要是受工程造价、风资源条件及发电小时数等因素影响。即使是风资源接近的欧洲市场，也由于离岸距离和水深的不同，度电成本存在显著区别，如表 1-1 所示。

表 1-1　　不同国家海上风电造价、发电小时数及度电成本水平

国家	造价（元/kW）	满发小时数（h）	度电成本（元/kWh）
比利时	22 000～25 000	4000	0.57～0.71
丹　麦	12 000～18 000	4000	0.34～0.55
德　国	21 000～35 000	3700～4100	0.55～0.97
荷　兰	16 000	4100	0.41～0.53
英　国	21 000～26 000	4500	0.48～0.65

2. 国外海上风电上网电价

近年来，海上风电主要国家的网上电价都呈现出逐步下降的趋势。2018 年，荷兰、英国、比利时的海上风电电价降到 100～150 美元/MWh，中国（大陆）和德国的海上风电电价降至 100 美元/MWh 左右，丹麦则降到 100 美元/MWh 以下。预计到 2020～2025 年期间，部分国家的海上风电电价陆续降到 50 美元/MWh 左右，不再需要政府补贴。

2017 年 4 月最新一轮德国海上风电项目竞标出现零补贴电价，标志着随着这一批中标项目的投产，德国将于 2023 年前后进入海上风电平价上网的新时期。德国和荷兰、丹麦的项目竞标已将未来海上风电的平准化度电成本降至 50 欧元/MWh 以下，意味着一些在 2021～2025 年期间并网的项目比当前开工建设时的项目的平均价格降低 66%。

但成熟市场和新兴市场海上风电的平准化度电成本降幅大小不一，且新兴向成熟的转换还有一定差距。高成本曲线向低成本转化大概需要 3～4GW 装机规模的积累，这也是新兴市场在到达较低成本曲线之前必须付出的代价。

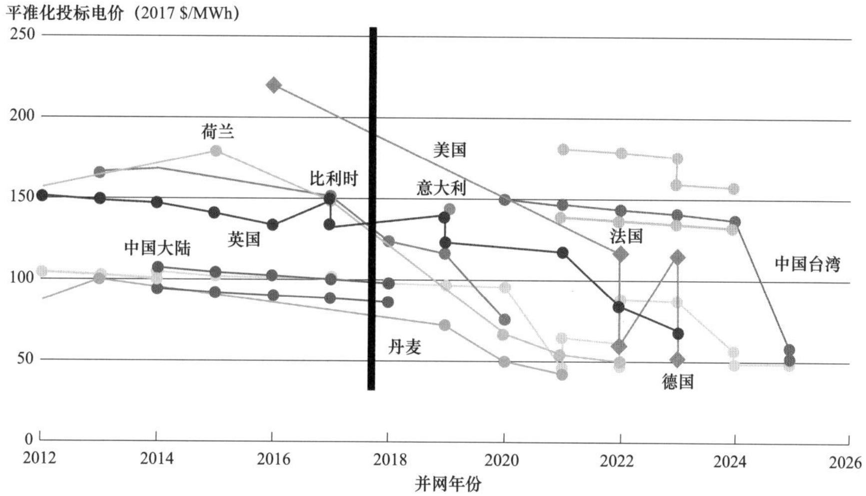

图 1-7 主要国家及地区海上风电电价变化趋势

（来源：彭博新能源财经。注：平准化年份）

（四）国外海上风电技术不断进步成熟

从风电场平均规模来看，投产风电场的平均规模从 2006 年的 46.3MW 上升到 2016 年 379.5MW，2020 年投产的风电场将达到百万千瓦级。

从水深及离岸距离来看，2016 年的平均水深为 29.2m，与 2015 年的 27.2m 相近；平均离岸距离为 43.5km，比 2015 年的 43.3km 略有提升。

从风电机组单机容量来看，从 2006 年到 2016 年海上风电机组的单机容量增加了 62%。2016 年吊装的 361 台机组平均单机容量为 4.8MW，新投标的单机容量达到 8MW。Dong Energy 在其 2016 年年报中展示了单机容量、叶片长度的逐年提升，体现了海上风电技术日新月异的发展。

随着技术的进步，海上风电机组逐渐向大型化转变。当前，全球已投运海上风电项目中安装最多的容量范围为 3～4MW 海上风电机组，尤其是西门子 3.6MW 及其升级版本 4MW 机型。而在近两年规划和开发的项目中，6MW 以上机组明显占据了主流，8MW 以上的机型更是占到 70%以上。如图 1-8 所示为欧洲海上风电在建项目主要机型。如表 1-2 所示为全球主要大型海上风电机型。

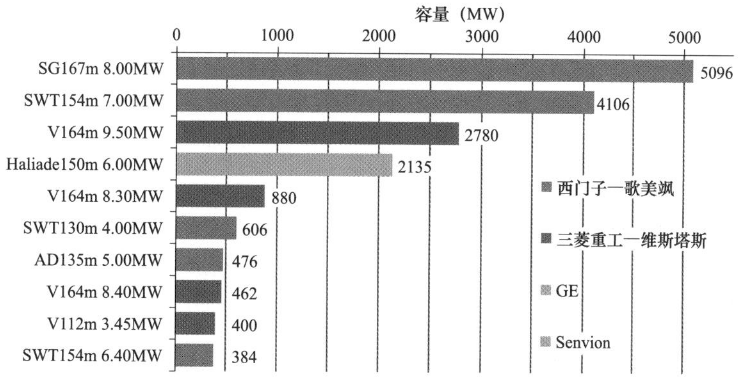

图 1-8 欧洲海上风电在建项目主要机型

表 1-2　　全球主要大型海上风电机型

公司名称	型号	功率（MW）	技术
AMSC	SeaTitan10MW	10	高温超导体（HTS）发生器
Sway	ST10MW	10	无铁芯永磁发电机
三菱重工—维斯塔斯	V164-9.5MW	9.5	永磁同步发电机
	V174-9.5MW	9.5	永磁同步发电机
	V164-8/8.3MW	8/8.3	永磁同步发电机
	V117-4.2MW	4.2	永磁同步发电机
Adwen	AD-180	8	永磁同步发电机
Enercon	E126-7.5MW	7.5	永磁同步发电机
三星	S7.0-171	7	高速齿轮箱+永磁发电机
西门子	SWT-10.0-193	10	直驱永磁发电机
	SWT-7.0-154	7	直驱永磁发电机
	SWT-6.0-120/154	6/7	直驱永磁发电机
	SWT-4.0-120/130	4	双馈发电机
歌美飒	G132-5.0MW	5	永磁同步发电机
西门子—歌美飒	SG 8.0-167 DD	8	直驱永磁发电机
GE	GEHaliade150-6MW	6	永磁同步发电机
	GE 12-220	12	永磁同步发电机

（五）行业巨头领跑海上风电

在投资开发商方面，Dong Energy 是欧洲海上风电的第一大开发商，在累计装机容量中占比 16.2%；Vattenfall、E.ON、Innogy、Stadtwerke München 分别以 8.6%、8.3%、7.8%、4.2%的占比位居第二至第五名，五大开发商合计占欧洲海上风电市场份额的 45.1%。

在风电机组制造商方面，西门子—歌美飒（Siemens-Gamesa）2018 年全球海上风电新增装机容量为 1.36GW，市场份额达 32%，继续领跑全球海上风电市场。三菱重工—维斯塔斯（MHI-Vestas）2018 年新增海上风电装机容量 1.29GW，实现大幅增长，以 30%的市场份额稳居第二。

得益于中国海上风电市场的快速崛起，上海电气（0.72GW）、远景能源（0.4GW）、金风科技（0.4GW）、明阳智慧能源（0.09GW）分别为全球第三至第六名海上风电制造商。

如图 1-9 所示为 2018 年全球前十大海上风电制造商新增装机容量情况。

二、我国海上风电发展现状

（一）我国海上风电资源充足

我国海岸线长达 1.8 万 km，可利用海域面积 300 多万平方公里，相对于陆地，我国近海风能资源更为丰富，拥有发展海上风电的天然优势。根据中国气象局对我国风能资源的详查和评价结果，我国近海 100m 高度层 5～25m 水深区风能资源技术开发量约为 2 亿 kW，5～50m 水深区约为 5 亿 kW。

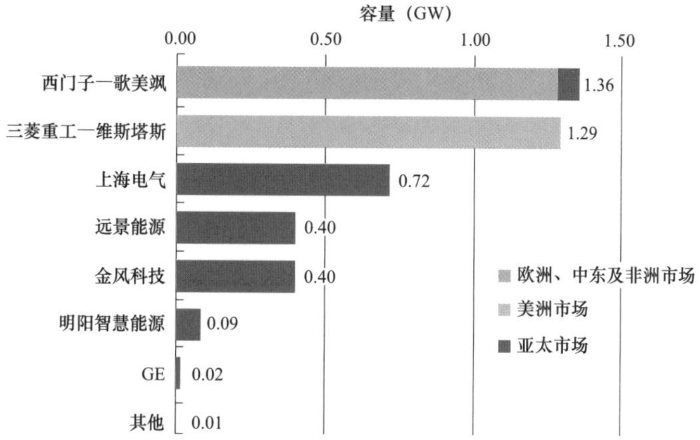

图 1-9 2018 年全球前十大海上风电制造商新增装机容量
（来源：彭博新能源财经。只包含海上风电。红色代表亚太市场，蓝色代表美洲市场，绿色代表欧洲、中东及非洲市场。）

对于我国沿海区域风能资源分布，分区域看，台湾海峡是中国近海风能资源最丰富的地区，海峡以南的广东、广西、海南近海风能资源亦较好，海峡以北近海风能资源逐渐减小，到渤海湾又有所增强。福建、浙江南部、广东等区域近海风能资源丰富分原因与台风等热带气旋活动有关，开发时候需要考虑灾害天气的影响。

（二）我国海上风电“十三五”发展规划目标

根据国家能源局发布的《风电发展“十三五”规划》，到 2020 年全国海上风电开工建设规模要达到 10GW，力争累计并网容量达到 5GW 以上，重点推动江苏、浙江、福建、广东等省的海上风电建设。如表 1-3 所示为国家风电发展“十三五”规划中各省海上风电布局情况。

表 1-3 国家风电发展“十三五”规划中各省海上风电布局

地区	累计并网容量（MW）	开工规模（MW）
天津	100	200
辽宁	—	100
河北	—	500
江苏	3000	4500
浙江	300	1000
上海	300	400
福建	900	2000
广东	300	1000
海南	100	350
合计	5000	10 050

（三）沿海各省市海上风电发展规划

根据国家能源局的规划和各地资源状况，沿海各省陆续发布了海上风电发展“十三五”规划，发展目标大都超过国家能源局的规划目标。如表 1-4 所示为我国沿海各省海上风电发展规划政策。

表 1-4　　我国沿海各省海上风电发展规划政策

地区	政策	主要内容
江苏省	江苏省海上风电场工程规划	到 2020 年，海上风电累计并网 3.50GW，累计开工 4.5GW，累计核准 6GW
山东省	山东海洋强省建设行动方案	到 2022 年，全省开工建设海上风电装机规模达到 3GW 左右
广东省	广东省海上风电发展规划 2017～2030 年（修编）	到 2020 年底，开工建设海上风电装机容量约 12GW 以上，其中建成约 2GW 以上；到 2030 年前建成约 30GW
福建省	福建省“十三五”能源发展专项规划	到 2020 年，海上风电装机规模达到 2GW 以上，到 2030 年建成投产约 3GW 以上
浙江省	浙江省能源发展“十三五”规划	“十三五”时期重点建设舟山普陀 6 号二区，嘉兴 1 号、2 号，象山 1 号，玉环 1 号，岱山 2 号、4 号等海上风电项目；开展 2GW 预备项目前期工作
海南省	海南省能源发展“十三五”规划	至 2020 年，争取投产东方近海风电装机容量共 0.35GW。开展东方 2 号风电场、乐东、文昌、临高、儋州等近海风电前期研究，开展三沙及其他重要海岛风电利用研究
上海市	上海市能源发展“十三五”规划	加快临港海上风电基地建设，适时启动奉贤海上风电开发，在顾园沙、东海大桥南侧等海域积极探索，支持探索深远海海上风电开发
大连市	大连市能源发展“十三五”规划	加快推进庄河 1.5GW 海上风电场的建设
河北省	河北省“十三五”能源发展规划	有序推进唐山、沧州海上风电建设，到 2020 年海上风电装机容量争取达到 0.8GW

（四）我国海上风电开发建设情况

随着项目开发技术和产业链实力的持续进步，我国海上风电取得突破性进展，装机规模显著增加。自 2011 年以来，国内海上风电新增装机规模复合年均增长率达到 47%，截至 2019 年上半年，全国风电累计并网装机容量达到 193GW，已完成“十三五”规划的 92%，其中海上风电并网容量为 4GW，对促进沿海地区能源转型发展具有重大意义。如图 1-10 所示为 2011～2018 年我国海上风电年新增并网装机规模情况。

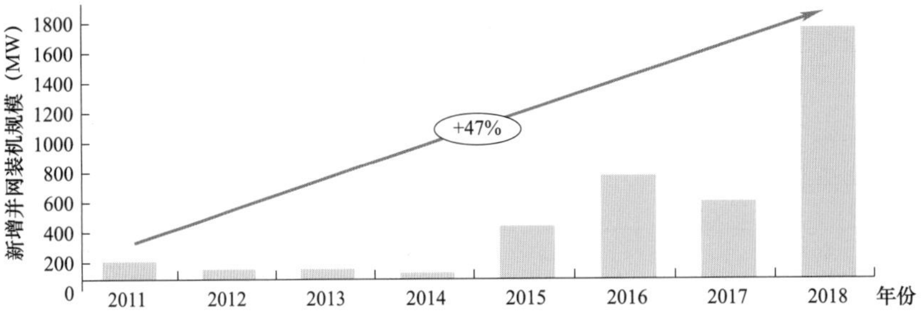

图 1-10　2011～2018 年我国海上风电年新增并网装机规模（数据来源：Wood Mackenzie）

注：47%为年复合增长率。

2018 年，我国全年海上风电实现新增装机容量 161 万 kW，排世界第一，项目主要分布在江苏、浙江、福建、河北、上海、辽宁、广东等七省市。其中，江苏新增海上风电装机容量达 95.8 万 kW，占全国新增装机容量 59.5%，其次分别为浙江 9.4%、福建 9.3%、河北 7.5%、上海 6%、辽宁 5.6%、广东 4.3%。

截至 2018 年底，国内海上风电累计装机（吊装）容量达到 445 万 kW，仅次于英国和德国，位居世界第三。其中，江苏省海上风电累计装机容量突破 300 万 kW，达到 313

万 kW，占全国海上风电累计装机容量的 70.5%；其次分别为上海 9.1%、福建 6.5%、浙江 4.5%、河北 3.6%，其余各省累计装机容量占比合计约 5.8%。如图 1－11 所示为截至 2018 年底我国部分沿海区域海上风电累计装机分布情况。

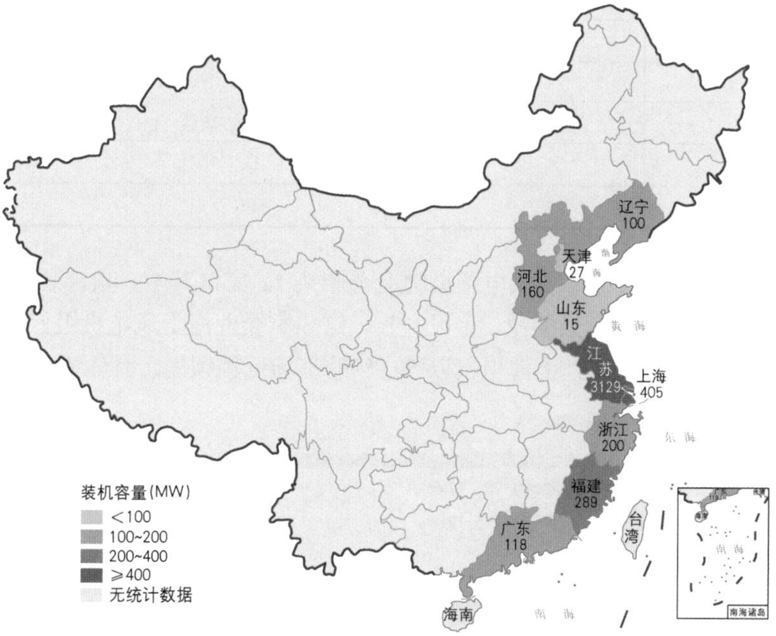

图 1－11　截至 2018 年底我国部分沿海区域海上风电累计装机分布

（五）我国主要开发商和制造商海上风电装机情况

2018 年，我国共有 7 家整机制造企业有新增海上风电装机，其中上海电气新增装机最多，共 181 台，合计容量 72.6 万 kW，新增装机容量占比 43.9%；其次分别为远景能源、金风科技、明阳智能、GE、联合动力、湘电风能，如表 1－5 所示。

表 1－5　　　　2018 年我国风机整机制造商海上风电新增装机情况

制造企业	单机容量（MW）	装机台数（台）	装机容量（MW）
上海电气	4	180	720
	6	1	6
	合计	181	726
远景能源	4	25	100
	4.2	72	302.4
	合计	97	402.4
金风科技	2.5	35	87.5
	3.3	81	267.3
	6.45	5	32.3
	6.7	2	13.4
	合计	123	400.5

续表

制造企业	单机容量（MW）	装机台数（台）	装机容量（MW）
明阳智能	3	23	69
	5.5	4	22
	合计	27	91
GE	6	3	18
联合动力	3	4	12
湘电风能	5	1	5
总计		436	1655

截至 2018 年底，我国海上风电整机制造企业共 12 家，其中，累计装机容量达到 70 万 kW 以上有上海电气、远景能源、金风科技，这 3 家企业海上风电机组累计装机量占海上风电总装机容量的 85.9%，上海电气以 50.9%的市场份额领先，具体情况详见图 1－12。

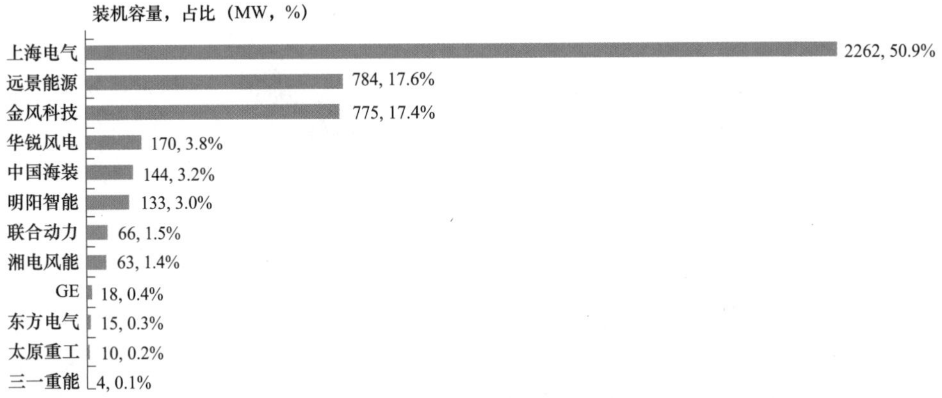

图 1－12　截至 2018 年底我国海上风电整机制造企业累计装机容量

（六）我国海上风电的技术进步

1. 风电机组大型化趋势明显

随着风电技术和海上风电的发展，风电机组的整体趋势是单机容量的大型化和多样性。目前风电 3MW 以上机组多应用于海上风电，10MW 以上机组则应用于深海领域。海上风电机组均基于陆上风电机组改造，在我国所有吊装的海上风电机组中，单机容量为 4MW 机组最多，累计装机容量达到 152.8 万 kW，占海上装机容量的 55%，其次是 2.5MW，占比为 14%，未来 4～8MW 将取代 4MW 以下机组成为市场主流的海上风电机组。如图 1－13 所示为我国海上风电不同单机容量机组市场占比情况。

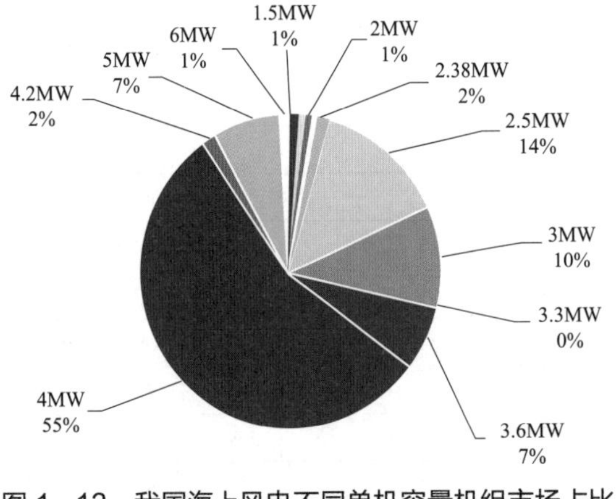

图 1－13　我国海上风电不同单机容量机组市场占比

2. 风电基础设计能力不断提高

海上风电开发正日益走向深海，预计到 2025 年，海上风电平台的水深将超过 60m，离岸距离最大将超过 100km。海上基础设计技术水平不断提高。涌现了单桩、高桩承台、复合筒、抗冰锥单桩、导管架、多桩等多种基础，以及正在开发的负压筒、重力式等基础，已建成各型基础 900 余座，其中无过渡段单桩基础 500 余座；且通过技术优化，基础造价已降低 10%～15%；嵌岩桩单桩设计，解决了软硬岩区域海上风电建设难题；高桩承台基础适应较软弱地质；带抗冰锥的大直径单桩基础（约 10m）已应于渤海海域（大连庄河项目）。海上风电支撑结构实现一体化设计之后能够使载荷降低 15%～20%，进而使塔架基础成本下降 5%～10%。嵌岩、抗冰和一体化等基础设计能力，提升了工程经济性和基础可靠性。

3. 运输安装施工技术水平大幅提升

国内大型风电施工船的发展有助于海上风电领域向深海拓展。目前国内已经有近 20 艘大型海上风电施工船，如中交第三航务工程局的三航“风范”号、龙源振华 1 号、龙源振华 2 号、龙源振华 3 号、普丰托本号、海洋风电 38、华电 1001 号以及华尔辰号。其中，具备强大起重能力的风电施工平台龙源振华 3 号已于 2018 年 5 月交付，可适用于 8MW 大容量海上风电的基础施工及机组吊装。龙源振华 3 号船长 100.8m，型宽 43.2m，型深 8.4m，起重能力达 2000t，为全球最大，可实现大兆瓦海上风机基础的空中翻身。该平台上的起重机起升高度达 120m，在目前全球自升式风电安装平台中，拥有最高的吊高高度。最大作业水深达到 50m，开创国内之最，是我国海上风电作业从浅海走向近海的关键利器。如表 1－6 所示为目前国内主要海上风电专业船舶情况。

表 1－6　　目前国内主要海上风电专业船舶

公司	船舶名称	特　　点	使用对象
中交三航局	三航“风范”号	2400t（2×1200t）双臂变幅起重船	用于上海东海大桥风电示范区风电设备安装
中交三航局	三航“风华”号	可在水深 40m 以内的泥砂质海域作业，它是国内最先进、具备最大起重能力的风电安装船，集大型设备吊装、风电基础打桩、设备安装、运输于一体	用于福建莆田平海湾风电安装
	龙源振华 1 号	可浮态吊装施工，也可坐滩起重作业；广泛用于潮间带和浅海区域起重作业	运用在江苏如东风电场
	龙源振华 2 号	可在 35m 内水深海域作业；既可进行海上单管桩基础施工及多管桩基础施工，也可进行海上大型风机吊装施工	运用在江苏如东风电场
龙源振华	龙源振华 3 号	国内最大海上风电施工平台，起重能力达 2000t，可实现大兆瓦海上风机基础的空中翻身，最大作业水深达到 50m，开创国内之最	适用于 8MW 大容量海上风电的基础施工及机组吊装
	普丰托本号	托本号是国内引进的先进的自带动力定位系统 DP3 的自升式起重平台	可同时用于漂浮模式和举升模式下的起吊作业，工作水深可达 45m
南通海洋水建	海洋风电 38	适合近海及潮间带施工；作业水深小于 35m，安装方式为分体吊装	
华电重工	华电 1001 号	自升式海上风电安装平台，最大作业水深（加入泥深度）达 35m	运用于台湾福海风力发电气象观测塔施工及 30 台风机安装

续表

公司	船舶名称	特　　点	使用对象
靖江南洋船舶	华尔辰号	双体船设计，是集风塔打桩、风电设备安装于一体的海上风电设备工程安装施工船舶	运用于珠港澳大桥施工

4. 输电和通信技术进步

截至 2018 年底，我国吊装完成 14 座海上升压站，并网运行 12 座，其中吊装完成世界首座分体式 220kV 海上升压站，积累了较为丰富的海上升压站设计、施工经验。目前，在江苏和广东区域，已经出现远距离海上风电场，传统高压交流技术存在技术和经济上的瓶颈；传统的基于 MMC 的高压直流技术具有技术成熟、电力输送距离长的优点，成为欧洲海上风电场的首选；基于分散整流的直流一体化技术具有较强的先进性和经济性，会成为海上风电远距离送出的颠覆性技术。目前，我国已初步完成深远海大型汇流站设计及柔性直流传输技术研发（中广核射阳海上项目）。

海底电缆是海上风电与陆上风电较为主要的区别所在，占海上风电投资比重为 5%～7%。海上环境恶劣，对于海缆的制作工艺、运输安装、后期维护等提出很高要求。海缆施工难度较大，需要专业的敷缆单位来完成，后期维护费用较高。陆缆单公里费用为 25 万～70 万元，而 35kV 海缆单公里费用为 70 万～150 万元（考虑不同截面），220kV 海缆单公里费用为 400 万元，同时海缆投资规模与海上风电建设规模同比增加。

目前，海底线缆广泛运用的是海底光电复合缆，直接降低了项目的综合造价和投资，并间接地节约了海洋调查的工作量和后期路由维护工作。海底光电复合缆即在海底电力电缆中加入具有光通信功能及加强结构的光纤单元，使其具有电力传输和光纤信息传输的双重功能，取代同一线路分别敷设的海底电缆和光缆，节约了海洋路由资源，降低制造成本费用、海上施工费用和路岸登陆费用。我国近两年建设的近海试验风电场全部采用海底光电复合缆实现电力传输和远程控制。

如图 1－14 所示为近海风力发电场典型布局示意。

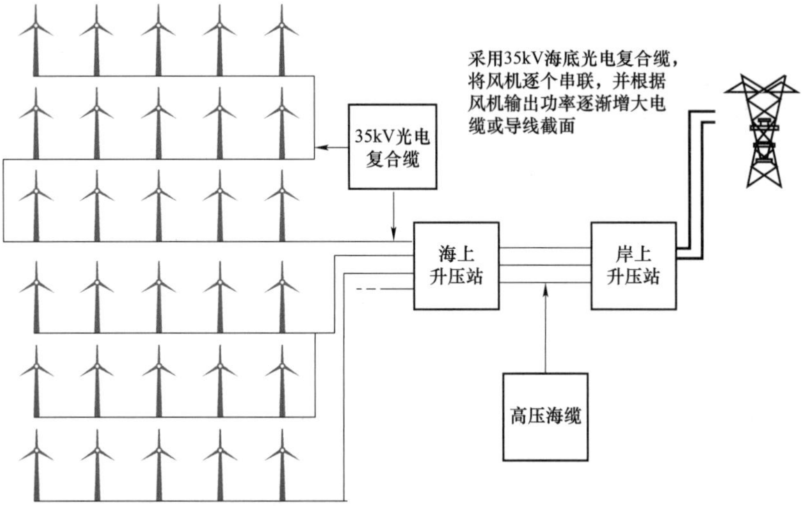

图 1－14　近海风力发电场典型布局

第四节 海上风电发展趋势

随着海上风电研发技术的提高和开发成本的下降，全球海上风电正在进入快速发展期，未来受到资源、市场、政策、技术等各方面的影响，海上风电作为风电产业未来的重点发展方向，将不断带来新的发展机会，同时也面临着一些挑战。

一、我国将驱动全球海上风电新增装机快速发展

目前，全球海上风电新增装机容量是 5GW，预计到 2050 年，年新增容量将达到 45GW，新增量增长将近 9 倍。截至 2018 年底，国内海上风电投运规模仅达到 3.6GW，在建海上风电项目总容量也只有 7GW 多，未来我国海上风电可供开发资源的规模更大，开发前景更加广阔。预计 2019 年到 2023 年，中国海上风电新增装机容量合计将达到 20GW。到“十四五”末，我国海上风电投运规模很可能突破 30GW。

如图 1－15 所示为全球海上风电新增装机及未来装机容量预测。

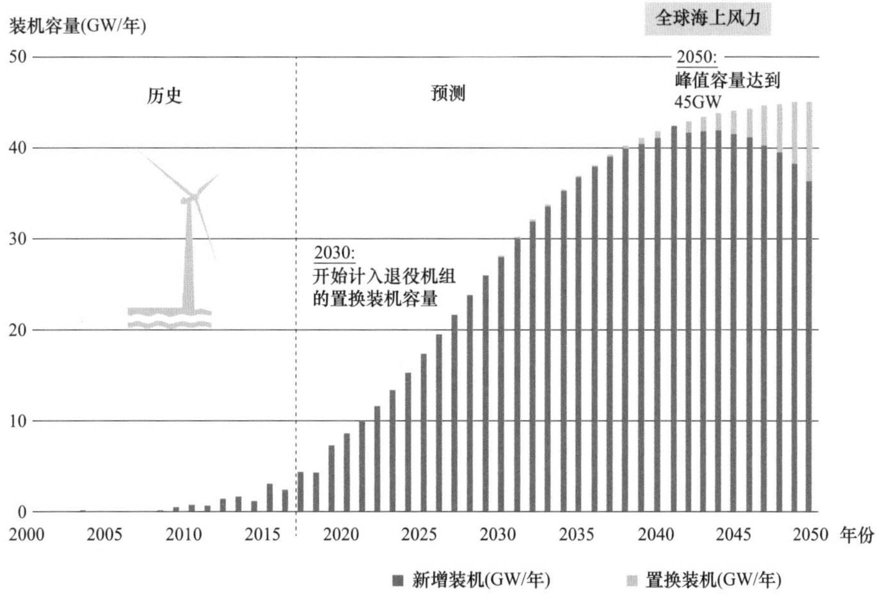

图 1－15 全球海上风电新增装机及未来装机容量预测

二、海上风电机组单机容量不断增大

2017 年之前，全球海上风电市场的平均商用风机容量低于 5MW；2018 年，全球海上风电机组平均容量超过了 7MW；预计到 2020 年全球海上风电机组单机容量将达到 8MW；2023 年达到 10MW。

如图 1－16 所示为全球海上风电项目规模与单机容量发展趋势。

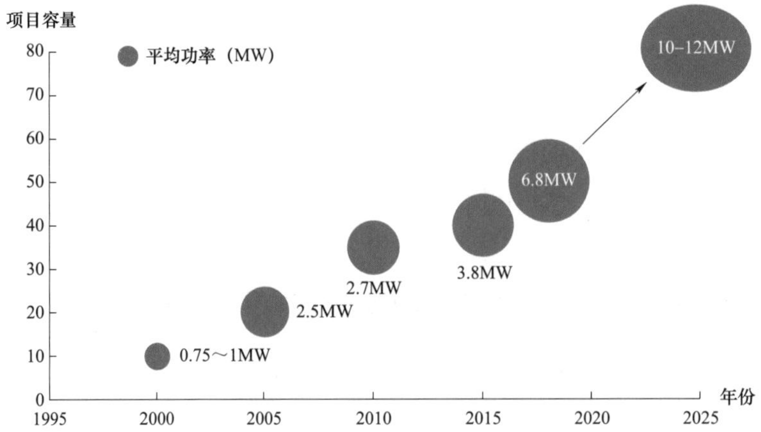

图 1–16　全球海上风电项目规模与单机容量发展趋势

三、漂浮式基础将成为海上风电技术发展趋势

2001～2018 年，海上风电机组的离岸距离和水深都在不断增加；其中单桩和导管架适用于 20～60m 的水深环境，固定基础风电机安装的水深目前能够达到 30m，在 60m 以上的水深地区漂浮式风电机组的优势更大。因此，随着海上风电水深不断增加，漂浮式基础将成为海上风电技术的主要发展趋势，到 2050 年，70%的海上风电项目将应用漂浮式基础。

如图 1–17 所示为全球漂浮式基础技术示意图。

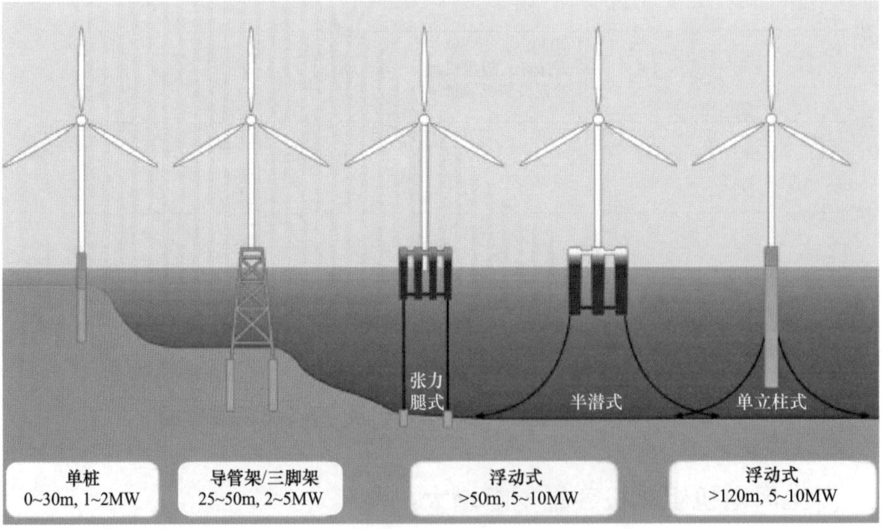

图 1–17　全球漂浮式基础技术示意图

四、海上风电技术发展促进成本下降

技术进步是海上风电发展的动力引擎，也是促进海上风电成本下降的动力源泉。不同于陆上风电项目，海上风电是“风电项目+海洋工程”，海底光缆、海上桩基及海上吊

装设备是海上风电项目的重要组成成分。由于涉及众多当代高端装备制造的顶尖技术，海上风电的大规模发展有赖于我国在高端轴承、齿轮箱和大功率发电机等前沿技术上实现突破。同时，开展具有前瞻性的海洋测风、海洋基础、海洋施工、整机等前沿研究测试，对我国海上风电行业的长远健康具有深远影响。随着海上风电技术的进步，海上风电工程建设能力不断进步、开发成本不断下降。对未来我国海上风电补贴退坡并向平价过渡，提供了有力的支撑。如图 1－18 所示为全球海上风电平准化度电成本预测。

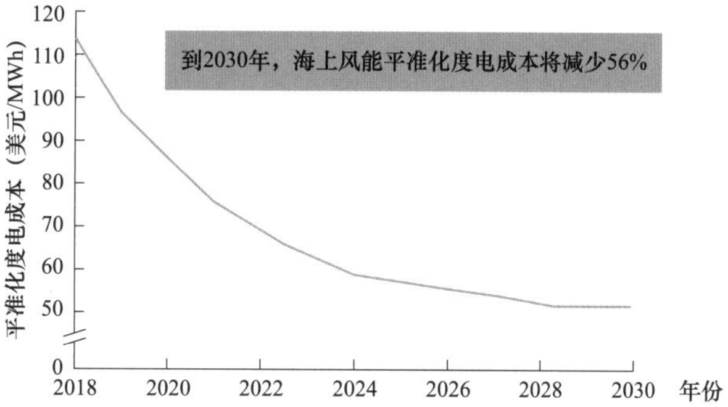

图 1－18　全球海上风电平准化度电成本预测

五、未来海上风电面临的挑战

（一）国外面临的挑战

1. 政策挑战

目前启动海上风电的国家大都采取多党执政，执政党对于海上风电乃至风电的偏好可能会给海上风电政策带来极大的不确定性。

2. 汇率挑战

由于电价计价货币不统一，在有些不以美元计价的国家，可能会遭受较大的汇率波动风险。而即使是美元计价，也可能会受到中美贸易摩擦磋商的影响。而考虑到这些风险，在很多国家可能进一步遇到融资困难的问题。

3. 技术挑战

目前全球领先的风电设备企业均发布了 10MW+级别的风电机组，但很多新的大型机组尚没有经过时间的检验，甚至样机都还没出，技术可实现性目前还存在疑问。

4. 产业链挑战

对应海上风电，比陆上风电产业多的港口、运输、安装设备的产业链要求更高，欧洲曾经遇到过明显的风电安装船瓶颈。

5. 成本挑战

目前欧洲德国、荷兰、芬兰等地纷纷出现了领补贴电价的海上风电投标。这些项目要到 2025 年以后才投运，开发商采取领补贴保价，主要是判断市场电价会由于欧盟范围内的脱核、脱碳浪潮而不断走高。但如果电价仍然保持现在的水平，对于许多的零补贴报价项目将遇到很大的成本挑战。不仅是工程造价，还包括潜在的质量成本、机组退役成本以及统一分摊的海上输、变电成本。

（二）国内面临的挑战

1. 降电价趋势带来的挑战

海上风电实现“平价上网”，任务急、挑战大。海上风电仍处于规模化发展初期阶段，既要着手技术质量提升和产业链的建设，又要快速实现“平价上网”，挑战比较大；要实现海上风电平价上网，需要在现有 0.85 元/kWh 的基础上降低一半以上，大叶轮大功率风机、远距离送出技术和高效廉价的基础和施工技术是关键。

（1）海上风电投资收益率和度电成本敏感性分析。项目单位造价和投运后的利用小时数是影响海上风电项目投资收益率和度电成本的关键因素。经过近十年的发展，我国海上风电技术不断成熟，项目投资成本逐步下降，在上网电价逐步小幅下降的情况下，项目投资收益率持续上升，投资风险也不断降低。目前江苏、浙江区域近海海上风电造价在 1.4 万～1.6 万元/kW，福建、广东为 1.6 万～1.9 万元/kW。过去十年国内近海海上风电项目单位千瓦投资趋势如图 1－19 所示。

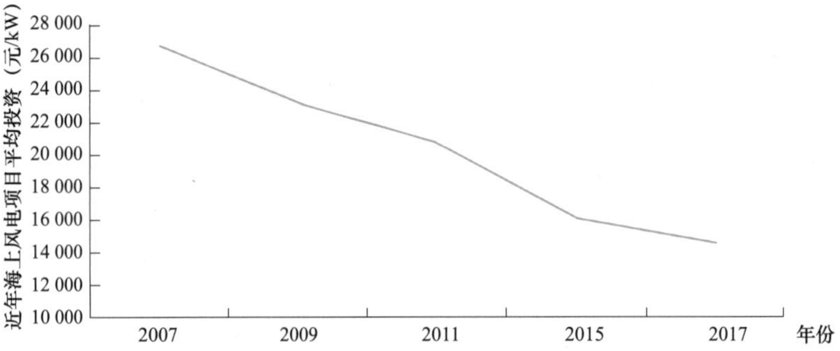

图 1－19 过去十年国内近海海上风电项目单位千瓦投资趋势

（2）为测算海上风电项目投资收益率和度电成本，现对主要边界条件做出如表 1－7 假设。

表 1－7 海上风电项目投资收益测算主要边界条件假设情况

边界条件	数值	边界条件	数值
运营规模（MW）	100	设备折旧年限（年）	20
初始投资（万元/MW）	1400～1800	贴现率（%）	4.50
利用小时数（h）	3600	贷款比例（%）	70
资产财务周期（年）	12	贷款利率（%）	6.00
设计生命周期（年）	25	年运维成本（万元）	1500

（3）项目投资收益率敏感性分析。在项目单位造价（如 EPC 成本）不变时，海上风电项目的利用小时数越高，内部收益率越高；同样，利用小时数不变时，EPC 成本越低，内部收益率越高，具体情况如表 1－8 所示。其中，标黄部分为项目 IRR 低于 10% 的情况。

表 1–8　海上风电项目 IRR 对 EPC 成本和利用小时的敏感度分析（单位：%）

EPC（元/W）＼利用小时数（h）	2400	2600	2800	3000	3200	3400	3600	3800	4000
12	21.04	25.04	29.20	33.51	37.94	42.41	46.93	51.48	56.06
13	17.58	21.11	24.80	28.65	32.63	36.68	40.79	44.96	49.16
14	14.74	17.87	21.16	24.59	28.17	31.84	35.59	39.40	43.27
15	12.37	15.18	18.12	21.20	24.41	27.73	31.15	34.64	38.20
16	10.37	12.91	15.56	18.34	21.24	24.24	27.35	30.55	33.82
17	8.65	10.98	13.39	15.91	18.53	21.26	24.09	27.01	30.02
18	7.16	9.31	11.52	13.82	16.21	18.70	21.28	23.96	26.72
19	5.85	7.85	9.90	12.01	14.21	16.48	18.85	21.30	23.84
20	4.69	6.56	8.47	10.43	12.46	14.55	16.73	18.98	21.32

（4）度电成本敏感性分析。在项目单位造价（如 EPC 成本）不变时，海上风电项目的利用小时数越高，度电成本越低；同样，利用小时数不变时，EPC 成本越低，度电成本越低，具体情况如下表所示。根据目前全国各省脱硫脱硝煤电标杆电价，沿海省份中广东省电价最高为 0.45 元/kWh，表 1–9 中标黄部分为项目度电成本超过这个电价水平的情况。

表 1–9　海上风电度电成本对 EPC 和利用小时的敏感度分析

EPC（元/W）＼利用小时数（h）	2400	2600	2800	3000	3200	3400	3600	3800	4000
12	0.40	0.36	0.34	0.32	0.30	0.28	0.26	0.25	0.24
13	0.43	0.40	0.37	0.34	0.32	0.30	0.29	0.27	0.26
14	0.46	0.43	0.40	0.37	0.35	0.33	0.31	0.29	0.28
15	0.49	0.46	0.42	0.40	0.37	0.35	0.33	0.31	0.30
16	0.53	0.49	0.45	0.42	0.40	0.37	0.35	0.33	0.32
17	0.56	0.52	0.48	0.45	0.42	0.40	0.37	0.35	0.34
18	0.59	0.55	0.51	0.48	0.45	0.42	0.40	0.38	0.36
19	0.63	0.58	0.54	0.50	0.47	0.44	0.42	0.40	0.38
20	0.66	0.61	0.57	0.53	0.50	0.47	0.44	0.42	0.40

2. 海洋生态红线问题带来的挑战

海洋生态红线作为生态保育的底线，理应得到最高的保护，海上风电工程必须尽一切可能避免占用。海上风电开发建设的前期阶段，尤其基础与海底电缆的施工，均会涉及海洋生态保护区域问题，因此，前期必须要得到反复论证。科学论证各项目对该海域生态的累积性与长期性影响，避免对海洋生态带来长远的负面影响。需要有关部门严格审查项目环境报告的合理性，一旦触及就需要重新研究与综合统筹区域内整体风电项目的海底电缆走线合理性。重新规划项目海底电缆工程，在坚守生态红线的前提下，慎重考虑海上风电项目及其海底电缆走线布局。

3. 项目审批周期长

审批流程复杂费时，效率低，海上风电项目的审批需要很多环节，需要各级管理部门协调，在这个复杂的审批链条中，每一个环节的进度都影响项目进展。目前一个海上风电项目的审批核准通常需要一年，漫长的审批周期，复杂的程序，增加了投资成本，不能有效推进海上风电的发展。加强政府相关部门的协调工作，以及简化流程必不可少。同时核准条件调整带来的挑战，如用海海域标准、渔业补偿标准不一、军事、规划符合性等的调整。

4. 尚未形成规模经济，产业链不成熟

匹配规模快速增长与风险防控、高品质能力建立。当前招标未建设容量逐年增加，截至 2018 年，累计招标待建容量已达 818 万 kW。装机需求的快速增长带来的全产业链配套压力，表明产业链条配套能力建设仍需持续加强。

5. 基础工作较弱

如风资源评价、海洋水文测量、地质勘察等。海上风电运行、运维经验缺乏，5MW 以上大容量机组进入商业化运行阶段时间较短，海上风电基础设计、施工经验有待提高，以及离岸变电站和海底电缆技术等级也较低。

6. 尚未形成完善的标准体系

海上风电行业还没有形成完整的标准体系，难以对工程全过程实践实现有效指导，海上风电面临技术风险和成本方面的控制。

第二章

海上风电设计

第一节　海上风电选址及运行环境

一、海上风电选址关键因素

海上风电场选址不仅受到海洋风能资源的影响，还受到地质条件、海洋水文气象、海洋规划及开发、环境及军事保护、电力系统、交通运输和施工安装条件等制约因素的影响。因此，海上风电场选址与陆上风电场选址所考虑的侧重点不同，陆上风电场选址以场址的风资源评估为主，以现场建设条件为次，而海上风电场选址则把风场建设条件和海上风资源评估置于同样重要的位置，应予以综合考虑。

（一）风资源

海上风资源的丰富程度直接决定了海上风电的发展，风能是风速的 3 次方，风速相差 1 倍，风能相差 8 倍，所以选择一个好的风电场风速是至关重要的。国际上规定年平均风速 6、7、8m/s，分别为一般、较佳、最佳风电场。我国最佳风资源区在台湾海峡，平均风速达到 8m/s 以上，功率密度达到 700W/m^2，其次就是广东，再次就是上海、江浙一带，然后就是山东、河北等地。

相比陆上风资源评估，由于沿岸陆地气象站远离海域，难以精确代表海域风资源状况，会导致较大的风资源分析误差；此外最能代表风电场所在海域的风资源状况的是海上测风塔方式，但是测量成本较高，因此海上风资源测量和评估会采用多种方式相结合，主要包含以下几种方式：

（1）船舶观测。直接来自于海上观测，历史资料时间长，但是观测点不均匀，多集中在航线附近，而且观测次数有限。

（2）石油平台观测。为定点、定时、连续观测，但覆盖区域较小。

（3）利用卫星遥感资料。星载无源微波遥感器（passive microwave）、高度计（altimeter）、电子散射仪（scatterometer）和合成孔径雷达（SAR）。借助计算机软件分析系统，利用中尺度数值模式进行高分辨率的模拟计算。

在实际海上风资源评估过程中，通常会采用多种海洋风资源观测数据，通过数值模拟、MCP 方法等分析手段，进行综合分析评估，获得整个海域的风资源分布状况及风资源储量。

（二）海洋水文条件

1. 海浪

波浪包含大量的动能和压力，对结构产生较大的重复荷载，对结构的寿命和动态行为有严重的影响。大浪增加发电机组基础和结构的水平荷载，在风电场运行期间影响安全进入或工作，增加了运营成本，妨碍建设施工，增加了施工成本。

渤、黄、东、南海的海浪波高以南海最大，东海次之，渤、黄海较小。年均波高南海为 1.5m，东海及南黄海为 1.0～1.5m，渤海、北黄海和北部湾仅 0.5～1.0m。年中波高以冬季最大，大浪（波高 2m 以上）频率都在 20%以上。从济州岛经中国台湾以东海面至东沙、南沙群岛的连线为大浪带，大浪频率在 40%以上，中心区可达 50%。据现有记录，南海、东海的最大波高为 10m 多，南黄海为 8.5m。波高最小的季节，黄海出现于夏季，东海和南海出现于春季。

2. 洋流

洋流造成的水平荷载、泥沙的冲刷对海上风电场的建造、运营和维护构成了严重的挑战。其影响在于能增加水平荷载，且增加冲刷，对基础的侵蚀加大，并使安装、维修更具挑战性，增加了施工维护的成本。洋流的侵蚀能力与流速的立方成正比。

中国海域洋流对海上风力发电场开发最具挑战性的地方位于浙江北部和江苏中部之间，杭州湾是涌潮之地。

3. 潮差

潮差大给施工、维护带来不便。位于低水位和高水位之间的基础部分遭受的腐蚀最严重，且容易生成生物淤泥。

中国苏、浙、闽沿岸，一般为 4～5m，但钱塘江口的涌潮，历史上最大潮差可达 9m，其壮观景象，举世闻名。渤海沿岸潮差也只有 1～3m。

4. 海冰

浮冰块对桩基有冲撞作用，而且浮冰块阻塞效应也会使船舶抵达发电机组很困难。每年 12 月到 3 月，渤海湾特别是辽宁湾有海冰和浮冰。

5. 海床移动和冲刷

风电场场址区海床沙层沉积物的运移资料，分析海床运移特征及对风电场建筑物、海底电缆冲刷和侵蚀的影响。

（三）工程地质

1. 海床的地质结构

海上风电基础是造成海上风电成本的重要因素之一，选择地质条件好的海域建设风电场不仅利于施工，而且还能减少成本，并防治地质灾害。因此，海上风电场对地质条件的要求非常严格。在环境评估中要对所选海域进行地质勘探，且要布点合理，以全面掌握场址海床的地质构造情况。

海底表层沉积物有有机的、无机的，无机的有细沙、泥沙、岩石碎裂的固体碎片等多种情况。一般而言，细沙覆盖的海床条件比颗粒较大的沉积物的海床更适合风电场的建设。

2. 地震与构造风险

在中国沿海存在一些轻微的构造断层，沿断层板块运动引起的地震会对海上风电场的生存造成很大的危害。选址时需要详细了解地质断层适当的间隔距离和相关海域的地震活动风险信息。

福建省海上位于横向地质板块边界，台湾岛区域为地震高发带，地震活动频繁，对风电机组的设计是个挑战，需要有足够的信息、工程技术和财务决策。

江苏北部有最低程度的地质灾害，构造活动基本发生在江苏南部和中部。江苏省在近代历史上规模最大的地震为 1668 年里氏 8.5 级。

（四）海域利用及限制因素分析

海上风电场选址过程中需要考虑海域使用上的限制和制约，以及和其他的行业、其他的用途等情况产生冲突，主要有以下需要考虑的因素。

1. 石油天然气

渤海和东海有丰富的油气储量，随着对石油天然气需求的不断增长，海上石油和天然气的勘探和开采活动将日益增多，这样会限制海上风电的开发。

2. 军事设施

军事设施包含军事管制区、用于军事目的的海域：如军事飞行的低空区域，海里的导弹试验区域等和海底弹药库或海底弹药倾倒区，要摸清弹药地点位置，密分布度等情况。从中国海事图获得的弹药倾倒区和雷区可能在连云港以北海域的两个地方，这两个区域严重制约了该地区的风电场的开发。

3. 航运航道

我国沿海各个区域都有重要的航道，风电场不能占据航道，特别是繁忙的航道和锚定站点、避风港区，在一些不繁忙的航道上也要考虑风电机组的分布，风电机组的分布要为行船留出足够的距离，避免船舶与风电机组的碰撞，造成船舶和风电机组的损坏。而且风电机组应安装警示标志，如照明和雾角等，另外应到海事部门进行登记注册，以便在航海指南中做出标示。

4. 航空和雷达

风电机组在雷达监测视线范围内会对雷达造成干扰，旋转的风电机组叶片会给雷达造成假信号，在雷达监测系统中显示错误的追踪信号。一般民用机场的位置是公开的，军用雷达及航空雷达的地点需要通过其他途径获得。

5. 渔业和捕捞

现代水产养殖技术支持浅水区（小于 10m）和较遮蔽的地方养殖。水产和海上风电场的选址之间有相当的重叠。其主要影响就是施工过程中破坏环境造成鱼类和海洋生物死亡。

6. 环境影响

湿地和浅水区是涉水、近水鸟类的主要活动区域，这些区域开发会对动植物的生态圈产生不良影响。此外还需考虑噪声的影响。

7. 港口和电网

港口在海上风电场开发的初级阶段扮演着重要的角色，海上风电场开发建设的项目成本随着场址距海岸线和港口的距离增加而增加。如：海上航行的时间长将导致整个项目建造时间长，尤其是当运送风电机的地基和机组期间。

海上风电场的年发电量和上网电价等因素也是需要考虑的。考虑到搭建输电设备的经济和技术等因素，选择离电网接入点近的区域并网是一种普遍认同的方案。

（五）海上风电场拓扑优化选址

海上风电场选址由于需要考虑现场的建设条件，制约因素较多且复杂，因此在根据宏观风资源评估结果确定大致选址范围之后，采用拓扑优化的方法进行更为精确的选址，最终确定出最优场址。

风电场拓扑优化选址通常采用加权计分定级评估方法，将所有约束因素划分为技术否决因素和技术评分因素两类，其中技术否决因素表示该地方禁止建设海上风电场，而技术评分因素则用于加权评级以综合评估海上风电场场址。然后分别对其进行量化评估并赋予权重，最后加权平均计算最终评分，来确定最优的风电场场址。拓扑优化选址可以分为两个过程：一次拓扑优化选址和二次拓扑优化选址，具体流程如图 2－1 所示。

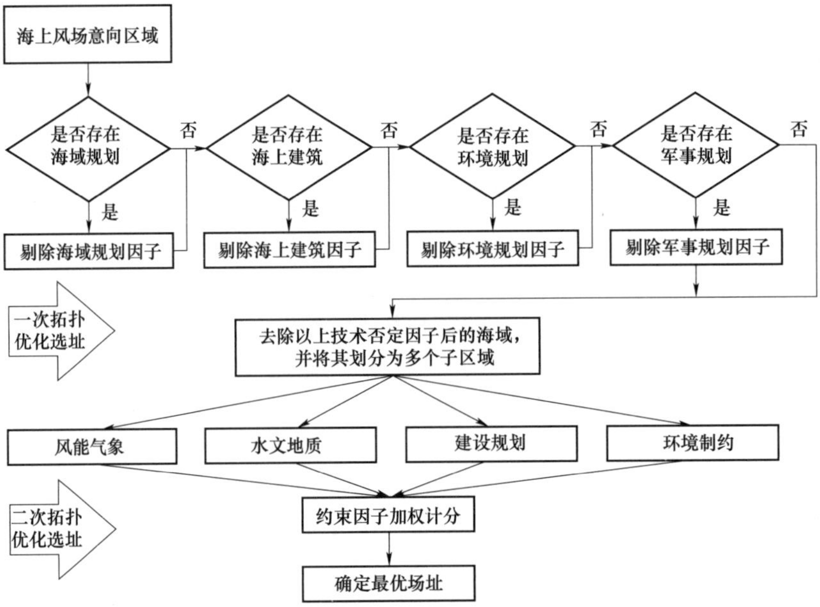

图 2－1　海上风电场拓扑优化选址流程图

二、海上风电运行环境特点

与陆上环境相比，露天海洋环境最明显的特点是表面粗糙度低、地形变化小，海上的表面粗糙度大约为 0.0001m，而陆上大多数被植被覆盖的地表根据不同的植被类型和高度，普遍在 0.03m～1.0m 之间，使得风速因高度的变化产生的变化较小，依据 IEC 体系，海上风电机组推荐的设计风剪切为 0.14（陆上为 0.2）。较小的风剪切可以减少机组运行时的不平衡载荷，从而使得大型的海上机组拥有更小的疲劳载荷。

高盐雾、高湿度是海洋大气环境的另一个特点，有相关研究和实验表明，海洋大气环境相比陆上大气环境对钢构件的腐蚀程度高 4～5 倍，此外，还有海洋生物的附着腐蚀，包括海洋动物、贝类、藻类植物等。因此，海上风电机组从基础结构到塔筒，从风轮到机舱，从风电机组内部的各类机械零部件到电气元器件，都要面对海洋环境腐蚀的考验，严重影响机组的安全运行和使用寿命。

与陆上风电场相比，海上风电场的运行维护更加困难，如风、浪、潮汐，让运维设施难以靠近风力发电机组，从而使机组不得不面临更长的停机时间及更低的可利用率。有统计资料表明，陆上和海上风电机组的维护费用占到各自风场收入的 10%～15% 和 20%～35%。海上风电场的运维成本远远高于陆上风电场。因此，也对机组的可靠性提出更高的要求。

第二节　海上风电机型选择及布局

一、海上风电机型选择

考虑到地质条件和基础成本占比高，海上风电机组设计上相比陆上风电机组更趋向于大型化，除少数早期设计的机组外，单机容量几乎都在 5MW 等级以上。2018 年 3 月 1 号，GE 发布消息将开发目前最大功率的海上风机 Haliade－X，发电机额定功率为 12MW，叶片长度为 107m，将由其旗下的子公司 LM 来设计和生产，首只叶片已于 2019 年 4 月完成脱模，这是目前世界上最长的风机叶片。截至 2018 年底，主流厂家已有海上样机的机组型号如表 2－1 所示。

表 2－1　　主流厂家及海上样机机组型号

厂　家	机组型号
GE	Haliade－6－150
西门子—歌美飒	G132－5.0
金风科技	GW121/2500
	GW130/2500
	GW140/3300
	GW140/3300（24 台）GW171/6450（2 台）
	GW140/3300（50 台）GW171/6450（3 台）
	GW154/6700
联合动力	3MW－108
明阳智能	MySE－3.0－112
	MySE－3.0－135
	MySE－5.5－155
上海电气	SWT4.0－130
	SWT6.0－154
	W40－5000
湘电风能	140－5000
远景能源	EN－136/4.0
	EN－136/4.2

此外，相对于陆上风电机组，海上风电机组设计时还需考虑如下因素：

（一）叶片设计

在海上高盐雾和高湿度的环境下，同时叶尖速度因为噪声容忍度的增加也有所提升，叶片翼型的前缘腐蚀问题会更加突出，这时通常会选用一些新型的涂层材料（如：美国 3M 公司研发了一种聚氨酯薄膜），并进行雨蚀试验。

陆上风电机组的防雷通常会在叶尖处安装接闪器，在叶腔内部安装导电的铝条，降雷电流从叶尖接闪器导流到轮毂，再通过主轴传到机舱底架的汇流排。在海上空旷的环境下，雷击概率剧增，需要更有效的防雷设计。海上风电机组通常会选择不锈钢材料制作叶尖的接闪器以避免腐蚀，通过增大接闪器的面积来增加最大导通电流。

（二）传动系统

随着机组的逐步大型化，风轮的转速逐步降低。为了达到同样的发电效率，双馈机组需要有更大速比的齿轮箱或者有更多极对数的发电机，但目前大功率齿轮箱的速比上升有限，而由于励磁绕组产生的磁通密度远小于永磁发电机，在极对数略微增加后整个发电机的体积将可能超过永磁电机，使得大功率的海上风电机组少有采用双馈技术。目前主流的海上风电机组的传动系统为直驱永磁或者半直驱永磁，但鉴于半直驱机组的整体重量较小，在进一步大型化后，将会有一定的成本优势。

（三）电气部件的防腐设计

海上风电机组的机舱内高盐雾和高湿度环境给电气部件的防腐提出了更高的要求。提高设备外壳防护等级与空气隔离是防腐的重要手段，但是设备运行过程中又需要散热，这是互为制约的两个点。发电机是持续的发热设备，所以需要进行持续的高效散热。对于双馈机型，因转速很高，发电机通常采用封闭冷却系统，因此内部无须防腐，只需关注外部的防腐问题即可。对于永磁直驱型机组，结构上无法实现封闭，不过此类发电机转速低，自然风冷即可满足条件。但是发电机的铁芯和转子线包易受腐蚀，需要把铁芯设计成耐腐蚀的，转子线包需要真空浸漆工艺，再配合氟硅橡胶材料来加强防腐。控制柜/开关柜通常的散热量较小，采用提高防护等级来隔绝空气，对于散热量较大的控制柜，需要安装小型空调。各类驱动电机的运转频率低，只需要密闭隔绝空气和外壳增加散热面积。

（四）台风

由于台风登陆后的地表减速效果，相对陆上，海上风电机组将面临更恶劣的台风风况。在中国沿海大多 7～8m/s 年平均风速的海域，需要抵御的台风极端风速可能达到 70m/s（3s 平均值）以上。这对机组的设计带来巨大挑战，是选择较大的风轮以吸收尽可能多的风能，还是考虑牺牲发电量选择较小的风轮以抵御台风。

在此背景下，整机制造企业在面对台风地区时，机组通常会进行抗台策略的设计。由于风电机组在停泊时，正面或者背面抗风时载荷相对较小，侧面抗风时载荷最大，因此抗台策略大多围绕如何让机组处于正/背对风状态，主要有以下三种方式：

（1）主动偏航对风：台风来临时，机组主动偏航对风，始终正对来流，度过整个台风期间。

（2）被动偏航策略：台风来临前，机组偏航至下风向，并放松偏航制动，依靠来流的风使机组始终处于背风状态，度过整个台风期间。

（3）偏航锁死：在预测台风风速较大期间的风向，提前将偏航锁死在预测的角度附近。

早期，由于备用电源电力不足，有些厂商会采用被动偏航的方式，但是风轮处于下风向时叶片气动参数在大攻角下通常难以准确获得，可能低估叶片的受载，需要在设计时保留额外的裕度，已有事故因叶片变桨系统设计未能考虑额外的裕量而导致。鉴于此，目前被动偏航策略已少有使用，大多会配备柴油发电机作为备用电源使用主动偏航的策略或者偏航锁定的方式进行抗台，同时机组设计时也尽量保证能抵御任何一个方向来风下的载荷。

二、海上风电布局

海上风电布局较陆上风电的主要优势体现在以下方面：相对于陆上环境（山脉、建筑、森林等），海上环境障碍物较少，因此对大气底层流动气体的干扰较小，即流动气体的动能耗散较小。海上整体风资源功率密度通常高于陆上风资源，以我国东南沿海离岸区域为例，沿海地区风资源功率密度显著高于内陆东南地区。同时，沿海地区经济活动通常较内陆地区更为活跃，因此用电负荷中心亦靠近沿海地区，海上风电宏观选址在电力传输层面较陆上风电更具优势。另外，由于海上风电场周边少有常驻居民，因此选址时受噪声、光影闪烁等限制因素影响较小。

然而，由于海上环境特殊性，海上风电布局亦存在特殊的限制条件，主要包含以下方面：目前海上风电机组所使用的基础形式无标准化设计，不同基础形式所适用的海床条件不一致，因此布局受到海床条件限制。同时，海上环境湍流强度较小，尾流效应难以恢复，因此选址时还需重点考虑机组相对位置与间距，由于海缆成本较高，因此机组排布还需平衡海缆成本及尾流损失的收益—成本比重。另外，海上风电场选址过程中还需考虑海域使用的限制和制约（例如军事管制、石油天然气开采、航运航道限制等）。

第三节　海上风电基础设计

一、海上风机基础结构型式

海上风机按照不同的配置、属性、外形、材料和安装方法，包括固定式基础和漂浮式基础，具体可分为桩承式基础、重力式基础、负压桶式基础、漂浮式基础等。由于不同海域地质情况复杂且多变，海上风力发电机的基础型式并非单一的结构型式，也可采用多种基础型式混排。目前常用的基础型式有桩承式和重力式，其中桩承式是最常用的。

（一）桩承式基础

按照结构型式，桩承式基础可分为单桩基础、导管架式基础、多桩承台式基础等；按照材质分类可分为钢制桩和高强度预应力混凝土桩。

1. 单桩基础

单桩基础（monopile base）是目前海上风电场应用最为广泛的基础结构型式，其技术较为成熟。一般由三部分组成：裸桩、过渡到塔筒的锥形过渡段以及登船平台。单桩基础一般为一根钢管桩，该桩直径可达 4～8m，采用液压锤或震动锤将钢管桩打入海床，利用中间的锥形过渡段与塔筒连接，采用锥形过渡段连接塔筒的连接方式，过渡段与钢管桩多采用灌浆连接，过渡段与塔筒连接多采用法兰连接。另外，也可省略过渡段，即钢管桩直接利用法兰与塔筒底部法兰连接。单桩基础具有施工方便、快捷、经济效益较好、适应性强等特点。目前单桩基础主要被应用于水深较浅、风机尺寸较小的风电场，适用水深一般在 30m 以内，具体深度视海床地面类型而定。单桩基础在服役过程中，由于受潮沙、浪涌作用使其出现倾斜角度，该问题为使用单桩基础的海上风电场的后期维护和运营带来了巨大挑战。单桩式基础如图 2－2 所示。

图 2–2　单桩式基础

2. 导管架式基础

导管架式基础（jacket base）的概念来源于海上固定式导管架平台，这种基础型式为钢质空间框架式结构，其优点在于杆径小、强度高、重量轻，受波浪流作用小，可应用于大型风机及深海领域，顺应着海上风电发展逐渐走向深海的趋势，其适用的水深范围是 20～50m；此外，该基础结构型式的安装过程与导管架平台类似，都是在陆上制作完毕后再打入海底，然后安装上部结构，减小了施工过程的复杂性和高风险性。导管架式基础如图 2－3 所示。

图 2–3　导管架式基础

2007 年 1 月在渤海投产的海上风机是我国第一台海上风力发电机，其基础采用的是某闲置的海上石油钻井平台的四桩腿导管架式平台。

3. 多桩承台式基础

多桩承台式基础结构通常为海岸码头和桥墩基础的常见结构型式，由基桩和上部承台组成。斜桩基桩呈圆周形布置，对结构受力和抵抗水平方向上的位移较为有利。多桩承台式基础的桩基多为小直径杆件，为制作、运输、吊运提供了便利，但由于桩基数量较多且长度大，因此会造成整体结构重量偏重。另外，由于波浪对承台会产生较大的顶推力作用，因此在施工时需要对桩基与承台的连接部位采取加固措施。多桩承台式基础型式主要适用于 0～20m 水深，如图 2－4 所示。

图 2－4　多桩承台式基础

（二）重力式基础

重力式基础是所有基础型式中体型与重量最大的，主要靠自身的重力来维持风机结构的强度和稳性，通常为钢筋混凝土结构，是适用于浅海且海床表面地质较好的一种基础型式。重力式基础一般结构型式为预制圆形空腔，空腔内填充碎石和砂子，保证基础有足够的重量能抵抗风浪流等载荷对基础产生的倾覆和水平滑移。重力式基础的主体结构需要在陆地上预制，预制基础完成后再由驳船运至现场，用吊机起吊就位。重力式基础就位前需将海床整平，就位后再在基础底板方格内抛填石块以增加基础的自重和稳定性。

重力式基础的优点是结构形式简单、造价低、不需要打桩；缺点是安装过程中需要进行地基处理、受海底环境冲刷影响较大。由于重力式基础的成本随水深的增加呈指数增长，因此该型式大多应用于浅水地区，一般在 0～10m。重力式基础如图 2－5 所示。

图 2－5　重力式基础

（三）负压桶式基础

负压桶式基础分为单桶、三桶或四桶等几种型式，利用了负压沉贯原理。这种结构型式可以看作传统桩承式基础与重力式基础的结合，钢桶沉箱结构在陆上制作完成后运输至安装地点，定位安装后抽出桶内气体使桶内形成真空负压，再利用负压将桶体插入海床一定深度，完成安装。这种基础型式的优点在于钢材用量少，适用于各种水深且施工方便、不受天气制约、易于拆卸。但在安装时，应注意控制负压的大小，负压过大可能会导致桶内土体渗流，降低地基承载力。目前，负压桶式基础发展和研究时间不长，工程应用尚未成熟，很多风险分析并不全面。负压桶式基础如图 2-6 所示。

图 2-6　负压桶式基础

（四）漂浮式基础

在水深大于 50m 的海域，安装导管架基础或固定式桩基础的成本很高。而漂浮式基础利用系泊系统固定于海床，其成本较低且容易运输。因此，深水漂浮式基础风电具有极其重要的研究价值和应用前景。相比较其他基础，漂浮式基础是不稳定的，必须通过浮力支撑整个风电机组和塔架的重力，同时还需要控制风机的摇晃角度。漂浮式基础结构主要包括单立柱式、半潜式和张力腿式等，可分别依据工程的自身情况进行选择，目前，海上风力发电机漂浮式基础技术尚不成熟，建造经验也不丰富，但该型式已成为未来海上风电场向深海发展的趋势。漂浮式基础如图 2-7 所示。

图 2-7　漂浮式基础

二、海上风机基础设计流程及内容

地质勘测得到的数据，通过计算和试验以校验数据的可靠性，并建立数据库，同时考虑风电场的布局，以此作为基础结构的设计输入条件。综合考虑项目合同、制造安装条件、设计规范、成本控制等要求，初步规划基础结构尺度，进行结构设计、防冲刷设计和防腐蚀设计，经过不断地设计迭代，确定设计、建造、运输安装和维护方案。

海上风机基础结构的设计流程如图 2－8 所示。

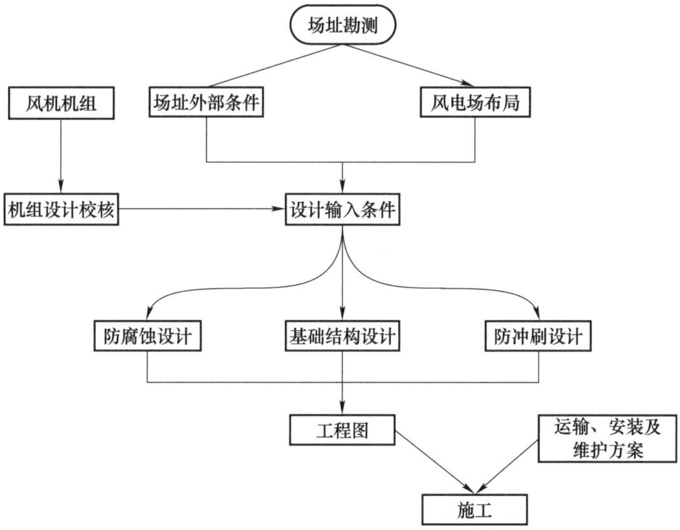

图 2－8 海上风机基础结构的设计流程图

（一）场址外部条件

经过地质勘测得到的数据，需要依据标准（如 IEC 61400－3－1 Design requirements for fixed offshore wind turbines）进行评估以验证数据可靠性，外部条件数据库一般包括如下数据。

（1）根据地质条件，建立如下数据库：

1）土壤分级和土层说明的数据；

2）剪切强度参数；

3）变形特性，如固结参数；

4）渗透性；

5）水平受力桩 P—Y 曲线参数测试；

6）海床冲刷稳定性评价。

（2）根据环境条件，建立如下数据库：

1）风速和风向；

2）有义波高（平均波高的 1.6 倍）、波浪的周期和方向；

3）风和波浪统计的相关性；

4）海流的流速和流向；

5）水位；

6）海冰的发生和特性；

7）覆冰；

8）其他相关的海洋气象参数，例如气温和水温、空气和水的温度与密度、水的密度和盐度、海生物等。

（二）基础的结构设计

1. 基础的结构设计流程

基础的结构设计流程如图 2－9 所示。

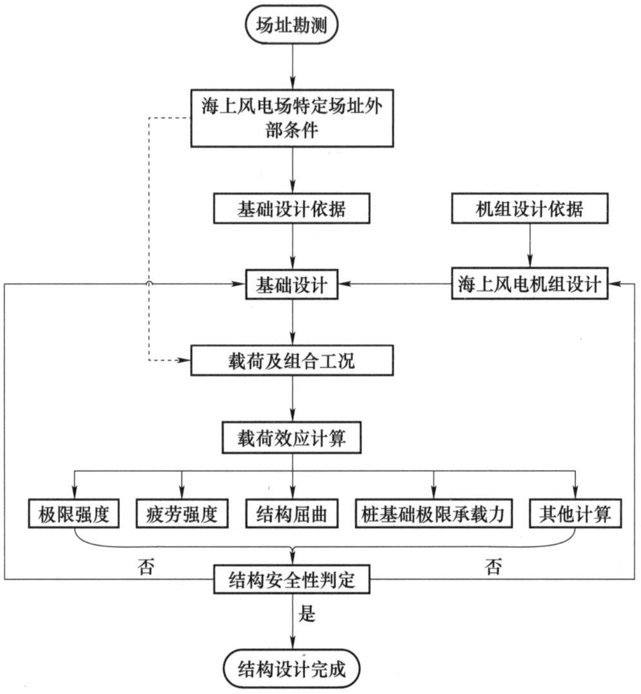

图 2－9 基础的结构设计流程图

2. 载荷及组合工况

（1）载荷的意义。

施加在基础结构上的集中力和分布力，以及引起结构外加变形和约束变形的原因，总称为结构上的作用，分为直接作用和间接作用两种。引起结构外加变形和约束变形的原因是间接作用。施加在结构上的集中力和分布力是直接作用，在工程上习惯将直接作用称为“载荷”或“荷载”。

（2）载荷的分类。

按作用时间分类，载荷可分为永久载荷、可变载荷和偶然性载荷三种。永久载荷量值随时间的变化可以忽略，主要包括结构自重、固定设备重、土压力、静水压力等；可变载荷量值随时间的变化不可忽略，主要包括活荷载、风荷载、冰荷载、波浪荷载、海流荷载、吊车荷载、船舶正常靠泊荷载、直升机正常起降荷载等；偶然性载荷是在设计服役年限内，一旦出现其量值较大且持续时间较短，主要包括船舶意外撞击荷载、直升机意外坠落荷载、短路电动力、罕遇地震作用等。

按照结构对载荷的反应，可分为静载荷和动载荷。静载荷是作用过程中引起结构产生的加速度可忽略不计的一种载荷，如自重。当结构产生的加速度不可忽略不计时，称为动载荷，如船舶撞击力、罕见地震作用。

（3）组合工况。

对海上风电机组支撑结构进行分析时，需要考虑支撑结构受到的各种载荷，同时还需要考虑风机所处的全生命周期状态，如运输状态、停机状态、正常工作状态等。因此，将不同的受力和风机状态进行组合来分析支撑结构的稳定性是十分重要的。海上风机基础结构设计应该考虑的组合工况主要有：

1）正常作业载荷工况。海上风机在若干风、浪、流等载荷的作用下正常运行的载荷工况。

2）极端作业载荷工况。海上风机在极端外部条件下正常运行的载荷工况，极端外部条件，如 50 年一遇的海冰和风速等。

3）停机载荷工况。海上风机在极端和正常外部条件下停机时的载荷工况。

4）安装与运输载荷工况。海上风机在安装和运输外部条件下的载荷工况。

3. 载荷效应和结构抗力

外荷载施加在结构上后，荷载对结构产生了作用，结构各构件截面上会因此产生应力、发生变形，产生应力、发生变形被认为是结构各构件截面受到了“内力”，这种变化是因荷载而起，叫作荷载产生的效应，简称“荷载效应”。不同的结构型式，不同支承的构件，荷载效应有所不同，不同位置的截面上的效应值也大小不同。荷载效应通常表现为弯矩、剪力、轴力、扭矩、冲切等，对结构整体的效应可表现为轴力失稳、倾覆失稳、滑移失稳等。

结构构件在传递荷载的同时，必须是能够承受得住荷载的作用，整个结构或结构构件承受作用效应（即内力和变形）的能力，叫作结构抗力，如构件的承载能力、刚度等。

一般来说，载荷效应和结构抗力的关系可以用式（2－1）表达：

$$S \leqslant \gamma R \tag{2-1}$$

式中　S——载荷效应设计值；

R——结构抗力设计值；

γ——安全系数。

4. 设计标准和规范

结构由载荷引起的应力、应变等效应，是否能保证结构强度，需要进行校核，校核的内容主要包括极限强度、疲劳强度、结构刚度、节点冲剪校核、桩基础极限承载力等。校核的依据是与海上风电机相关的设计标准和规范，主要有：

（1）API－RP—2A－WSD《21th Recommended Practice for Planning，Designing，and Constructing Fixed Offshore Platforms》。

（2）DNVGL－ST－0126《Support Structures for Wind Turbines》。

（3）GI Wind 2005 IV－Part2《Guideline for the Certification of Off shore Wind

Turbines》。

（4）AISC－Spec. S335 2005《Specification for Structural Steel Buildings－Allowable Stress Design and Plastic Design》。

（5）FD 003－2007《风电机组地基基础设计规定（试行）》。

（6）IEC 61400－3－1：2017《Wind turbines Part 3－1：Design requirements for fixed offshore wind turbines》。

（三）基础防腐设计

海上风电场常年处于高湿度、高盐度的环境中，作为强电解质的海水对海上风机基础结构具有很强的腐蚀性。采取长期有效的防腐蚀措施，对于确保海上风电机组基础的安全具有十分重要的意义。

无论何种基础结构型式，海上风机基础的结构材料为钢材或钢筋混凝土，其防腐蚀设计应根据设计水位、设计波高，分为大气区、浪溅区、水位变动区、水下区、泥下区，各区域应该区别对待。一般采用的防腐蚀方案如下：

（1）大气区的防腐蚀一般采用涂层保护或喷涂金属层加封闭涂层保护。

（2）浪溅区和水位变动区的平均潮位以上部位的防腐蚀一般采用重防蚀涂层或喷涂金属层加封闭涂层保护，亦可采用包覆玻璃钢、树脂砂浆以及包覆合金进行保护。

（3）水位变动区平均潮位以下部位，一般采用涂层与阴极保护联合防腐蚀措施。

（4）水下区的防腐蚀应采用阴极保护与涂层联合防腐蚀措施或单独采用阴极保护，当单独采用阴极保护时，应考虑施工期的防腐蚀措施。

（5）泥下区的防腐蚀应采用阴极保护。

（6）对于混凝土结构，可以采用：高性能混凝土加采用表面涂层或硅烷浸渍的方法；外加电流的方法；防腐涂料或包覆玻璃钢防腐等。

（四）基础防冲刷设计

水流受桩基阻挡形成漩涡，导致桩基周围产生冲刷坑，这种冲刷坑对桩基的稳定性影响非常大，所以海上风机桩基周围的局部冲刷防护具有很大的必要性。

对于海上风机桩基的防冲刷设计可分为两类：

（1）不采取防冲刷措施。该措施首先根据计算或模型试验得到冲刷坑的尺度，在进行基础设计时不考虑该部分的涂层对桩基的支撑作用。

（2）采用防冲刷措施。海上风机基础防冲刷主要由以下几种方法：

1）桩基周围采用粗颗粒料的冲刷防护方法。这是目前工程采用的最常用的防冲刷方法，通常设置两层或多层的抛石层和滤层做冲刷防护。

2）桩基周围采用护圈或沉箱的冲刷防护方法。在桩基周围设置护圈（薄板）或沉箱可以减小冲刷深度。

3）桩基周围采用护坦减冲防护。采用适当的埋置深度、宽度的护坦以达到既安全又经济的目的。

4）桩基周围采用裙板的防冲刷方法。桩基周围采用裙板起到扩大沉垫底部面积作用，将冲刷坑向外推延。

防冲刷措施的选择与布置，应同时满足以下两点要求：

（1）内部稳定性要求。内部稳定性是指防冲刷块石粒轻合理且能防止下层颗粒被冲移。

（2）外部稳定性要求。外部稳定性是指能满足防护层边缘的稳定性，防止防护层边缘发生如整体滑塌、边缘土体被掏蚀等破坏。

防冲刷措施设置完毕后，在风电机组运行期间应定期对其进行检查或监测，从而掌控防冲刷措施的防护效果和其自身的冲刷情况。当冲刷层块石产生冲刷坑时，应及时予以修复补充。

第四节 海上风电运输、安装及维护

海上风电机组同陆上风电机组一样包括基础、塔筒、机舱和叶轮系统主要部件，但是其运输、安装和维护的难度要高很多，在任何环节发生任何问题都会导致工期拖延，这将急剧增加项目的施工成本。此外，如果项目后期没有健全的维护方针，也会增加风机故障率，所以项目开发商力图通过采取最优的运输、安装和维护方案来最大限度地减少整个项目的成本。

一、运输

风机的主要组件尺寸基本都是超大或者超长的。这些风机组件不仅要在陆地运输过程中满足超长或超宽运输件的技术要求，并且叶片是易损件，其表面严禁划伤，在运输过程中必须保证其稳定可靠，严禁自由晃动。而且海洋环境由于其特殊性，对海上运输也有特殊的要求。因此，这些组件在运输过程中不仅需要特殊的运输设备及专用工具，更需要在运输过程中进行详细的规划及组织，形成海上风机相关组件的运输策略。

海上风电机组的运输方式取决于风电机组最终的安装方案，不同的安装方案对应不同的运输方式，一般来说可以分为整体运输和分体运输，这两种运输方式对运输船、辅助工装和海况有不同的要求。

（一）整体运输

整体运输，首先需要将整个风电机组在陆上组装好，为了缩短运输时间，这就要求在距拟建风电场不远处有选定好陆上组装基地。在陆上组装基地将叶轮、轮毂、机舱、塔筒和其他附属件装配完毕后，使用大型起重机将风电机组整体吊起到运输船上，为了保证整个风电机组在实际的运输过程中平稳而不倾翻，一般在风电机组塔筒的中段处采用抱箍器来抱住风电机组的塔筒。

（二）分体运输

当拟建海上风电场安装方式采用分体安装时，这时的运输方式就需要采取分体运输，像整体运输一样，在运输前需要对风电机组的部件进行区域性装配，这样既便于运输也缩短安装时海上的作业时间。在陆上的组装基地进行组装时，普遍使用也是最安全、经济和高效的方式主要有两种方式：

（1）叶片与轮毂的组装。将轮鼓和 3 片叶片组装在一起形成风轮系统，并与机舱、塔筒一起运输。

（2）叶片、轮毂和机舱组装。将轮毂系统、2 片叶片和机舱组装在一起，并与第 3

片叶片、塔筒一起运输。

分体运输时，塔筒一般都需要组装成若干段，这样便于存放、运输和搬运。

二、安装

海上风电机组的安装需要依靠安装船进行安装。安装船的安装费用十分昂贵，并且在海上安装风电机组时，海洋气候对风电机组的影响很大，如在大风和大浪期间就不能进行安装，不确定因素更多，费用也更高，所以在海上风电机组的安装过程中，任何问题都有可能使工期被拖延，这将急剧增加工程的建设费用。为了尽可能地减少海上工作的时间和避免不可预测因素，海上风电场的建设通过在陆上组装基地进行预装来最大限度地减少施工时间和风险。海上风电机组的安装主要包括基础、塔筒、机舱和风轮系统安装，海上风电机组的基础均需预先单独安装好，基础以上的结构安装方式主要有整体式安装和分体式安装。

（一）整体式安装

海上风电机组的整体安装就是在陆上组装基地将风电机组完全组装好，即将塔筒、机舱和风轮系统都装配到一起，当整体运到拟建风电场后，采用“一体式”整体起吊并安装到已经建好的基础上。

整体吊装可以减少船舶、人员待机时间，缩短了海上高空作业的时间，降低了项目实施成本及风险。这种安装方式的优点是大部分工作可以在陆上完成，有效降低成本，海上高空作业量少、安全，海上作业时间短，且安装效率相对较高。其缺点就是对安装船的能力要求高，对陆上组装基地要求相对较高，并需要设计专用的起吊吊具和运输时的固定装置。

（二）分体式安装

海上风电机组的分体安装就是在海上的拟建风电场将风电机组的主要部件安装到一起。但是海上条件的不确定因素较多，使得海上风电机组的安装施工工作有一定难度，为了提高效率，海上风电机组的分体安装一般也需将风电机组在陆上组装基地进行适当的组装，再将各主要部件和组件运输至拟建的风电场进行逐件安装，以减少起吊次数和高处安装作业工作量。

分体式安装是在分体式运输的基础上进行的，分体式运输时将风电机组按不同的方式组装成几部分，安装时按照从下往上的顺序进行吊装。

海上分体式安装最大的优点是对海上运输和安装设备的要求相对于整体安装法要小，对陆上组装基地要求相对较低，但在海上作业时间相对较长，各部件在海上高处对接安装作业量较大，安装的整个过程受海上环境、气象和地质条件的制约性大，海上施工工序多、高空作业量大、操作空间小、交叉作业频繁，同时对起重作业时船舶的稳定性要求很高，较多的施工环节和安装要求在海上连续进行难度很大，施工中还要考虑风、雨、雾等天气因素的影响。

三、维护

海上风电机组的运行要求有非常高的安全性和稳定的可靠性，完善和周密的维护是必不可少的。目前，海上风电机组维护主要包括定期巡检、停机维护（因故障而维修）、状态监测和故障诊断三种维护方案。

（一）定期巡检

定期巡检主要是每隔一段时间要对机组和其关键零部件进行检查，比如全部或抽检螺栓的力矩和主要电气连接，检查各传动部件之间的润滑、冷却和密封等。其优点是该巡检是按照计划执行的，基本不需要长时间停机。由于海上风电场的可达到性较差，配件、部件及工作人员的交通费用比较高，而且受天气影响较大，定期巡检需要事先计划。

（二）停机维护

停机维护是因为当机械或电气零部件发生故障导致风电机组停机时，需要配备专用船只和技术人员赴现场进行停机检修或更换零部件。进行维护时，租用设备的费用高，长时间停机导致的发电量损失也很大。停机检修的缺点为：如果发生大故障需要停机检修的时间可能较长，加上天气和海况不合适时，维护人员不能及时对机组进行维修，导致停机时间加长，发电损失巨大。

（三）状态监测和故障诊断

状态监测和故障诊断是对风电机组主要零部件进行实时监测，实时采集设备的运行状态并进行实时分析，及时诊断零部件存在的问题和隐患，根据诊断的结果及时采取相应的措施来避免重大故障的发生。状态监测和故障诊断的优点为：部件能最大限度地被利用，停机概率较低，检修方案可计划执行。

在实际工程中的海上风电场，由于受海上盐雾、潮湿、台风和海浪等恶劣自然环境的影响，相关的易损件失效比陆上发生得快，机械和电气系统故障率大幅上升，导致检修维护的频次加快。海上风电场需要采用风电机组维护的专用设备，尤其是需要进行大部件维护时，需要配备大型工程船。目前的措施是每台风力发电机均配置一个起重机或提升机，但此方案成本高昂且起吊能力有限，无法完成像齿轮箱、发电机、叶片等大型风电机组部件的更换和维修工作。大部件一旦发生故障，就会导致长时间的停机，而且需要调用大型起重船，单次费用可能超过数百万元，维修费用极高，所以在对海上风电机组进行设计时就必须采取措施增加机组的可靠性和可维护性，如机组的关键机械零部件需进行裕度加强设计。

第三章

海上风电施工建设

海上风电场施工建设是一个复杂的系统工程，涉及风机基础的海上安装、风电机组陆地预装与海上安装、海上升压站施工建设、海底电缆的铺设、各种途径的物流与船舶调配等。海上作业涉及大量的海上施工建设，受潮汐、波浪、大风等天气因素的制约，必须谨慎规划，否则会面临极大的工期延误风险。

海上风电场基本建设流程如图 3–1 所示。

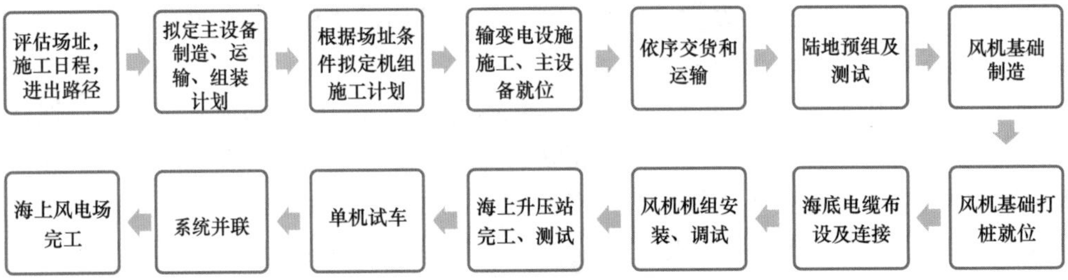

图 3–1　海上风电场建设基本流程图

第一节　海上风电基础施工

海上风电基础施工受海上风电场选址、气象条件、装机容量、海上安装资源等因素影响而多有不同。本章将着重介绍当前国内外主流海上风电基础施工安装方案及流程。

目前主流海上风电基础型式有重力式基础、桩承式基础、负压桶式基础和漂浮式基础等。在选择风机基础型式时，需要综合考虑机位土壤地质条件、施工机械能力、建造和安装成本、风机装机容量与荷载等。

同一个海上风电场内，施工前需对每个预定机位进行海底土壤调查，因此，同一个风电场可能会有多种不同型式的桩基基础，如 2019 年我国福建平海湾二期 1 阶段海上风电场，分别采用了高桩承台和单立柱单桩基础，如图 3–2 所示。海上风电基础型式对照如图 3–3 所示。各不同风电基础型式可适应的水深见表 3 – 1。

图 3-2　福建平海湾二期 1 阶段风电场：单桩基础与高桩承台基础

表 3-1　　　　　　海 上 风 电 基 础 型 式

<table>
<tr><th colspan="2">基础型式</th><th>推荐适用水深（m）</th></tr>
<tr><td colspan="2">重力式基础</td><td>0～10</td></tr>
<tr><td rowspan="4">桩承式基础</td><td>单立柱单桩基础</td><td>0～30</td></tr>
<tr><td>单立柱多桩基础：
——三脚架基础；
——高三桩门架基础；
——多脚架基础等</td><td>20～50</td></tr>
<tr><td>导管架式基础</td><td>＞20</td></tr>
<tr><td>多桩承台式基础</td><td>0～20</td></tr>
<tr><td colspan="2">负压桶式基础</td><td>＞10</td></tr>
<tr><td colspan="2">漂浮式基础</td><td>＞50</td></tr>
</table>

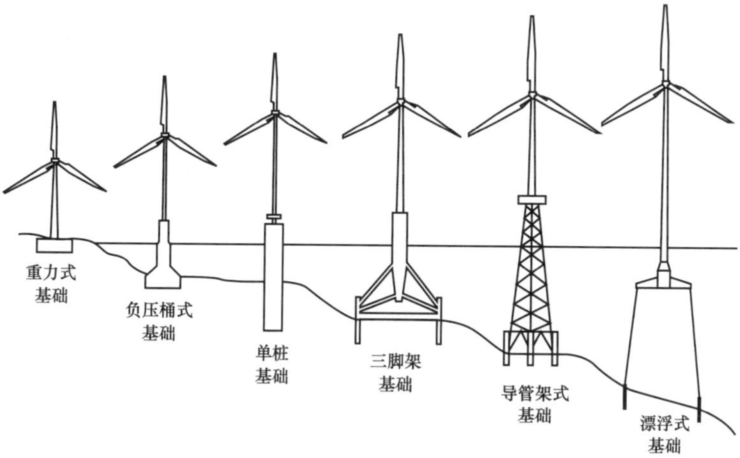

图 3-3　海上风电基础型式

一、重力式基础

重力式基础一般适用于水深小于 10m 的浅水海域，如欧洲 London Array 海上风电场等已有广泛的应用。与其他管桩结构型式相比，重力式基础具有结构简单、稳定性好、不需打桩作业、结构为钢筋混凝土因而节省大量钢材、制作和施工成本较低且可控等诸多优点。但同时由于重力式基础自重极大，造成其在运输和安装施工成本较高，且额外增加了海底疏浚和抛石作业的工作量。

根据基础墙身结构型式不同，重力式基础可分为沉箱基础和大直径圆筒基础，这两种结构型式在类似的港口工程中均有较为成熟的施工经验，其施工工序一般包括：

（1）陆地预制：陆地预制基础结构构件。

（2）水下施工前准备：施工现场开挖基床，抛石船抛填块石，基床夯实和整平。

（3）海上安装：驳船运载预制基础构件或预制件漂浮拖运进场，在抛石基床上安装基础预制件，安装就位后，在预制件内部填充，浇筑。

由于重力式基础自重一般超过 2500t，施工方式采用预制模具由钢筋混凝土浇筑而成。其制造周期较长，对制作工厂和码头的存储和承载能力提出了一定的要求。因此，为满足重力式基础的海上施工，至少应考虑以下各类最小作业能力要求：

（1）起重或沉箱船舶。重力式基础自重较大，对其中船舶作业半径下的最大起重能力提出了要求。

（2）大型驳船。船舶需有足够的甲板面积和吨位，以放置和承载混凝土基础。

（3）海底疏浚和抛石船舶。重力式基础需要良好的基床条件，需要对海床表面软土层进行清除并抛石，因此各类填料资源消耗量远大于其他类型基础，同时也大大增大了疏浚和抛石船只的需求。

英国布莱斯（Blyth）风电示范项目重力式基础如图 3－4 所示。

图 3－4　英国布莱斯（Blyth）风电示范项目重力式基础

（图片来源：LOC－London）

二、单立柱单桩基础

目前单桩基础在我国江苏、福建、广东等诸多海上风电场已有成功应用。单桩基础结构简单，施工技术相对比较成熟。对于水深较浅且基岩埋深较浅的海域，可以通过相对较短的岩槽即可支撑整个风电结构的倾覆荷载，单桩基础是最好的选择。

从结构上看，单桩基础由于整体刚度较小，动力响应较大，大直径单桩对冲刷敏感性较为明显，因此在打桩完成后需对桩基础周边海域进行冲刷防护。

单桩基础海上运输一般通过驳船运输，也可通过专用风电安装船或浮拖法运输。钢桩运输至目的海域后，一般采用两艘大型海上浮吊船配合翻桩就位，并吊装至专用抱桩器或事先准备好的稳桩平台上，校对桩身垂直度后，使用打桩锤锤击入泥，如图 3－5～

图 3－7 所示。

图 3－5　单桩单立柱基础海上翻桩

图 3－6　单桩单立柱基础就位至稳桩平台

图 3－7　用于海上单桩基础施工的打桩锤和抱桩器

按照施工方法不同，桩身入泥有打桩锤、钻孔灌浆等两种施工方式。对于水深较浅且打桩深度范围内无坚硬岩层的情况下，一般使用打桩锤施工安装。单桩基础自沉入泥后，吊装打桩锤进行进一步地自沉，随后打桩至预定海床深度。

打桩是桩锤、桩和土壤的相互作用过程，主流打桩锤包括液压打桩锤、振动打桩锤两种，液压打桩锤在海上风电建设现场应用最为广泛。打桩锤的打击能量直接关系着桩基础能否顺利就位，对于大直径桩基础，需要大能量打桩锤的配合，随着近年来我国逐步引进大动能的液压打桩锤如 IHC－3000 型、MENCK3500s 型等，最大能量已达 3500kN·m，已应用于在建的珠海金湾海上风电场 8.4m 直径单桩基础。但应注意的是，打桩锤施工过程中圆心直径 750m 范围内水下噪声可达 200dB 以上，这将对水生物尤其是白海豚造成巨大威胁，应采取如气泡帷幕等降噪措施。

桩基础就位后，依靠土壤对桩基础的摩擦力承载整个上部结构。但如果海床持力层存在坚硬岩石特别是花岗岩质海床时，采用打桩锤方法将额外增加大量打桩时间，甚至完全不可行，此时应考虑钻孔灌浆方法，即使用钻机在海床坚硬岩层钻孔，装入桩基础后再用水泥灌浆固化。

三、单立柱多桩基础

由于单立柱单桩基础存在整体刚度较小、在风机荷载影响下动力响应偏大的问题，单立柱多桩基础应运而生。

单立柱多桩基础吸收了来自海上石油天然气行业的设计经验，适用于水深大于 20m 的海域。单立柱多桩基础由中心柱、斜撑、桩套管组成，斜撑呈三角形均匀环绕于中心柱。中心柱为上部载荷提供主要支撑，随后经斜撑通过桩套管传递深入海床的桩基础。这种设计中，杆件直径小，整体结构稳性好，可有效避免单桩基础直径过大，且无须额外的防冲刷措施。

随着海上风电单机容量的不断增大，对风电基础承载上部载荷的能力提出了新的要求，因此，单立柱三脚架基础逐步由三桩基础发展为四桩基础，如江苏如东金风科技潮间带 2.5MW 试验海上风电场采用了四桩基础，随着单机容量继续增大，最终发展为导管架式基础。

四、导管架式基础

导管架式基础是近海海洋石油平台最为常用的结构型式，在海上风电施工建设中也大量借鉴了相关的设计经验。导管架式基础适用于水深大于 20m 乃至更深的海域，下部基础由导管架结构与桩两部分组成，在海上风电实际应用中，框架结构可设计为三腿、四腿、三腿中心桩、四腿中心桩等结构型式。

导管架式基础一般陆地预制后，由专用驳船漂运到安装点就位，将钢桩从导管中打入海底。该基础强度高，重量轻，刚度大，并能有效解决水下连接的问题，在海上风电应用时一般适用于 20～50m 范围内的水域，但由于结构相对复杂，造价昂贵。

在国内海上风电由潮间带向近岸浅水海域乃至更深水域发展的大背景下，该类基础有着更广泛的应用前景。德国的 Alpha Ventus（2010 年）海上风电场 6 台 Repower 机组和英国的 Beatrice（2006 年）示范海上风电场中两台 5MW 风机、Ormonde（2012 年）均采用导管架式基础，中国首例海上风力发电渤海油田示范项目也采用的是导管架式基础。

使用的钢管桩一般为 3 根及以上，借助导管架连接，采取桩基础支撑于海底。此种基础型式的海上风电结构型式和施工标准基本与石油天然气平台类似，因此，其设计和施工经验较多。其中，采用四桩基础导管架型式的珠海桂山海上风电场已投入运行。与其他基础型式相比，导管架式基础对插桩相对位置和打桩倾斜度的要求更高，施工控制难度更大，如桩基平面位置和相对位置偏差超限，则可能出现无法与上部结构对接安装的情况。

按照打桩与导管架施工的先后关系，导管架式基础的施工分为先桩法和后桩法两种。国内珠海桂山海上风电场采用先桩法施工。为保证桩基础定位精度，在打桩开始前预设导向架于海床上，并使用临时定位桩将导向架固定。桩基借助导向架和现场微调实现精确定位和倾斜度的控制，使用全回转起重船和打桩设备打入预定入泥深度。钢桩基础完成后，水下对接安装导管架。此时如 4 根钢桩同时实现对接难度较大，因此在设计时可考虑将导管架对接接口处设计为不同高度，对接时先对接最长的一处接口，随后依次对接其余接口，直至对接完成。

五、多桩承台式基础

多桩承台式基础可分为低桩承台式和高桩承台式两种，两种结构型式均由桩基结构和上部承台两部分组成，桩基结构由多根钢桩支撑，上部承台一般采用现浇钢筋混凝土施工。低桩承台底高程一般设置与海平面附近，高桩承台底高程设计时则考虑不受波浪影响为宜。

海上风电多桩承台基础可借鉴港口工程靠船墩和大桥桥墩的桩基础施工经验，尤其适合沿海浅表层淤泥较深、浅层地基承载力小的海域。同时，可通过控制混凝土承台的高程实现抵抗船舶的撞击，不需另外设置防护桩结构。

与低桩承台式基础相比，高桩承台底高程较高，施工安装过程受海面风浪影响较小，但由于高桩承台结构桩与桩之间无相互连接，结构横向刚度较小，因此高桩承台一般适用于离岸较近、地震烈度不大的浅水（＜20m）海域。国内已建成的海上风电项目大多采取高桩（八桩）承台式基础方案，典型的如我国首个海上风电场东海大桥海上风电场、江苏响水试验风电机组等。

为优化承台上部结构受力和控制水平变位角度，高桩承台结构桩一般采用斜桩型式，由多根钢桩共同组成。在基础打桩施工完毕后，采用夹桩抱箍、临时支撑梁、封板等辅助设备安装混凝土钢套模板，采用钢套箱围堰施工的方法浇筑混凝土成型。混凝土成型后可不拆除钢套箱，使之与混凝土承台共同成为一个整体。

风电基础承台多为大型混凝土结构，承台混凝土结构浇筑完成后，为防止温度裂纹产生应尽早进行混凝土的养护，采取温控措施，如蓄水、保温等。

高桩承台式基础如图 3－8、图 3－9 所示。

图 3－8　高桩承台式基础（已建成）

图 3－9　高桩承台式基础（在建）

六、负压桶式基础

负压桶式基础钢制沉箱结构在陆地预制后，运输至安装位置，定位安装后抽出沉箱内空气形成真空负压，海底压力将基础沉入海床预定深度从而完成安装。国内某油气平台负压桶式基础如图 3－10 所示。

图 3－10　国内某油气平台负压桶式基础（分别为单筒式和三桶式）

七、漂浮式基础

深海的风电资源远比近海更为丰富，随着海上风电资源开发逐步由近海向深水方向发展，传统的桩承式基础、导管架式基础已无法满足水深 50～100m 条件下的技术要求，从石油天然气行业的深海作业经验来看，当水深超过 50m 时，传统的固定式基础结构将导致海上风机建造成本极大增加，相对较为经济的漂浮式基础几乎成为深海海上风电发展的唯一选择。

2017 年 10 月，挪威国家石油公司承建的首个漂浮式风电场 Hywind Scotland 风电场正式并网运行，截至 2018 年底，国际大约有 40 个在研漂浮式风电项目，主要集中于欧洲、美国、日本等。国内对海上漂浮式风电的研究较晚，大多处于概念设计、数值模拟阶段，尚无漂浮式风电试点项目安装。

海上风电漂浮式基础型式多种多样，主流的结构型式有单立柱结构（SPAR）、半潜式结构（Semi－Sub）和张力腿结构（TLP）等，这些结构型式均由浮动平台和锚泊系统组成。

法国首个 2MW 漂浮式风电机组（Floatgen）如图 3－11 所示。

图 3－11　法国首个 2MW 漂浮式风电机组（Floatgen）

（图片来源：LOC－Paris）

第二节 海上风电机组安装施工

一、概述

海上风电机组安装指叶片、轮毂、机舱、发电机、塔筒的安装，此时风电机组水下桩基部分已经完成，处于等待安装上部结构设备的状态。海上风电机组安装基本流程如图 3－12 所示。

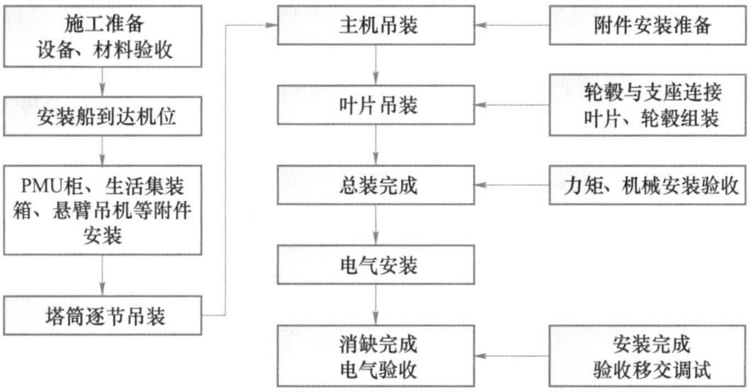

图 3－12 典型海上风电机组安装流程图

2007 年，金风科技将 1.5MW 风电机组安装在海上石油钻井平台上，这是国内海上风电最早的尝试，随后海上风电机组容量不断增加，2MW、2.5MW、3MW、4MW 机型陆续在潮间带和近海风电场应用。到 2018 年，国内主要厂家都已开发出 5MW 等级海上风电机组，最高已经有 7～8MW 等级样机产品投入运行。海上风电配套的升压站、机组基础、塔筒、输电线路等系统和设备不断取得突破，海上整体施工能力进一步增强，已可满足 7～8MW 等级大容量海上风电机组安装施工需求。典型的自升式风电安装船如图 3－13 所示。

图 3－13 典型的自升式风电安装船

二、设备、材料装船

在海上风机机组安装前，一般需根据设备供货清单和技术文件的要求进行设备清点作业，并由施工方、监理和供货商办理设备交接手续。海上风电机组设备材料的装船和交接包括以下几项。

（一）塔筒设备

风机塔筒在运至安装现场前，一般已由供应商安装好了第一节塔筒内的所有设备。各节塔筒运抵码头后，风机塔筒设备需使用专用吊索具吊装装船，装船后应尽快进行有效固定，防止塔筒由于重心较高在船舶运输过程中受到损坏。

（二）叶片设备

风机叶片装船可根据海上安装工艺进行不同的装船运输，但总体而言，由于叶片多为玻璃纤维等复合材料制成，运输过程中极易发生损坏事故，因此叶片的吊装和储存均需使用专用的叶片吊索具和储存装置。在海上运输过程中，叶片的摆放方向应尽可能与风向一致，且应采取相应的防护措施防止叶片螺栓腐蚀和砂石等颗粒进入。海上风电叶片专用吊索具如图 3－14 所示。

图 3－14　海上风电叶片专用吊索具

（三）机舱和轮毂设备

机舱和轮毂设备的验收装船后，由于多为精密易损设备，均需及时采取恢复包装、篷布密封甚至保持除湿设备常开等措施防止雨水进入电气设备。

三、风电机组海上安装

当前应用技术最为成熟和广泛的安装方式是分体式安装方法，海上风电机组分体式安装工艺与陆地风电机组安装类似，由风机塔筒、发电机、机舱、轮毂、叶片等自下而上依次安装。安装时，风电机组可以是完全独立的各组件，也可以是经过一定陆地预装的各风机组块。按照机组安装时的叶片数量，可分为单叶式安装、兔耳式安装、三叶式安装等。

单叶式安装即安装时将机组的 3 只叶片分别安装，安装时风机塔筒逐段单独吊装后，分别吊装机舱、发电机组、轮毂，最后安装所有叶片。吊装时，各风电组件预装程度略有区别，对码头资源占用较小，且由于起吊重量较小因而对起重船只要求较小，因此一般用于离岸距离较远、可通过运输船只一次运输尽可能多风电部件的风电场。但不足的是，风电各部件单独吊装额外增加了专用吊具、夹具和海上起吊作业时长，受起重作业时间窗口限制影响较大。海上风电单叶式安装如图 3－15 所示。

图 3－15 海上风电单叶式安装

（图片来源：Deepwater Wind/GE）

兔耳式安装即风电机组海上安装前预装两只叶片进行吊装，吊装前机舱、发电机、轮毂与两只叶片可提前陆地预制完毕直接吊装至塔筒上，也可仅轮毂与两只叶片预装完毕（兔耳），再由海上依次吊装塔筒、发电机、兔耳和第三只叶片。兔耳式吊装涉及较多陆地预制工作，极大地节省了海上作业时间，但相应的对码头占用资源较大，同时，海上安装时轮毂高度处起吊重量可达 600t，限制了起重船舶的选择。

三叶式安装即风电机组 3 片叶片在吊装前直接预装完毕，此时轮毂一般不与机舱连接。海上运输时，为最大限度利用驳船甲板资源，可将预装完毕的叶片层叠至甲板。安装施工时，首先吊装机舱至风机塔筒，然后将预装完毕的叶片直接安装至机舱上，大大减少了海上叶片安装定位和对接作业时间。该吊装方法已在我国如东金风 2.5MW 潮间带机组应用。如图 3－16 所示为爱尔兰 Arklow Bank 海上风电三叶式安装示意。

图 3－16 爱尔兰 Arklow Bank 海上风电三叶式安装

（图片来源：LOC–London）

一体式安装是三叶式安装的进一步升级，风电塔筒、机舱、发电机、叶片、轮毂等各子系统在陆地预装完毕后，整体竖直装船并运输至安装海域。通过大吨位起重船整体安装就位至风电基座。

减少海上作业时间是降低海上风电建设成本的最有效途径之一，一体式安装将大部分工作转移至陆地，极大地降低了海上作业时间和成本。但同时，大重量机组的陆地准备过程中对码头和起重船的起吊重量、码头预装能力等环节提出了更高的要求。

在海上运输环节，一体式机组重量重心远高于其他安装方式，运输过程的设备完整性要求高、风机叶片迎风面积影响大、船只稳性风险相对较高。此外，一体式机组海上安装吊装控制精度要求也远高于其他安装形式。截至 2019 年，国内一体式机组海上吊装已有多例成功应用，如绥中 36－1 油田使用“蓝疆号”起重船采用一体式吊装方式安装完成 1.5MW 海上风电机组，华锐东海大桥海上示范风电项目采用“四航奋进”号、“三航风范”号起重船完成了 34 台海上风机的一体式吊装。

第三节　海上风电海上升压站安装施工

一、概述

海上升压站是用于将分布于海上风机发出的电能聚集、升压并供给陆地变电站的电力设施，一般应用于离岸距离大于 10km 的海上风电场。海上升压站一般由上部组块和下部基础组成。与风机基础类似，海上升压站下部基础按照结构型式可分为单桩式、重力式、导管架式、高桩承台式和吸力式等。基础型式不同，运输和安装方式也不尽相同。

2000 年以前的海上风电场规模较小，总装机容量最高到 160MW，离岸距离也较近（最远为 20km），因此为节约电力输送损耗而设置专用升压站经济效益较差，故一般不设置专用海上升压站，电能由海上风机底部或机舱设置一组机组升压变压器通过海底电缆直接输送至陆地。如 2010 年建成的江苏如东潮间带试验风电场直接采用 35kV 海底电缆连接至陆地变电站。

自 2010 年之后，新建海上风电场装机容量大多增加到 5 万 kW 以上，单台装机容量也达到了 3～6MW，离岸距离最远已达到 200km，为减少陆地端电力传输损耗，故开始设置加海上升压站。

2014 之后，随着我国海上风电装机容量和离岸距离的增加，几乎全部使用了海上升压站，如 2015 年底建成的江苏响水海上风电场配备了一座 220kV 海上升压站。

二、单桩式升压站基础安装施工

单桩基础在海上风电场中应用极为广泛，如我国江苏如东海上风电场 110kV 升压站采用的就是单桩基础，这种基础型式极为适合浅水和中等水深的海域，具有施工工艺成熟、施工简单、经济型较好的特点，但由于单桩基础承载力有限，结构整体刚度不足，不宜适用于较大规模的上部组块。

海上升压站单桩基础的施工与海上风电基础的施工类似，一般采用大型打桩设备如液压打桩锤、振动锤等将桩打入设计入泥深度，桩基础通过灌浆方式与基础之上的连接段相连接。

三、导管架式升压站基础安装施工

导管架式升压站基础施工流程与海洋石油天然气行业广泛采用的导管架式平台极为类似，一般采用4根钢管桩，通过导管架结构承载上部组块的结构荷载并传递至钢管桩上。

四、重力式升压站基础安装施工

海上升压站重力式基础适用于水深较浅且海床表面地质条件较好的海域。重力式基础一般为陆地预制混凝土基础，在完成养护后，由驳船运输至海上安装现场，采用大型起重船将其起吊就位。就位后进行抛石以增加自重和稳定性。

五、升压站上部组块安装施工

海上风电升压站通常为无人值守或临时值守平台，日常的管理和控制由陆地集控中心远程监控，但也有少量项目用了有人驻守。对于有人驻守升压站，一般有在升压站内驻守和另建生活平台驻守（目前仅 Horns Rev2 海上升压站采用）两种。海上升压站如设置为有人驻守形式，则升压站的消防、逃生、生活保障等设施均需按照有人驻守平台设计，这将极大地增加海上风电场的运营和维护成本。在当前技术水平已完全满足无人驻守技术要求下，新建的海上风电场已越来越少采用有人驻守的升压站设计。

海上升压站上部组块的施工需要根据上部组块结构的尺寸、重量和建造海域的水深和海况条件决定，一般可分为起重船直接吊装和浮托法安装两种。

（一）起重船直接吊装

根据装机容量不同，海上升压站上部组块重量一般在 1300～2000t，需采用满足起重能力和吊高的大型起重船，同时还需要看潮位、起重船吃水等因素。

（二）浮托法安装

浮托法安装即运载升压站上部组块的运输船首先进入升压站基础预留的进入空间内，通过高潮位、压载水调节等方式，将上部组块安装在基础上。随后运输船加压载水吃水增加，待上部组块与运输船完全分离后，撤离安装位置并完成后续安装。

浮托法安装具有水深要求低、对上部组块尺寸和重量不敏感的特点，适用于起重船选择受限的情况，但由于浮托法的特殊性，需要对海上升压站上部结构和基础预留特殊的结构设计。目前国内海上升压站还没有采用浮托法施工的案例。如图 3－17 所示为国内某海洋石油平台上部组块浮托法安装示意。

图 3－17 国内某海洋石油平台上部组块浮托法安装

第四节　海上风电海缆敷设施工

一、海上风电海缆组成

海上风电场海底电缆包括两个部分：

（1）集电线路海缆。风电机组间连接的集电线路海缆，通常由 6～9 台海上风机组成一个集电线路之路，电压等级一般为 10～35kV。

（2）输出线路海缆。海上风电送出线路电缆，一端连接海上升压站，另一端登陆后连接至陆地变电站，电压等级一般为 110～220kV。

因此，海上风电海底电缆施工主要分为两个区段：110～220kV 主输出线路海缆施工和 10～35kV 风电场内集电海缆施工。如图 3－18 所示为某典型海上风电项目海底电缆路由图。

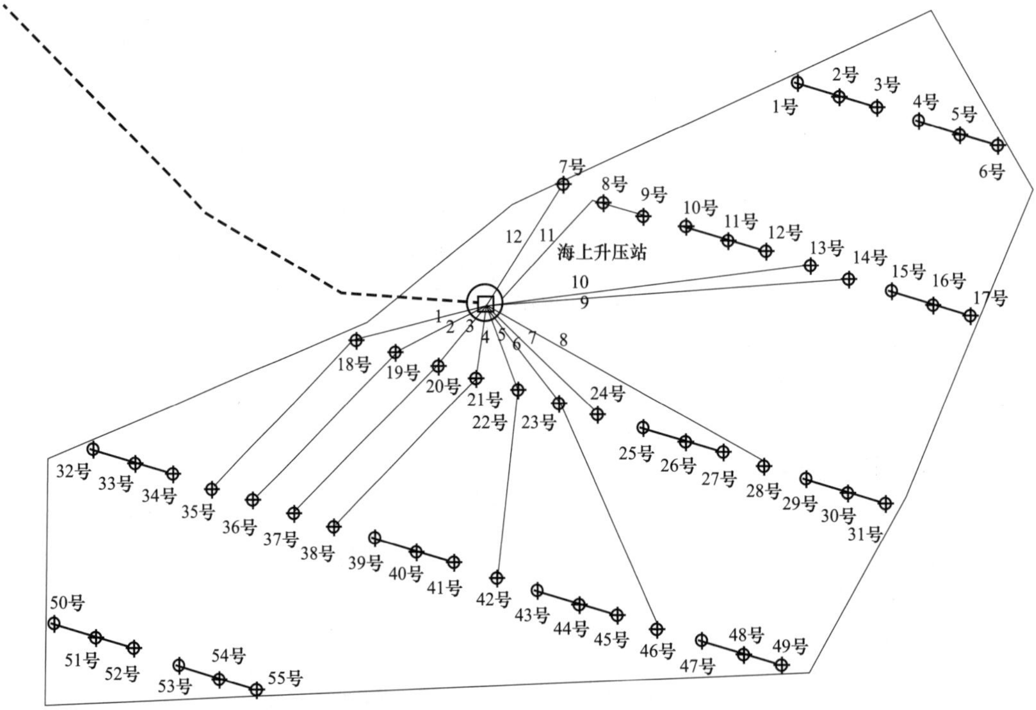

图 3－18　某典型海上风电项目海底电缆路由图

目前，海上风电场常用海缆为海底光电复合海缆，即一根海缆同时承担光通信功能和电力传输功能，如三芯海底光电复合海缆等。除海缆外，还有部分海缆附件组成。

（1）海缆安装接头：按用途可分为工厂接头和海底安装接头。工厂接头用于连接铠装前的半成品海缆，海底安装接头则主要在海缆安装和维修时使用。

（2）牵引头：连接钢丝绳和海缆本体的部件，主要用于海缆铺设时通过牵引海缆牵引头避免海缆端头承受过大的作用力，达到保护海缆的目的。

（3）锚固装置：一般安装于海上风电机组外平台上，用于固定悬空段的海缆。电缆通过锚固装置向上至机组内的电缆终端。

（4）弯曲保护装置（J 形管）：海缆在安装过程中受最小弯曲半径限制（一般不少于海缆外径的 20 倍），否则可能导致海缆过度弯曲而造成芯层或铠装层破坏，弯曲保护装置可限制海缆弯曲程度，防止过度弯曲。

二、海上风电海缆施工程序

海底电缆施工程序如图 3－19 所示。

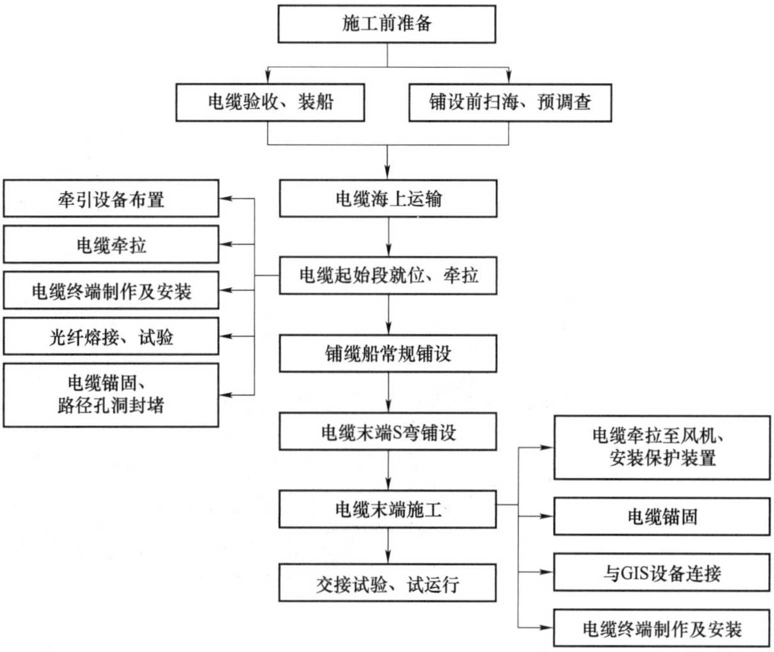

图 3－19 海底电缆施工程序

海缆施工方法有敷缆船敷设法、漂浮法、牵引法等三种，实际施工过程中，可根据现场具体海况条件和敷设沿线状态采取一种或分段采取多种不同的海缆敷设方法。

敷缆船敷设法采用专用海缆敷设船施工，是海底电缆最为常见的施工方法，对于离岸距离较远、水深较深的海域，几乎是唯一可行的施工方案。一般而言，只有在海缆敷设船受限水域施工时，才会考虑漂浮法或者牵引法。

海缆铺设船是海底电缆施工的重要考虑因素，必须考虑工程的具体要求和特点来选择合适的海缆铺设船。船只的适航性应能满足电缆施工路由的自然条件，如电缆登陆长度大的潮间带水域，为了方便进行电缆登陆作业，应配置吃水较浅甚至可以临时搁滩的船舶，以缩短登陆作业长度。当风电场位于离岸距离较远的非遮蔽水域时，为保证船舶稳定性，则倾向于采用排水量较大、适航性较好的大型铺缆船。

（一）海底路由调查

海缆路由调查应于工程建设前进行，需对岸滩地形、地貌、地物、渔业活动等进行现场查勘，进行施工路由轴线扫海和海床、海底土壤等水下调查，收集与海缆工程各方面资料，初步确定海上风电场海缆登陆地点与路由方案。根据勘察资料确定路由后，选择合适的海缆类型与施工船只。对于海底情况，可通过扫海作业明确水下是否存在对施工不利的事物，如沉船、弃锚、渔网等，需在施工前进行清除。

（二）施工准备、海缆装船

电缆装船前，需对电缆进行装船前性能检测，如交流耐压、绝缘电阻、电容等性能测试。测试验收完毕后方可过驳。

海缆装盘运抵码头后，可通过专用过驳设备转移至铺缆船缆盘上，对于较短长度的海缆，也可采用托盘或线轴装船。

海缆装船后，还需在船上对电缆进行测试，确认装船过程中未对电缆造成破坏损伤。

海底电缆运输如图 3－20 所示。

图 3－20　海底电缆运输

（三）海缆始端登陆施工

海底电缆登陆前，电缆铺设船可乘高潮位尽量驶近岸边以减少登陆距离。采用工作艇将尼龙缆沿预挖缆沟牵引至预定登陆点，并与拖缆绞车上的牵引钢缆连接，然后用海缆铺设船上的绞盘回绞尼龙缆绳，直至拖拉绞车钢缆被牵引至海缆铺设船尾，然后将钢缆与海底电缆拖拉网套连接。

登陆时，海缆头自缆盘内拉出，在海底电缆入水前绑扎泡沫浮筒助浮，利用预先设置在始端登陆点的绞车牵引海缆浮运登陆至预定位置。完成登陆后，工作艇沿登陆段海缆逐个拆除助浮浮筒，将海缆沿设计路由沉放在预挖缆沟内。

（四）中间段海缆铺设和保护

当前国内海上风电场一般处于浅海海域，海域内渔业活动、水上运输活动较多，海缆极易遭受渔捞、船锚等人为活动损坏，因此海上风电场海缆铺设一般采用埋设的施工作业方式。按照海缆埋设作业的基本工况，可分为敷设时埋设和敷设后埋设两种，其中敷设时埋设可用于长距离外海的作业，施工速度快，是当前应用最为广泛的埋设方式。敷设后埋设由于对船舶定位要求较高，应用较少，主要用于电缆修复后使用。

主要施工设备归纳起来主要有三种类型：

（1）犁式埋设设备。适用于长距离海缆埋设。

（2）水喷式埋设设备。一般为无动力设备，主要有靴式冲埋机、冲埋犁等。埋设设备通过喷射出高压水柱冲出沟槽，海缆通过埋设臂直接进入沟槽内，沟槽开沟较深，适用于近海浅水短距离的埋设。

（3）自走式埋设设备。主要用于埋设海缆修复段及分段埋设海缆。

（五）升压站端/风机端海缆施工

海缆敷设至升压站端/风机端后，需穿过与桩基固定的J型管，施工前，可由潜水员首先将入泥的J形管管口冲刷暴露至泥面后，再将钢丝绳置换管内预留的牵引绳索。电缆引入J形管前，使用测量工具测算电缆长度，并标注中心夹具和弯曲限制器安装位置。在船上安装好中心夹具和弯曲限制器后再牵引海缆入J形管。考虑到以后更换电缆终端和基础冲刷，在进入平台前一般采用大S形敷设，预留长度作为备用。

（六）测试验收

海缆牵引至GIS室，依据相关要求制作终端电缆头，并按要求完成相关的测试工作，确保电缆头符合要求。专业机构提交交流耐压试验方案，经审核后方可进行，确保试验设备检验合格、试验接线正确、试验程序和电压符合规程、试验方案，核对试验结果，如有击穿应详细记录，及时处理。

第五节 海上风电设备调试

一、概述

海上风电设备调试主要包含风力发电机组调试和海上升压站设备调试两大部分。调试主要分为离网调试和并网调试。

二、术语与定义

（一）离网调试

在发电设备的输电线路和电网断开的状态下，利用临时电源或备用电源，按设计和设备技术文件规定对设备进行调整、整定和一系列试验工作的过程。

（二）并网调试

在发电设备的输电线路和电网连接的状态下，按设计和设备技术文件规定对设备进行调整、整定和一系列试验工作的过程。

三、设备调试原则

（一）一般规定

（1）风电场调试应坚持“安全第一、预防为主、综合治理”方针。

（2）风电场建设单位应对调试单位的调试方案、安全措施、组织措施等进行严格审查，并指定调试安全负责人负责调试工作的协调、管理和监督。

（3）调试前，风电机组安装工程、升压站设备安装工程、场内电力与通信线路敷设工程等主体工程应已完工，并通过单位工程验收。调试前，调试单位应向风电场建设单位提出申请。

（4）风电场调试应按照先离网调试后并网调试的顺序进行，其中风电场电气设备离网调试与风电机组离网调试可并行进行。

（二）环境条件

1. 气候条件

（1）环境温度宜在 $-25\sim35$℃之间，相对湿度不大于95%。

（2）无大雨、大雪、大雾、雷电、冰雹等恶劣气象条件。

（3）风速应符合安全条件，超过10m/s不得在机舱外或轮毂作业，超过18m/s不得进入机组。

2. 作业环境要求

机组调试作业中若遇天气突变，如雷电、大风等，应中断调试，及时撤离。

（三）电网条件

（1）电网应满足以下条件：

1）公共连接点的谐波电压和总谐波电流分量应符合GB/T 14549中的相关规定。

2）接入点的电压偏差应符合GB/T 12325中的相关规定。

3）接入点的电压波动应符合GB/T 12326中的相关规定。

4）接入点的电压不平衡度应符合GB/T 15543中的相关规定。

5）接入点的频率偏差应符合GB/T 15945中的相关规定。

（2）若要在电网条件达不到规定要求的情况下开展调试工作，机组厂家应进行充分论证。

（四）安全要求

1. 基本要求

（1）现场调试人员应严格遵守风电场的各项安全规章制度，有权拒绝违章指挥和强令冒险作业。

（2）在开展调试工作之前，调试单位应告知风电场建设单位相关工作内容，接受风电场调试安全负责人的管理与监督。

（3）现场调试应由专业人员进行调度指挥，其他调试人员服从指挥，调试过程应严格按照经审查通过的调试规程进行。

（4）调试现场应设置警示性标牌、围栏等安全设施，应对作业危险源进行监护。

2. 操作安全

（1）调试人员应遵守电气安全、事故预防、火灾和环境等规程，操作过程中与危险区域应保持符合规范的安全距离，临近的带电部件应有防护措施、封闭危险区域。

（2）电气操作员必须具有资质，严禁无资质人员操作。电气操作员应严格遵守国家、行业相关电气操作的安全规范及规定。

（3）应对电源进行安全监控，特别要避免由于无意送电或者未授权人员送电所造成的严重安全事故。

3. 紧急情况处理

（1）调试人员应熟悉当地的紧急事件处理程序。发生直接危及人身、电网和设备安全的紧急情况时，有权停止作业，并在采取可能的紧急措施后撤离作业场所，并立即报告。

（2）发生事故时，在保证自身安全的情况下，应采取防护措施并组织救护，防止事故扩大。

（3）发生各类事故都要保护好现场，待事故调查分析与处理。

（五）技术文件要求

调试前应具备以下技术文件：

（1）设备制造商提供的技术规范和运行操作说明书、出厂试验记录以及有关图纸和系统图。

（2）设备订货合同及技术条件、设备安装记录、监理报告以及其他图纸和资料。

（3）经审查通过的现场调试方案、安全措施及风电场建设单位制订的各项规章制度。

（4）在风场电气设备离网调试、机组离网调试、机组并网调试、风场电气设备并网调试及中央监控系统调试前，调试单位应向风电场建设单位提交相应阶段的调试申请表。

（5）调试项目完成后应提交现场调试报告。

（六）调试人员要求

（1）应身体健康，符合调试工作需要。

（2）应熟悉设备的工作原理及基本结构，掌握必要的机械、电气、检测、安全防护等知识和方法，能够正确使用调试工具和安全防护设备，能够判断常见故障的原因并掌握相应的处理方法，具备发现危险和察觉潜伏危险并排除危险的能力。

（3）应定期参加专业技术培训和安全培训，经考核合格后方可上岗。

（七）仪器设备要求

（1）仪器仪表应定期检查，并在计量部门检定的有效期内使用，允许有一个二次校验源（制造厂或标准计量单位）进行校验。

（2）应实测调试临时供电设备的输出电压和频率，确认满足调试要求。

四、风力发电机组离网调试

（一）一般规定

（1）应确认被调试机组安装已完毕，经检验符合有关标准或规定的要求。对作业环境进行全面检查，确认设备齐全无缺失、安全设施齐备，所有断路器及开关应处于分断位置，所有电气设备应处于关闭状态。

（2）被调试机组附带的技术文件应符合 GB/T 19069.9 中的规定，并对厂内调试报告进行检查。确认控制器出厂前已调试完毕，各项参数符合相关机组控制与监测要求；各类测量终端调整完毕，整定值应符合相关机组检测与保护要求。

（3）进行绝缘水平检查及接地检查时，试验应满足 GB/T 1032、GB/T 3859.1、GB/T 16935.1、GB/T 17949.1、GB/T 17627.1 和 GB/T 17627.2 中规定的要求。

（二）机组电气检查

（1）对机组防雷系统的连接情况进行检查以及检查主控系统、变桨系统、变流系统、发电机系统等的接线是否正确，确认电缆色标与相序规定是否一致。

（2）检查各控制柜之间动力和信号线缆的连接紧固程度是否满足要求。

（3）确认各金属构架、电气装置、通信装置和外来的导体做等电位连接与接地。

（4）检查母排等裸露金属导体间是否干净、清洁，动力电缆外观应完好无破损。应对电气工艺进行检查确认。

（5）对现场连接及安装的动力回路进行绝缘检查。

（三）机组上电检查

（1）确定主控系统、变流系统、变桨系统等系统中的各电气元件已整定完毕。

（2）按照现场调试方案和电气原理图，依次合上各电压等级回路空气开关，测量各电压等级回路电压是否满足要求。

（3）应对备用电源进行检查，测查充电回路是否工作正常；待充电完成后，检查备用电源电压检测回路是否正常。

（四）机组就地通信系统

（1）主控制器启动。

（2）对主控制系统的绝缘水平和接地连接情况进行检查。

（3）机组通电，启动人机界面，检查各用户界面是否可正常调用。

（4）建立人机界面与主控制器之间的通信，进行主控制器参数设定，保证每台机组的地址或网络标识不相互冲突。

（5）将控制回路不间断电源置于掉电保持状态，手动切断供电电源，不间断电源应可靠投入运行。

（五）子系统和测量终端

（1）检查主控制器和各个子系统通信是否正常，包括主控制器与功能模块之间的通信、主控制器与功率变流器之间的通信、主控制器与变桨变流器之间的通信、主控制器与偏航功率变流器之间的通信等。确认各个子系统通信中断后，主控制器能发出有效的保护指令。

（2）检查各测量终端、风向标、位置传感器及接触器等是否处于正常工作状态。

（六）安全链

（1）急停按钮触发。按下紧急停机按钮，检查安全链是否断开以及机组的故障报警状态。

（2）机舱过振动。触发过振动传感器，检查安全链是否断开以及机组的故障报警状态。

（3）扭缆保护。触发扭缆保护传感器，检查安全链是否断开以及机组的故障报警状态。

（4）过转速。触发过转速保护开关，检查安全链是否断开以及机组的故障报警状态。

（5）变桨保护。触发变桨保护开关，检查桨叶是否顺桨、安全链是否断开以及机组的故障报警状态。

（七）发电机系统

（1）对发电机的绝缘水平和接地连接情况进行检查。

（2）检查发电机滑环与碳刷安装是否牢固可靠，滑道是否光滑，碳刷与滑道接触是否紧密。触发磨损信号，观察机组故障报警状态。

（3）应对发电机防雷系统进行检查，触发发电机避雷器，观察机组故障报警状态是否正确。

（4）测量发电机加热器阻值是否在规定范围内，启动加热器，测量加热器电流是否在规定范围内，确保发电机加热器正常工作。

（5）在有条件的情况下，应对发电机过热进行检查。模拟发电机过热故障，观察机组动作及自复位情况。

（6）检查发电机冷却、加脂等系统的工作是否处于正常状态。

（八）主齿轮箱

（1）检查齿箱油位是否正常，调节齿箱油位传感器，观察油位传感器触发时的机组故障报警状态。

（2）检查齿轮箱防堵塞情况，调节压差传感器，观察压差信号触发时的机组故障报警状态。

（3）检查齿箱润滑系统各阀门是否在正常工作位置，启动齿箱润滑油泵，观察齿箱润滑系统压力、噪声及漏油情况。

（4）手动启动齿轮箱冷却风扇，观察其是否正常启动，转向是否正常。

（5）测量齿轮箱加热器阻值是否在正常范围内，能否确保加热器正常运行。

（九）传动润滑系统

（1）传动润滑系统包括变桨润滑、发电机润滑、主轴集中润滑及偏航润滑等。

（2）检查传动润滑系统油位是否正常，启动传动润滑系统，观察润滑泵运行、噪声、漏油情况；调节传动润滑系统，观察润滑故障信号触发时，机组故障报警状态。

（十）液压系统

（1）检查液压管路元件连接情况有无异常，调节各阀门至工作预定位置。

（2）检查液压油位是否正常，确认液压油清洁度满足工作要求。模拟触发液压油位传感器，观察机组停机过程和故障报警状态。

（3）启动液压泵，观察液压泵旋转方向是否正确，检查系统压力、保压效果、噪声、渗油等情况。检查液压站和管路衔接处，确保减压后回路无渗漏。

（4）触发液压压力传感器信号，检查机组停机过程和故障报警状态。

（5）检查制动块与制动盘之间的间隙是否满足要求。进行机械刹车测试，观察机组停机过程和故障报警状态。

（6）手动操作叶轮刹车，叶轮电磁阀应迅速动作，对刹车回路建压，松闸后回路立即泄压。

（十一）偏航系统

（1）检查偏航系统各部件安装是否正常，机舱内作业人员应注意安全，偏航时严禁靠近偏航齿轮等转动部分。

（2）应确定机舱偏航的初始零位置，调节机舱位置传感器与之对应；调节机舱位置传感器，使其在要求的偏航位置能够有触发信号。

（3）顺时针、逆时针操作偏航，观察偏航速度、角度及方向、电机转向是否与程序设定一致，偏航过程应平稳、无异响。

（4）测试机组自动对风功能。手动将风机偏离风向一定角度，进入自动偏航状态，观察风机是否能够自动对风。

（十二）变桨系统

1. 一般规定

（1）变桨系统调试时，机组应切入到相应的调试模式。调试人员必须操作锁定装置将叶轮锁定后方可进入轮毂进行调试。

（2）变桨系统调试必须由两名以上调试人员配合完成，禁止单人进行操作。调试过程中各作业人员必须始终处于安全位置。轮毂外人员每次进入轮毂必须经轮毂内变桨调试人员许可。

（3）完成变桨调试后应将轮毂内清理干净，不得遗留任何杂物和工具，待所有人员离开轮毂后方可解除叶轮锁定。

（4）对变桨系统、变流系统的绝缘水平和接地连接情况进行检查。

2. 手动变桨

（1）在手动模式下，按照现场调试方案和电气原理图，依次合上变桨系统各电压等级回路空气开关，测量各电压等级回路电压是否正常。

（2）进行桨叶零位校准，使桨叶零刻度与轮毂零刻度线对齐，将编码器清零确定零位置。

（3）进行桨叶限位开关调整，调整接近开关、限位开关等传感器位置，保证反馈信号可靠。

（4）点动叶片变桨，应操作桨叶沿顺时针和逆时针方向各转一圈，观察桨叶的运行、噪声情况，运行过程应流畅、无异常触碰，并确认变桨电机转向、速率、桨叶位置与操作命令是否保持一致。

（5）断开主控制柜电源，检测备用电源能否使叶片顺桨。

（6）应按照上述步骤对每片桨叶分别进行测试。

3. 冷却与加热

（1）操作风扇启动，确认风扇动作可靠，旋向正确，无振动、异响。

（2）操作加热器启动，检查能否正常工作。

4. 变桨保护

（1）手动变桨至一定角度，触发叶片极限位置保护开关，检查叶片是否顺桨。

（2）任一变桨柜断电，检查其他两个叶片是否顺桨。

（3）断开任一变桨变流器通信线，检查所有叶片是否顺桨。

（4）断开主控制器与变桨通信，检查所有叶片是否顺桨。

（5）触发任一变桨限位开关，检查所有叶片是否顺桨。

（6）断开机舱控制柜电源，检查所有叶片是否顺桨。

5. 自动变桨

（1）手动变桨，观察风机是否能维持在额定转速，降低风机最高转速限值，观察风机是否能够自动收桨，降低转速。

（2）恢复自动变桨模式，监测叶片变桨速度、方向、同步等情况。如发现动作异常，应立即停止变桨动作。

（十三）温度控制系统调试

（1）设置所有温度开关、湿度开关定值，包括机舱开关柜、机舱控制柜、变流柜、塔基控制柜、变桨控制柜等。

（2）检查机组所有温度反馈是否正常，包括各控制柜内温度、发电机绕组及轴承温度、齿轮箱油温及轴温、水冷系统温度、环境温度、机舱温度等。

（3）调整温度限值，观察加热、冷却系统是否正常启停。

（4）若机组具有机舱加热系统，应调整温度限值，观察加热系统是否正常启停。

五、风力发电机组并网调试

（一）并网调试准备

（1）检查现场机组离网调试记录，核实调试结果是否达到并网调试的要求。

（2）确认变桨、变流、冷却等系统的运行方式，各系统参数是否按机组并网调试要求设定，叶轮锁定装置是否处于解除状态。

（3）气象条件应满足并网调试要求。

（4）应对风电机组箱变至机组的动力回路进行绝缘水平检查。

（5）向风电场提交并网调试申请，同意后方可开展机组并网调试。

（二）变流系统

（1）确认网侧断路器处于分断位置且锁定可靠。按照现场调试方案和电气原理图，依次合上变流器各电压等级回路空气开关，测量各电压等级回路电压是否正常。

（2）将预设参数文件下载到变流器。

（3）将变流系统切入到调试模式，通过变流器控制面板的参数设置功能手动强制变流器预充电，母线电压应上升至规定值后解除预充电，母线电压应经放电电阻降至零。

（4）预充电测试成功后，解除网侧断路器锁定，通过变流器控制面板的参数设置功能强制操作网侧断路器吸合与分断，断路器应动作可靠，控制器应收到断路器的吸合与分断的反馈信号。

（5）操作柜内散热风扇运行，确认风扇旋转方向正确。检查冷却系统工作是否正常。

（6）检查发电机转速、转向能否被变流器系统正确读取。

（三）空转调试

（1）设置软、硬件并网限制，使机组处于待机状态。观察主控制器初始化过程，是否有故障报警。如机组报故障未能进入待机状态，应立即对故障进行排查。

（2）启动机组空转，调节桨距角进行恒转速控制，转速从低至高，稳定在额定转速下。

（3）观察机组的运行情况，包括转速跟踪、三叶片之间的桨距角之差是否在合理的范围之内，偏航自动对风、噪声、电网电压、电流及变桨系统中各变量情况。

（4）空转调试应至少持续 10min，确定机组无异常后，手动使机组停机，观察传动系统运行后的情况。

（5）在空转模式额定转速下运行，按下急停按钮来停止风机。观察风机能否快速顺桨，制动器是否能够正常制动。

（6）在空转模式额定转速下运行，降低超速保护限值（低于额定转速），风机应报超速故障并快速停机。测试完成后恢复保护限值。

（四）并网调试

1. 手动并网

（1）设置软、硬件并网限制，在机组空转状态下，启动网侧变流器和发电机侧变流器，使变流器空载运行，观察变流器各项监测指标是否在正常范围内。检查变流器撬棍电路，启动预充电功能，检测直流母线电压是否正常。

（2）取消软、硬件并网限制，启动机组空转，当发电机转速保持在同步转速附近时，手动启动变流器测试发电机同步并网，持续一段时间，观察机组运行状态是否正常工作。

（3）逐步关闭变流器，使叶片顺桨停机。

2. 自动并网

（1）启动机组，当发电机转速达到并网转速时，观察主控制器是否向变流器发出并网信号，变流器在收到并网信号后是否闭合并网开关，并网后变流器是否向主控制器反馈并网成功信号。

（2）观察水冷系统，确认叶片的运行状态正常。

（3）观察变桨系统，确认叶片的运行状态正常。

（4）并网过程应过渡平稳，发电机及叶轮运转平稳，冲击小，无异常振动；如并网过程中系统出现异常噪声、异味、漏水等问题，应立即停机进行排查。

（5）启动风机，观察一段时间内的风机运行数据及状态是否正常。

（6）模拟电网断电故障，测试风机能否安全停机。停机过程机组运行平稳，无异常声响和强烈振动。

（五）限功率调试

（1）风机在额定功率下运行，通过就地控制面板，降功率分别限定为额定功率的一定比例，观察风机功率是否下降并稳定在对应的限定值。

（2）限功率试运行时间规定为72h，试运行结束后检查发电机滑环表面氧化膜形成情况，确保碳刷磨损状态良好及变桨系统齿面润滑情况正常。

六、海上升压站调试

（一）调试准备

1. 工具及仪器准备

海上升压站做调试试验前，需要准备相关测试仪器，比如，某大型升压站调试设备如表 3－2 所示。

表 3－2　　升压站调试设备表

适用试验	序号	设备名称	型号/规格
继电保护调试	1	电子式绝缘电阻表	ZCI ID－5 2500V
	2	万能表	UTSI

续表

适用试验	序号	设备名称	型号/规格
继电保护调试	3	电压表	T32－AV
	4	电流表	T32AV
	5	电流钳表	MODEL2005
	6	相序器	8031
	7	相位表	SMG－168
	8	调压器（单相、三相）	TD（S）GC－5/0.5
	9	继保综合调试仪	继保之星
	10	大电流发生器	AD90 IB
	11	标准电流互感器	HL55
	12	电源拖板	
高压试验	1	智能型数字绝缘电阻表	ZP5033
	2	介质损耗测试仪	AL－6000
	3	180kV 高压发生器	AST
	4	变压器直流电阻测试仪	KSN－05
	5	变压器变比测试仪	KSN－11
	6	全自动伏安试验装置	ADL032
	7	回路电阻测试仪	AST HL 100A
	8	高压开关综合测试仪	GKC－98H6
	9	接地导通测试仪	KSN－10D
	10	变压器极性测试仪	AD407
	11	大电流试验器	DLS－11
	12	油浸式试验变压器	YDJ 5kVA
	13	串联谐振试验装置	HDSR－F－Y12

2. 调试人员配置

调试单位的资质与承担的调试项目相符，调试人员配备满足调试工作需要且资格证件齐全。

3. 技术资料准备

在调试前，首先由项目经理部组织人员对站内、站外环境情况进行详细调查，核对新、旧图纸保护功能是否有改动、图纸是否符合现场实际。

（二）调试项目

1. 电气二次调试

（1）准备工作：设计图及厂家质料是否齐全；对使用的仪表、仪器进行检查（包括功能及使用日期）；升压站是否具备进场条件。

（2）资料收集：收集设计及厂家资料；收集厂家随设备的图纸、出厂调试记录、调试大纲。

（3）熟悉图纸：熟悉设计图纸，了解设计意图，对整套保护有个整体理解；熟悉厂家资料，对设备功能、原理有所了解，熟悉调试大纲；寻找设计图及厂家资料是否存在缺陷。

（4）做好标识：根据设计图、厂家原理图熟悉设备名元件名称（空气开关、压板、继电器等）；根据设备各种元件的规格、大小尺寸印好各种标签；在保护装置上做好标识。

（5）装置检查：检查各保护屏、控制屏、开关等设备是否齐备，外观有无损坏；检查设备内二次电缆安装是否规范，标号是否齐备，连接是否紧固；保护屏内插件拔出检查有无损坏，内部连线、元件是否连接牢固。

（6）绝缘检查：保护屏绝缘检查；有关回路的绝缘检查；交流耐压试验。

（7）直流电源送出。

（8）开关操作回路检查：开关操作回路的控制开关在无短路或接地的情况下方可投入；开关分合前要检查开关是否在运行位或检修位，方可进行开关分合；机构储能回路检查；操作回路检查。

（9）保护装置调试：参照《继电保护微机型试验装置技术条件》，严格按照厂家调试大纲进行调试。

（10）开关传动回路试验：保护带开关传动试验、保护开出回路试验、保护开入回路试验。回路调试要根据设计全面、到位。

（11）信号回路试验：光字牌回路试验、音响回路试验。

（12）四遥回路试验：遥控、遥信、遥测、遥调回路试验。

（13）电压回路试验。

（14）电流回路试验。

（15）相位图测量。

2. 电气单体设备调试

（1）断路器。

1）测量绝缘拉杆的绝缘电阻值，参照制造厂的规定。

2）采用直流压降法测量每相导电回路的直流电阻，与产品技术规定不应有明显差别。

3）在断路器的额定操作电压、气压或液压下进行断路器的分合闸时间测量，应符合产品技术规定。

4）测量断路器主、辅触头三相及同相各断口分、合闸的同期性及配合时间，应符合产品技术条件的规定。

5）测量断路器分、合闸线圈的绝缘电阻值，不低于 10MΩ，直流电阻值与产品出厂试验值相比应无明显差别。

6）断路器的操作机构试验：合闸操作、脱扣操作、模拟操动实验。

7）在 SF_6 气压为额定值时进行交流耐压试验，试验电压按出厂电压的 80%进行，并符合要求。

（2）电力变压器。

1）测量绕组连同套管的直流电阻值应符合有关规定。

2）检查所有分接头的电压比。与制造厂铭牌数据相比无明显差别，且符合电压比的规律，允许偏差为±0.5%。

3）检查变压器的接线组别，应与铭牌一致。

4）测量绕组连同套管的绝缘电阻及吸收比，应符合有关规定。

5）测量油浸式变压器的介质损耗角正切值。

6）测量 35kV 以上且容量大于 10 000kVA 变压器的直流泄漏电流。

7）对主变压器中性点进行耐压试验，实验耐受电压标准为出厂实验电压值的 80%。

8）测量铁芯绝缘的各紧固件对外壳的绝缘电阻。采用 2500V 绝缘电阻表对铁芯和夹件上的绝缘电阻测量应无闪络或击穿现象。

9）变压器绕组变形实验。采用频率响应法测量绕组特性图谱。

10）新安装变压器应进行局部放电实验。

11）对变压器进行冲击合闸试验，应进行 5 次，每次间隔时间为 5min，应无异常现象。

12）绝缘油试验。

（3）互感器（TA/TV）。

1）测量绕组的绝缘电阻，应大于 1000MΩ。

2）交流耐压试验，根据不同的型号和电压等级按有关规定进行。

3）测量电压互感器的一次绕组的直流电阻，应符合有关规定。

4）检查互感器的变比，应与铭牌和设计要求相符。

（4）电力电缆。

1）测量绝缘电阻。

2）直流耐压试验及泄漏电流测量，直流耐压值根据不同的型号和电压等级按有关规定。

3）检查电缆的相位应与电网的相位一致。

（5）避雷器。

1）测量绝缘电阻应符合有关规定。

2）测量泄漏电流，并检查组合元件的非线性系数。

3）测量金属氧化物避雷器的持续电流和工频参考电压，应符合技术要求。

4）检查放电计数器的动作情况及基座绝缘。

（6）电容器。

1）测量绝缘电阻。

2）测量介质损耗角正切值和电容值。

3）交流耐压试验。

4）冲击合闸试验。

（7）电抗器。测量绝缘电阻；测量直流电阻；交流耐压试验；冲击合闸试验。

（8）电气指示仪表。应根据不同的种类，根据相应的校验标准逐个校验。

（9）保护装置、自动装置及继电器。

1）保护和自动装置应根据产品的技术文件及其国家有关标准进行逐个逐项进行检

验，其各项调试结果应符合有关规定。

2）继电器应根据不同种类，按照继电器的校验规程逐个逐项进行校验，其结果应符合规程规定。

（10）直流系统及 UPS 电源。电气设备带电前，应用施工电源对直流充电柜和 UPS 电源柜根据出厂技术文件的要求进行调试，并对蓄电池进行充电，为全站提供交直流控制电源。进行测量仪表调试、变送器调试、蓄电池组调试。

（11）SF_6 断路器调试。包括测量绝缘拉杆的绝缘电阻；测量每相导电回路电阻；交流耐压试验；测量断路器的合、分闸时间；测量断路器的合、分闸速度；测量断路器主、辅触头合、分闸的同期及配合时间；套定式电流互感器试验；测量断路器在 SF_6 气体的微量水含量；密封性试验；测量断路器合闸时触头的弹跳时间；断路器电容器的试验；测量合、分闸线圈及合闸接触器线圈的绝缘电阻；直流电阻；断路器操动机构的试验。

（12）隔离开关调试。绝缘电阻；最低动作电压测量；操作机构试验；闭锁装置可靠性试验。

（13）悬式绝缘子。绝缘电阻；交流耐压。

（14）接地电阻。

（三）调试注意事项

（1）要对全站进行电压电流的二次模拟试验，检查经过切换的电压与电流是否正确。

（2）要排除寄生回路，当出现动作情况与原设计意图不符时，应及时查出原因，加以纠正。

（3）要分别用 80%、100%直流电源电压进行整组逻辑试验，以检查保护的可靠性。

（4）要进行拉合直流试验，验证保护是否可靠不误动。

（5）通道接通后，两侧及时进行通信对调，以满足运行要求。

（6）二次调试人员在工作中若发现设计或接线存在问题时，应将情况汇报工程技术部，反馈给监理、设计院，按设计变更通知单进行更改或通知安装人员更改，并将设计更改通知单的执行情况反馈给工程技术部，做好竣工图修改。

第四章

海上风电运行及维护

与陆地风电不同，海上风电的运行和维护呈现出相关技术标准严、受环境因素干扰明显、运行维护成高等特点。目前我国的海上风力发电在产品质量与开发技术创新上，都属于国际领先产水平，而后期海上风电管理、运维技术却无法及时与前期的先进性保持一致。提高海上风力发电机组设备运行和维修水平，降低事故突发率，提高海上风电发电效率和效益，需探索适合我国海域实际管理和运维的模式。

第一节　海上风电运行操作规范

一、海上风电国家标准运行的要求

《海上风力发电机组运行及维护要求》（GB/T 37424—2019）由国家市场监督管理总局、中国国家标准化委员会于2019年5月10日正式发布，2019年12月1日正式实施。该标准对海上风力发电的基本要求、安全要求、运行要求和维护要求等方面做出相关规定。

（一）基本要求

（1）操作手册由制造商提供，手册内容应考虑当地独特的现场状况和客户特殊的要求。手册文件应包含如下内容：

1）应对不同故障进行分级处理，给出处理方案，并对故障记录提出要求。

2）设备安全运行范围和系统说明。

3）启动和停机操作程序。

4）报警动作列表。

5）紧急情况处理程序。

6）应使用操作人员能够阅读并理解的语言。

（2）海上风电机组运行维护手册由制造商提供，其他相关设备运行维护手册由相应供应商提供，手册内容应满足风电场独特的现场状况。所有的操作都应由经过专业培训或受过专业指导的人员进行。

（3）海上运行维护使用的交通运输工具上应配备急救箱、应急灯等应急用品，并定期检查、补充或更换。

（4）应有提升装置来完成常规备件和运行维护工具从船舶到海上机组的运输。

（二）运行维护手册要求

运行维护手册应包括下列内容：

（1）应对不同故障进行分级处理，给出不同故障和缺陷的复位权限及处理方案，并对故障记录提出要求。

（2）设备安全运行范围和系统说明。

（3）海上风电机组启动和停机操作程序。

（4）报警动作列表。

（5）紧急情况处理程序。

（6）海上风电机组在维护作业前应具备的条件。

（7）海上风电机组子系统及其运行描述。

（8）润滑时间表，规定的润滑周期和润滑剂种类或其他特殊液体。

（9）再调试程序。

（10）维护检查的周期和程序。

（11）保护子系统的功能性检查程序。

（12）完整的布线图和内部接线图。

（13）螺栓的检查和预紧周期表，包括预紧力和扭矩。

（14）准入系统损坏的维护和修复方案，例如由服务船只撞击导致的损坏。

（15）诊断规程和故障排除指南。

（16）推荐的备品备件及耗品清单。

（17）现场组装和安装图。

（18）工具清单。

（19）海生物的检查及必要的清理。

（20）防冲刷系统的检查和维护。

（21）强电系统要求。

（22）塔架内环境控制系统（微正压、盐雾过滤等）布局与接线图。

（23）操作手册应使用操作人员能够阅读并理解的语言。

（三）一般要求

（1）海上风电机组塔架应有防海水和防雨水进入的要求。

（2）海上风电机组在投入运行前应具备如下条件：

1）长时间断电停运和新投入的海上风电机组在投入运行前应检查机组各部件和装置（动力电源、控制电源、安全装置、控制装置、远程通信装置、高压系统等）是否处于正常状态，合格后才允许启动；

2）经维修的海上风电机组在启动前，应确认维修期间采取的各种安全防护装置均已解除；

3）外界和内部环境条件应符合海上风电机组的运行条件，温度、湿度、风速在海上机组设计参数范围内。

（3）如果海上风电机组长时间处于停止状态，比如机组安装或调试完成后没有立即启动，则：

1）停机后的准备工作（这里的停机指计划停机）应包括如下内容：

① 叶片变桨角度应处于停止角度，叶轮锁松开，使叶轮处于低速自由旋转状态。

② 解除偏航锁。

③ 确保停机状态期间变流器柜门关闭。

④ 停机超过 15 天时，应检查安装的除湿器是否已启动，是否安装便携式发电机为除湿器供电。

⑤ 除湿器启动时应进行如下检查：

——上下调节测湿计时，除湿器是否正常启动和停止；

——测湿计设置值是否满足要求；

——热气是否可从湿气出口排出；

——除湿器是否正常运行（风扇是否吹风）。

⑥ 停机超过 90 天时，应在每个电气柜部分放置干燥剂并使用塑料/胶带覆盖所有气孔和通风孔。

2）停机期间的维护工作（每两周一次）应包括如下内容：

① 电气柜内湿度是否超过 70%，若超过，则应对除湿器进行检查。

② 检查变流器柜是否有可见的湿气和腐蚀现象。

③ 检查便携式发电机是否能够正常运行。

④ 检查所有气孔和通风孔是否仍由塑料/胶带覆盖，如果发现小孔，需修复（停机超过 90 天时）。

⑤ 检查电气柜内的除湿机是否需要更换（停机超过 90 天时）。

⑥ 每 1.5 个月宜检查液压系统和其他润滑系统的润滑。

⑦ 每 3 个月应提取齿轮油和液压油并分析其含水量。

⑧ 每 3 个月应对海上机组进行一次目视检查，检查海上机组内电气柜、齿轮箱、偏航齿圈等的腐蚀情况。

3）重新启动海上风电机组前的检查工作应包括如下内容：

① 检查除湿器是否正常工作，湿度是否超过 70%。

② 启动风力发电机前立即润滑，润滑油量与停止状态期间相当，按全年润滑剂量比例计算此润滑剂量。

③ 发电机与发电机内的加热器连接，并加热 24h。

④ 电气柜应加热并通风 24h。

⑤ 如果电抗器内存在湿气，则应开启风扇使电抗器通风 3h。

⑥ 应至少对 UPS 电池充电 4h（如果机组停止时间超过 3 个月，则应再充电 4h）。

⑦ 检查便携式发电机是否已断开，所有电气连接是否已回复正常状态（停机超过 15 天时）。

⑧ 检查覆盖气孔的塑料/胶带是否已拆除（停机超过 90 天时）。

⑨ 检查所有除湿剂是否已移除（停机超过 90 天时）。

⑩ 检查绝缘是否合格（停机超过 30 天时）。

⑪ 环控系统上电并正常运行 24h。

（四）运行人员要求

运行人员应具备如下技能：

（1）掌握风电场数据采集与监控、海洋水文信息、气象预报、通信、调度等系统的使用方法。

（2）掌握海上风电机组的工作原理、基本结构和运行操作。

（3）熟练掌握海上风电机组及海上应急设施的各种状态信息、故障信号和故障类型，掌握判断一般故障的原因和处理的方法。

（4）熟悉操作票、工作票的填写。

（5）能够完成风电场各项运行指标的统计、计算。

（6）熟悉所在风电企业各项规章制度，了解其他有关标准、规程。

（7）严格执行电网、海事部门调度指令。

（8）能够定期开展运行数据、指标分析工作。

（五）数据采集及监控系统要求

（1）监控系统正常巡视检查的主要内容应包括：

1）装置自检信息正常。

2）不间断电源（UPS）工作正常。

3）装置上的各种信号指示正常。

4）运行设备的环境温度、湿度应符合设备要求。

5）系统显示的各信号、数据正常。

6）打印机、报警音响等辅助设备工作情况，必要时进行测试。

7）CMS 系统工作情况。

8）视频监控工作情况。

（2）运行人员应定期对风电场与监控系统数据进行采集和备份，并确保数据的准确、完整。

（3）风电场数据采集与监控系统软件的操作权限应分级管理，未经授权不能越级操作。

（4）高压系统、变频器和主控系统应能记录毫秒级（宜不大于 20ms）故障数据。

（5）监控系统应能连续记录海上风电机组运行数据，数据记录时间间隔宜不大于 1min，运行数据导出时的时间间隔宜在 1min 和 10min 可选。

（6）运行数据记录应包括所有必要参数。

（7）监控系统应能记录海上风电机组所有故障信息，包括故障发生时间、故障代码、故障发生时的环境条件、海上风电机组状态等必要信息。

（8）所有故障信息应能在中央监控系统实时显示，方便运行人员及时发现。

（六）设备异常运行和故障处理

（1）海上风电机组有异常报警信号时，运行人员应按操作规程对信号进行分析判断或试验，并按操作规程进行适当处理。

（2）当电网频率、电压等系统原因造成海上机组解列时，应按照风电并网要求执行。

（3）当海上风电机组发生过速、叶片损坏、结霜等可能发生高空坠物的情况时，禁止就地操作，运行人员应通过远程监控系统进行远程停机，并设立安全防护区域，避免人员进入可能存在危险的区域。

（4）当海上风电机组发生起火时，运行人员应立即停机，并断开连接此台机组的线路断路器，同时报警。

（5）当海上风电机组制动系统失效时，运行人员应立即根据专项处理方案做相应处理。

（6）海上风电机组因其他异常情况需要运行人员进行手动停机操作的顺序：

1）运行正常停机。

2）正常停机无效时，可采取远程或就地紧急停机。

3）紧急停机无效时，应采取措施，尽量保证海上机组安全。

（7）风电场遭受强对流天气（雷暴、台风）后，应对海上风电机组叶片和电控系统状态进行检查。

（8）海上风电机组主断路器发生跳闸时，应先检查主回路中的部件及设备（如晶闸管、发电机、电容器、电抗器等）绝缘是否损坏，主断路器整定动作值是否正确等，确定无误后才能重合断路器，否则应退出运行进一步检查。

二、风电机组的运行

（一）风电机组运行的一般性要求

（1）验收。风电机组在正式进入商业运行前，均应通过 240h 试运行，并已通过由当地政府、电网公司、业主、建设单位参加的启动验收。

（2）外观。在同一风电场内，风电机组应旋转方向一致，外观颜色应尽可能保持一致。

（3）航空标志。如果风电场处于航空通道附近，应按照航空要求设置警示设施。如已安装航空警示灯，应定期检查警示灯的工作状况。

（4）标识。风电机组应在明显位置悬挂制造厂设备标识（铭牌），标明设备容量、出厂日期、风轮直径等参数，在每台机组上都应在显著位置上标识出风电场名称和编号，运行值班室内应在明显位置悬挂或摆放风电机组的布置图（包括其编号）。

（5）专人管理。风电场应为每台风电机组指定专门设备负责人，建立设备档案。

（6）安全警示。配备安全设施和警示标志（包括变压器和断路器）。

（二）风电机组运行前检查内容

风电机组运行前应进行下列检查，以保证机组运行时不会因条件不具备造成事故：

（1）电源相序正确，三相电压平衡。

（2）偏航系统处于正常状态，风速仪和风向标处于正常运行的状态。

（3）制动装置和液压控制系统的液压装置的油压和油位在规定范围。

（4）变速箱油位和油温在正常范围。

（5）各项保护装置均在正确投入位置，且保护定值均与批准设定的值相符。

（6）控制电源处于接通位置。

（7）控制计算机显示处于正常运行状态。

（8）手动启动前，叶片上应无结冰现象。

（9）在寒冷和潮湿地区，长期停用和新投入的风电机组在投入运行前应检查绝缘，合格后才允许启动。

（10）经维修的风电机组在启动前，所有为检修设立的各种安全措施应已拆除。

（11）检查SCADA通信系统是否处于正常状态。

（12）动力电源处于接通位置，且冷却电机、加热电机、偏航电机、液压电机能够正常运转。

（三）风电机组运行状态

风电机组正常运行过程如图4－1所示。

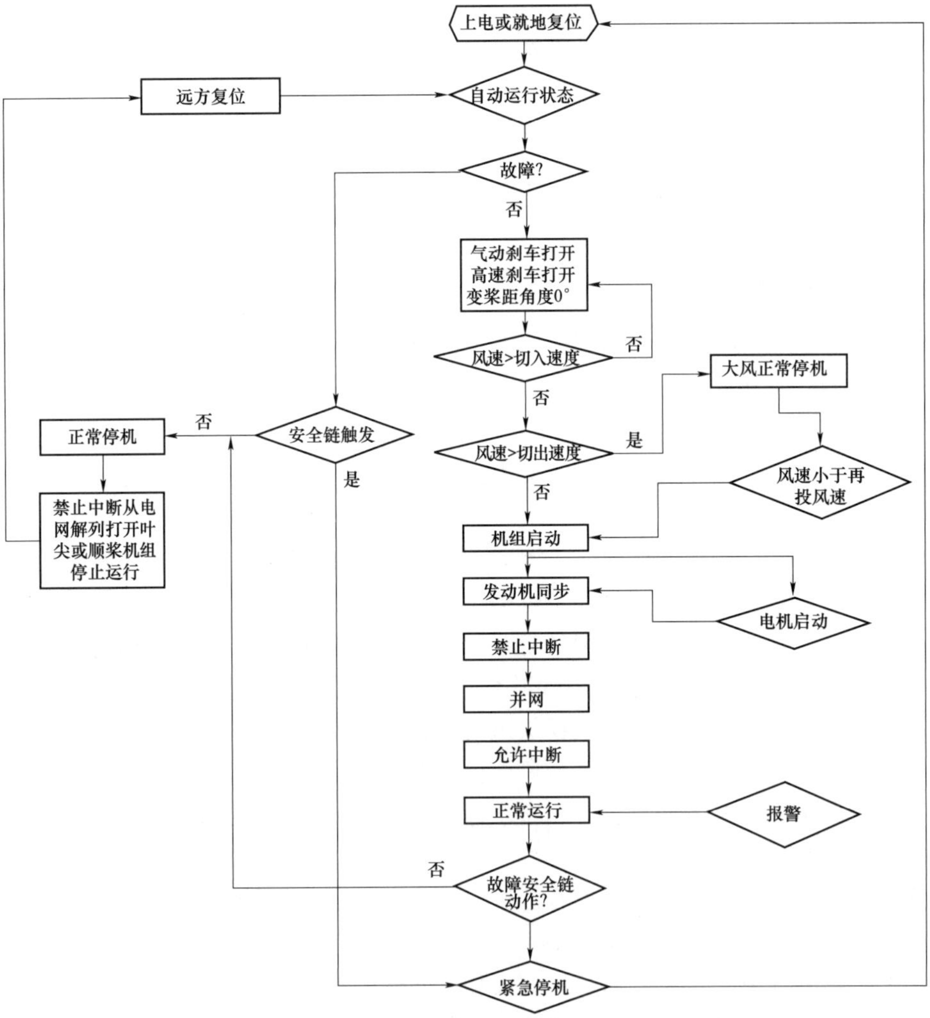

图4－1 风电机组正常运行过程

（1）通电自检状态。当机组控制系统通电后，计算机系统启动，操作系统启动，并启动系统自检程序，对内存、硬盘、各状态位、各传感器、开关、继电器等进行检查，此时液压系统开始工作，对于定桨距机组，叶尖将收拢，叶轮进入空转状态；对于变桨距机组，叶片桨距角将保持在 90°。

（2）待机状态。风电机组在上电后通过自检系统未发现故障，显示系统状态正常，此时若风速低于启动风速，机组处于待机状态，桨距角度保持 0°或叶尖制动在正常运行位置。如果外界风速达到切入风速，系统将进入启动状态。

（3）启动状态。如果外界风速达到切入风速（某个时间的平均值）后，系统将进入启动状态。定桨距机组在风力推动下叶轮开始启动旋转加速，变桨距机组角度调节到 0°左右，开始启动旋转加速，机组加速到并网要求的转速时，机组将通过软并网系统并入电网运行。

（4）维护状态。机组在需要人员对其进行维护，可以人为将状态调整为维护状态。机组处于停机状态、暂停状态或待机状态时，方可调整到维护状态。维护状态通常是算作非正常停机状态，但由于机组每年需要正常维护，因此通常根据机组容量、维护难度，确定一定时间作为计划检修时间，如平均每台每年 1～2 天。

（5）暂停状态。这种状态主要用于对风电机组实施手动操作或进行试验，也可以手动操作机组启动（如电动方式启动），常用于维护检修时。当系统检测出外部环境因检修（电网或气候）出现异常，不满足运行要求时，有时也会将机组置于暂停状态。在暂停状态液压系统自动保压、偏航系统保持自动偏航，变桨距机构顺桨变桨，定桨距叶片叶尖压力释放。

（6）正常停机状态。风电机组正常停机时，发电机解列，偏航系统不再动作，变桨距机构已经顺桨，制动系统开始时保持打开状态，待风电机组转速低于某个设定值（如 300r/min）后，制动系统再动作。

（7）手动停机状态。当运行人员通过手动操作使机组停止运行时，称为手动停机状态。手动停机时，机组动作过程与正常停机类似。

（8）紧急停机状态。由于安全链触发动作或人工按动紧急停机按钮，所有操作都不再起作用，此时空气动力和机械主制动系统一起动作，直至将安全链触点复归或紧急停机按钮复位。

（9）运行（发电）状态。风电机组在切入风速以上和切出风速之前，应处于运行状态，即发电状态，且自动运行。

（10）高风速切出状态、当风速超过机组设定的切出风速时，机组将停止运行，处于等待状态。如风速回到切出再投运风速时，机组将自动恢复运行。

（四）风电机组运行基本操作

1. 启、停操作

风电机组的启动和停机有手动和自动两种方式。

（1）风电机组的手动启、停机操作。

1）风电机组的手动启动。当风速达到启动风速范围时，手动操作启动键或按钮，风电机组按计算机启动程序启动和并网。

2）风电机组的手动停机。当风速超出正常运行范围或出现故障时，手动操作停机键或按钮，风电机组按计算机停机程序与电网解列、停机。

3）手动启动和停机的四种操作方式。

① 主控室操作：在主控室操作计算机启动键和停机键。

② 就地操作：断开遥控操作开关，在风电机组控制盘上，操作启动或停机按钮，操作后再合上遥控开关。

③ 远程操作：在远程终端操作启动键或停机键。

④ 机舱上操作：在机舱的控制盘上操作启动键或停机键。但机舱上操作仅限于调试时使用。

凡经手动停机操作后，需再按“启动”按钮，方能使风电机组进入自启动状态。

（2）风电机组的自动启、停机操作。

1）风电机组的自动启动。风电机组处于自动状态，当风速达到启动风速范围时，风电机组按计算机程序自动启动并入电网。

2）风电机组的自动停机。风电机组处于自动状态，当风速超出正常运行范围或出现故障时，风电机组按计算机程序自动与电网解列、停机。

2. 手动偏航

当机组需要维护或运行需要时，机组可在人工手动操作下，进行偏航动作，即手动偏航。

3. 手动解缆

机组通过手动偏航进行的解缆操作为手动解缆。

4. 复位操作

（1）就地复位。故障停机和紧急停机状态下的手动启动操作，风电机组在故障停机和紧急停机后，如故障已排除且具备启动的条件，重新启动前必须按“重置”或“复位”就地控制按钮，方能按正常启动操作方式进行启动。

（2）远方复位。风电机组运行中出现的某些故障可以通过中央控制的 SCADA 系统进行远方复位而恢复，这些故障称为远方可复位故障。

第二节　海上风电风险应急预案

自然灾害和特大生产安全事故发生时，我国有一套应急预案总纲和框架体系，包括县级以上各级人民政府、各大企业、民营公司都应制定应急策略，即制定防止事故或减少事故危害的防范措施。

海上风电场一般位于偏远地区的近海或远海，自然环境险恶，风电机组又常年运行在高空，在运行中难免遭受自然灾害和灾难性事故的侵扰。为了预防各类事故的发生，海上风电企业应高度重视安全，制定安全事故的应急预案，防患于未然。本节以某沿海风电场的总体应急预案为例，供海上风电场参考借鉴。

一、总则

（一）编制目的

提高风电场处置危急事件的能力，最大程度地预防和减少危急事件及其造成的损害，保障公众的生命财产安全，维护企业安全和稳定，促进企业全面、协调、可持续发展。

（二）编制依据

依据《中华人民共和国安全生产法》《国家危急事件总体应急预案》《国务院关于进一步加强安全生产工作的决定》等法律法规及有关规定，制定预案。

（三）分类分级

根据危急事件的发生过程、性质和机理，危急事件主要分为以下四类：

（1）自然灾害。影响企业安全生产，并对企业安全生产构成重大威胁的暴雪、冰雹、飓风、地震、雷电、异常温度等。

（2）事故灾难。主要包括重大人身伤亡事故，重大及以上或对电网影响较大的设备、电网事故、火灾、交通事故、环境污染和生态破坏等。

（3）公共卫生事件。主要包括传染病疫情，群体性不明原因疾病，食品安全和职业危害，以及其他严重影响公众健康和生命安全的事件。

（4）社会安全事件。主要包括重大治安事件，具有突发性，对公司及所属单位正常工作秩序将造成或可能造成严重影响的大规模群体上访、请愿、集会、游行、蓄意闹事等事件。

各类危急事件按照其性质、严重程度、可控性和影响范围等因素，一般分为四级：Ⅰ级（特别重大）、Ⅱ级（重大）、Ⅲ级（较大）和Ⅳ级（一般）。

（四）适用范围

预案适用于突然发生，造成或者可能造成重大人员伤亡、财产损失、环境破坏和严重社会危害，危及公共安全的紧急事件。

（五）工作原则

（1）以人为本，减少危害。把保障人的生命安全和身体健康，最大程度地预防、减少和消除危急事件造成的人员伤亡、财产损失和社会影响作为首要任务，切实加强危急事件管理工作。

（2）统一领导，分级负责。在公司统一领导和公司应急事件领导小组协调下，所属单位按照各自的职责和权限，负责有关事故灾难的应急管理和应急处置工作，建立健全应急预案和应急机制。

（3）依靠科学，依法规范。采用先进的救援装备和技术，增强应急救援能力。依法规范应急救援工作，确保应急预案的科学性、权威性和可操作性。

（4）预防为主，平战结合。贯彻落实“安全第一、预防为主、综合治理”的方针，坚持事故灾难应急与预防工作相结合。做好预防、预测、预警和预报工作，做好常态下的风险评估、物资储备、队伍建设、完善装备、预案演练等工作。

二、应急预案体系

应急预案体系分为综合预案和专项预案。

综合预案是总体、全面的预案，主要阐述公司应急救援的方针、政策、应急组织机构及相应的职责，应急行动的总体思路和程序，作为应急救援工作的基础和总纲。

专项预案主要针对某种特有或具体的事故、事件或灾难风险出现的紧急情况，应急而制定的救援预案。专项预案应包括自然灾害、事故灾难等方面的应急预案。

三、危险性分析

应急预案中应有危险性分析。包括对风电场位置、装机容量、工程建设情况等相关介绍。对存在影响企业安全生产，并对企业安全生产构成重大威胁的地震、雷电、暴雪等自然灾害、突发公共卫生事件，以及引起企业发生重大人身伤亡事故，重大及以上或对电网影响较大的设备、电网事故等风险的危险源与风险进行分析。

四、组织机构及职责

事故发生时，应在公司应急事件领导小组的统一领导和协调下，成立重大突发事件工作小组，负责重大突发事件的应急管理工作。

领导小组主要职责：坚持“安全第一、预防为主、综合治理”的方针，加强安全管理，落实事故预防和隐患控制措施，有效防止重特大事故发生；加强电力设施保护宣传，提高公众保护电力设施意识；开展停电救援和紧急处置演习，提高对大面积停电事件处理和应急救援综合处置能力。贯彻落实国家和企业等有关重大突发事件管理工作的法律、法规和相关规定，执行政府部门和上级公司关于重大突发事件处理的重大部署。在政府及公司应急事件领导小组领导下，统一实施大面积停电应急处理、事故抢险、生产恢复等各项应急工作。协调与当地电力调度关系，配合公司应急事件领导小组工作。研究重大应急决策和部署，决定实施和终止应急预案。部署重大突发事件发生后的善后处理及生产、生活恢复工作。及时向政府部门和上级公司报告本风电场重大突发事件的发生及处理情况。

工作小组主要职责：具体负责应急事件领导小组的日常工作，及时向应急领导小组报告重大突发事件；归口公司的重大突发事件应急管理工作，负责传达政府、行业及上级公司有关重大突发事件应急管理的方针、政策和规定；组织落实应急事件领导小组提出的各项措施、要求、监督各企业的落实；制定公司重大突发事件管理工作的各项规章制度和重大突发事件典型案库，指导公司系统重大突发事件的管理工作；检查重大突发事件应急预案、日常应急准备工作、组织演练的情况，指导、协调重大突发事件的处理工作；对重大突发事件管理工作进行考核。

五、运行机制

（一）预测与预警

按照早发现、早报告、早处置的原则，各级责任主体负责对所管理范围内各种可能发生的危急事件的信息、常规监测数据等，定期开展跟踪监测、信息接收、报告处理、综合分析和风险评估。

预警级别：根据预测分析结果，对可能发生和可以预警的危急事件进行预警。预警级别依据危急事件可能造成的危害程度、紧急程度和发展态势，一般分为四级：Ⅰ级（特别严重）、Ⅱ级（严重）、Ⅲ级（较重）和Ⅳ级（一般），依次用红色、橙色、黄色和蓝色表示，根据事态的发展情况和采取措施的效果，预警颜色可以升级、降级或解除。

预警发布：预警信息包括危急事件的类别、预警级别、起始时间、可能影响范围、警示事项、应采取的措施和发布单位等。没有达到预案的危急事件、不涉及政府和上级公司发布预警信息的事件按照公司应急预案管理要求启动现场预案，造成事故的按照上级公司相关规定定义事故级别。

（二）应急响应

1. 响应分级

按危急事件的可控性、严重程度和影响范围，危急事件的应急响应一般分为特别重大（Ⅰ级响应）、重大（Ⅱ级响应）、较大（Ⅲ级响应）、一般（Ⅳ级响应）四级。

出现下列情况时启动Ⅰ级响应：造成或可能造成一次死亡 3 人及以上人身死亡事故、特大或对风电场产生严重负面影响的设备和电网事故等。

出现下列情况时启动Ⅱ级响应：造成或可能造成一次死亡 1～2 人，或一次死亡和重伤 3 人及以上人身事故，未构成特大人身事故的，重大设备和电网事故等。

出现下列情况时启动Ⅲ级响应：造成或可能造成人身死亡或重伤，未构成重大人身事故的，一般设备事故和电网事故等。

出现下列情况时启动Ⅳ级响应：造成或可能造成人身重伤或轻伤，一般设备损坏、机组停运等。

Ⅰ级和Ⅱ级应急响应由公司组织实施，Ⅲ级和Ⅳ级应急响应由项目部组织实施。超出本级应急处置能力时，应及时请求上一级应急救援指挥机构启动上一级应急预案。

2. 响应程序

（1）公司危急事件应急响应程序和要求。

接到报告后立即与风电场联系，掌握事件进展情况，启动公司应急预案，控制事态影响范围；立即向上级公司报告，成立现场应急指挥部，组织现场应急救援工作；及时向地方政府主管部门等报告危急事件基本情况和应急救援的进展情况，根据地方政府的要求开展应急救援工作；组织专家组分析情况，根据专家的建议，通知相关应急救援力量随时待命，为政府应急指挥机构提供技术支持；组织并派出相关应急救援力量和专家赶赴现场，参加、指导现场应急救援，必要时请事发地周边地区专业应急力量实施增援，需要有关应急力量支援时，应及时向地方政府和上级公司汇报请求。

（2）风电场应急响应程序和要求。

发生危急事件后，立即启动应急预案，组织实施现场应急响应；立即向公司报告，成立现场应急指挥部，组织现场应急救援工作；及时向地方政府主管部门等报告突发环境事件基本情况和应急救援的进展情况，根据地方政府的要求开展应急救援工作；组织相关人员分析情况，根据建议以及地方政府应急要求，组织相关应急救援力量参与应急救援，同时为政府应急指挥机构提供人员、技术和物质支持；风电场要及时、主动向现场应急指挥部提供应急救援有关的基础资料，供现场应急指挥部研究救援和处置方案时参考。需要有关应急力量支援时，应及时向地方政府和公司汇报。

3. 应急结束

应急终止条件：事件现场得到控制，事件条件已经消除；环境符合有关标准；事件所造成的危害已经被彻底消除，无继发可能；事件现场的各种专业应急处置行动已无继续的必要；采取了必要的防护措施以保护公众免受再次危害，并使事件可能引起的中长期影响趋于合理且尽量低的水平。

危急事件应急处置工作结束，或者相关危险因素消除后，现场应急指挥机构予以撤销。

（三）危急事件报告

危急事件发生后，所属单位要立即用电话、传真或电子邮件逐级上报公司，同时按规定通报所在地区和相关政府部门。应急处置过程中，要及时续报有关情况。应急救援工作结束后，按照响应由组织单位对应急救援工作进行总结，并报公司备案。造成事故的，在事故结束后上报《事故调查报告书》。

六、应急保障

根据不同的危急事件建立兼职应急救援队伍，加强应急队伍的建设，熟悉应急知识，充分掌握各类危急事件处置措施，提高其应对突发事件的素质和能力。配置完善的应急物资和技术装备，建立并落实严密的日常检查、维护等标准化管理制度，使各类事故处于可控状态，应急系统处于完备状态。对于可能发生的各种危急事件，针对每一类危急事件的特点进行具体分析，制定相应的应急预案并报上级管理公司审批或备案。按照职责分工和相关预案做好危急事件的应对工作，同时根据总体预案切实做好应对危急事件的人力、物力、财力、交通运输、医疗卫生及通信保障等工作，保证应急救援工作的需要，以及恢复重建工作的顺利进行。

七、演练培训与奖惩

应急预案应定期开展演练，要有计划地对应急救援及管理人员进行培训，提高其专业技能。

危急事件应急处置工作实行责任追究制。对危急事件应急管理工作中做出突出贡献的先进集体和个人要给予表彰和奖励。对迟报、谎报、瞒报和漏报危急事件重要情况或者应急管理工作中有其他失职、渎职行为的，依法对有关责任人给予行政处分；构成犯罪的，依法追究刑事责任。

第三节　海上风电机组水上部分维护

陆上风电场通常拥有自己的运行与维护中心，对风电机组实施维护较为便利。而对于海上风电机组水上部分，受海上盐雾腐蚀、台风、海浪等恶劣自然环境的影响，螺栓等易损件失效加快，机械和电气系统故障率大幅上升，导致检修维护的频次加快，增大了风电机组维护的支出。本节将分析海上风电机组水上部分维护所面临的难题及风电机组各个部分的维护方法。

一、海上风电机组水上部分维护面临的难题

海上风电场的可达性低。受海上天气多变的影响，检修人员到达风电机组进行日常

巡检的风险高、难度大，风电机组一旦发生故障，维修周期加长，将导致机组的可利用率降低。

运输、吊装等维护成本高。受海上交通不便和天气多变的影响，风电机组日常巡检和保养需要出动工程船进行，交通运输成本大大增加。如果发电机、齿轮箱、叶片等大部件发生故障，必须动用常规大型起重船完成拆装更换，单次吊装施工费用超过 200 万元以上。海上风电机组受盐雾腐蚀、台风、海浪等恶劣自然环境的影响，螺栓、电气件等易损件失效加快，机械和电气系统故障率大幅上升，检修维护的频次加快，更增大了风电机组维护的支出。

维修检查计划难以实施。一般说来，风电场运行第一年会有更多检查的必要性，规律性检查是每 6 个月一次，大型检修每 5 年进行一次；海上风电场特别需要考虑由于天气原因每年取消的检修次数占成功检修次数的比例。

二、叶轮的维护

叶轮系统是风电机组能量转换过程中直接吸收风能，并将风能转换为机械能的系统，它由叶片、轮毂及变桨系统组成。

（一）叶片的维护检查

1. 叶片到场后的检查

叶片到货前都经过出厂终检，因此到场后只需进行外观检查和配件检验（运输过程中的问题），具体检查内容如下：

（1）随机检验文件，要求随机文件、合格证齐全准确。

（2）叶片表面无磕碰、划伤、裂纹损坏（尤其在支架附近），整体型面光顺，无鼓包、凹陷。

（3）叶片内部无杂物、脱落胶粒等。

（4）分型面结合处，无开裂、裂纹等。

（5）0° 标牌安装位置准确、牢固。

（6）叶片法兰无损伤、生锈、裂纹，法兰与玻璃钢叶根端面无间隙，法兰孔与预埋螺栓孔无明显错位。

（7）厂家自带螺栓（可选）数量正确、达克罗均匀完整无锈蚀。

（8）人孔盖板无变形、拆装顺利，叶根挡板黏结良好。

（9）接地电缆固定、无晃动，外露接地线鼻子压接完好、无松动、无锈蚀。

（10）雷电记忆卡槽连接可靠、无损坏。

2. 叶片的日常维护检查

（1）检查叶片整体结构是否存在损伤，如干裂、断裂等。

（2）检查玻璃钢是否分层、鼓包、有裂纹。

（3）检查所有黏结处是否存在开裂、断裂等。

（4）检查叶片表面涂层（尤其是前缘）是否出现涂层损坏现象。

（5）检查叶片连接螺栓是否断裂、锈蚀。

（6）检查叶片是否产生雷击损坏。

（7）检查叶片是否脱落。

（8）检查叶片表面是否污染、冰冻。

（9）叶片旋转时产生“沙啦沙啦”的声音是由于叶片内部脱落的黏接胶小颗粒造成，若进入叶片内部检查需要将叶片锁定成Y字形，且只能检查处于非垂直状态的叶片。

（10）进行检查的人员需穿戴具备防粉尘及化学小分子（如苯乙烯）的防毒口罩及安全衣、安全绳，并选择可靠挂点。

（11）使用手电照明检查挡雨环与叶片的密封情况，若间隙很大需要进行补胶，若损坏严重则要重新更换挡雨环。

3. 叶片锁定装置的维护检查

（1）检查锁定销是否有裂纹，检查固定螺栓是否松动并紧固螺栓。

（2）更换齿形带、变桨电动机、变桨减速器时需要使用变桨锁定装置，该装置一般在风速不超过8m/s（10min平均风速）的情况下使用，如果超过此风速则会对风机产生破坏性影响。

4. 叶片开裂原因及处理办法

机组正常运行时，会产生无规律的、不可预测的叶片瞬间振动现象，即叶片在旋转平面内的振动。这种长期的振动会造成叶片后缘结构失效、产生裂纹，若在叶片最大弦长位置产生横向裂纹，则会严重威胁叶片结构安全。

叶片不同的损伤程度对应有不同的处理方法：

（1）如果只是叶片表面轻微受损，则用砂纸打磨损伤区域至表面完全光洁，然后用丙酮清洗，除去碎屑并保证修补表面完全干燥。

（2）如果损伤区域损伤深度超过1mm，必须用树脂和玻璃纤维修复至低于周围表面0.5～0.8mm；若用450g/m^{2}玻璃纤维短切毡，则每层将有1mm厚；当玻璃纤维层固化后，打磨平整后涂上胶衣，等胶衣树脂固化后用320～600号水砂纸磨光，最后抛光至光亮。

（二）轮毂的维护检查

（1）检查轮毂的防腐层有无脱落、起泡现象，如有此类情况，可按以下步骤清理：

1）检查发电机轴承表面有无漆面破损、锈蚀现象。

2）检查发电机各部件连接螺栓有无松动、锈蚀、断裂现象。

3）检查轴承密封圈密封是否良好，有无破损、脱落现象，检查密封圈紧固件连接是否良好。

4）定期对轴承加脂（发电机轴承是由自润滑系统自动加脂的，需检查自润滑系统油脂是否充足、自润滑系统功能是否正常）。

（2）检查轮毂表面是否清洁，清洁灰尘、油污等，如果轮毂表面有污物，可由检查人员用纤维抹布和清洁剂清理。

（3）检查轮毂铸体是否有裂纹，如果轮毂有裂纹，应做好标记和记录，同时需立即停机并联系厂家。

三、发电机的维护

发电机由定子、转子、轴系等部分组成。外转子永磁直驱电机，结构简单紧凑、效率高，无齿轮箱部件，避免了润滑油泄漏、噪声、齿轮箱过载和损坏的问题，降低了用户的运行和维护成本。

（一）发电机的维护检查

1. 转子制动器维护检查

（1）检查摩擦片有无沟槽、裂纹，摩擦片厚度应大于 2mm，如小于 2mm 则进行更换。

（2）检查紧固制动器与刹车支座连接螺栓。

（3）检查液压油管有无破损，检查接头的密封性，观察是否有泄漏的液压油，并清理干净。

2. 螺栓力矩维护检查

（1）检查转动轴与发电机转子支架的连接螺栓。

（2）检查定轴与发电机定子支架的连接螺栓。

（3）检查定轴与发电机主轴承外圈的连接螺栓。

（4）检查转轴与轴承端盖的连接螺栓。

（5）检查锁定装置与定子主轴连接螺栓。

3. 转子锁定装置检查

（1）检查叶轮锁定传感器是否固定牢固、可靠，功能是否正常。

（2）检查发电机转子锁定装置的功能是否正常。

（3）检查液压接头是否牢固，有无泄漏、渗油现象。

4. 发电机主轴承检查

（1）检查主轴承密封性能是否良好，并清理杂物及溢出油脂。

（2）检查轴承外圈与定子主轴连接螺栓。

（3）检查轴承端盖与转轴连接螺栓。

（4）检查轴承润滑情况（叶轮侧与机舱侧）。

（5）每两个月要在发电机密封唇口和不锈钢密封钢板间加润滑脂，可打开一个径向滤盒，通过转子自由转动完成整圈油脂的添加，如加脂过程中发现胶条磨损或翘起以致不能与密封板贴合达到密封效果时，更换密封胶条。

（6）发电机密封条加脂及维护期间注意保管好所拆下下来的螺栓、垫片和螺母等零部件，维护完毕后及时安装回去，注意避免维护工具等异物掉入发电机内部。

5. 发电机轴承维护

（1）轴承端盖 V 形密封圈润滑。

（2）转动轴 V 形密封圈润滑。

（3）轴承润滑加脂。

（4）若为自动加脂方式，按照自动润滑系统中的检查方式说明进行。

（二）发电机散热系统的维护检查

发电机采用强制风冷冷却方案，冷却系统由热交换器、管道、管道接盒、盖板、滤盒、轴向滤盒及电气控制部分等组成。电气控制系统有两个变频器，采用一拖二方案，即一个变频器拖动两个冷却风扇电机，两组分别是内循环与外循环，控制系统根据采集风道内的温度计算，控制执行内循环或外循环，以保证发电机的稳定运行。

发电机散热系统的检查内容：检查内外循环散热电机有无振动现象，并紧固电机固定螺栓；检查散热器管道有无裂纹、破损，连接件有无松动现象，并紧固螺栓；检查散热管道与散热器接口卡箍有无松动现象，紧固卡箍；检查内外循环通风道有无裂纹、破损及检查其密封性能，检查风道固定是否牢固；检查进出风口的温度传感器固定是否牢固；检查变频器柜散热系统与加热系统是否正常；检查变频柜的接地与接地极连接是否牢固；根据变频器参数设置指导文件检查参数设置是否正确；检查散热电机叶片有无变形、污物等现象。

四、偏航系统的维护

（一）偏航系统概述

偏航系统主要由多套偏航驱动结构（电机与四级行星减速器）、一个偏航轴承、偏航保护及一套偏航刹车机构组成。

偏航刹车分为两部分。一部分是与偏航电机直接相连的电磁刹车，采用安全失效保护，偏航时，电磁刹车通电，刹车释放；偏航停止，电磁刹车断电刹车机构将电机锁死；电磁刹车可以手动释放。另一部分是液压刹车，在偏航刹车时由液压系统提供压力，使与刹车闸液压缸相连的摩擦片紧压在刹车盘上确保足够的制动力；偏航时，液压压力释放但保持一定的余压，偏航过程始终保持一定的阻尼力矩，大大减少风机在偏航过程中的冲击载荷导致的偏航齿轮损坏。

偏航保护包括偏航过载保护、扭缆保护等，偏航过载保护采用热敏电阻传感器保护，防止偏航电机过负荷，扭缆保护有偏航凸轮计数器保护，当偏航位置达到设定值，凸轮触点动作，起到偏航扭缆保护的功能。

风电机组采用多组共偏航电机驱动，根据测风系统采集到的信号启动偏航电机使机组主动偏航对风，对风后，偏航系统刹车，使风机处于对风位置。

（二）偏航系统的维护检查

1. 偏航刹车制动机构维护检查

检查液压油管接头是否漏油，如有，进行处理及清洁，刹车盘油污染后要清理干净，同时更换摩擦片；检查偏航制动器与底座的连接螺栓，检查偏航制动器挡块上的连接螺栓；检查偏航制动器闸间隙，建压前闸间隙应在 2～3mm，否则现场加垫片调整，机组运行之后，需要定期检查偏航制动器摩擦片厚度，当厚度小于 2mm 时应立即更换；检查偏航刹车盘盘面是否有划痕、磨损及腐蚀现象，运行时有无异常噪声，当发生噪声时现场要购置相应的工具和工装，将摩擦片全部拆除，用千叶片打磨表面，清理干净后再次安装使用，同时用清洗剂清洗刹车盘。

2. 偏航驱动维护检查

检查偏航轴承的密封性，擦去泄漏的油脂，密封带和密封系统应至少每年检查一次，保持密封袋中无灰尘，清洁时避免清洁剂接触密封带或进入轨道；初次运行对偏航轴承外齿圈进行加脂润滑；检查偏航齿轮磨损是否均衡，必要时进行清洁；检查偏航小齿轮与偏航轴承齿侧间隙，同时测量距轴承上端面和下端面 1/3 处两个位置，齿顶上 3 个绿色标记齿的齿侧间隙允许值为 0.5～0.9mm，检查小齿轮有无裂纹、损伤情况；检查偏航减速器油位，位于油窗 1/2～3/4 位置，运行前定期进行一次采样化验，之后每年采样一次，如不合格应更换油品；初次运行之前，检查通气孔是否畅通运行，如有堵塞，运行时减速器内部产生的压力有可能破坏密封环；在运行过程中，注意检查减速器运行是否平稳且无异常噪声，检查是否有漏油现象，如有漏油现象及时与制造/供应商联系；检查偏航电机接地装置是否接好，接线盒内连接端子有无松动现象并紧固，注意运行过程和停止时有无异常噪声；偏航电机电磁刹车间隙调整至 0.5～1mm，当摩擦片单边磨损 2.5mm 以上时，应更换摩擦片；检查减速器与底座的连接螺栓、减速器与偏航电机的连接螺栓；定期给减速器输出轴轴承加注润滑脂。

五、液压系统的维护

（一）液压系统概述

海上风电机组液压系统为偏航制动器、发电机转子制动器和叶轮锁定系统提供液压动力，偏航系统工作时释放偏航制动器并保持一定的阻尼，偏航结束时实现偏航制动器制动，控制发电机转子制动器的制动与释放以及叶轮锁定销的进销、退销。

液压站通过接油盘柔性安装在机舱平台支架上，并用螺栓固定，便于工作人员的检查与维护。

（二）液压系统的维护检查

通过油窗检查油位，观察中间的油窗，油位应在中间油窗高度的 1/2～2/3 之间；过滤器一年更换一次，检查时指示灯若显示红色，应立即更换过滤器，同时应更换液压油；定期检测油品，以确保在用油符合使用要求；检查所有油管和接头是否渗漏，如有渗漏应排除并清理渗漏的油脂；检查液压胶管，如有脆化和破损现象的应更换油管；检查压力，手动偏航观察压力表系统压力是否正常、偏航余压是否正常；检查电磁阀电源插头有无松动现象，并重新紧固；清理液压站表面及接油盒内的灰尘及油脂；液压元件备件和密封易耗件的更换要符合操作程序和力矩要求；蓄能器需定期检测一次充气压力，或液压泵工作异常时应检查充气压力，达不到的进行补气或更换；测试液压刹车抱闸反馈功能，操作液压站转子制动器电磁阀锁定叶轮，主控由维护状态切换到正常状态，主控面板应报液压刹车抱闸反馈故障。

六、润滑系统的维护

（一）润滑系统概述

风电机组的润滑系统由三部分组成，即偏航轴承润滑系统、发电机前后轴承润滑系统和变桨轴承润滑系统。各自动润滑系统通过油脂润滑泵定时、定量地将润滑油脂连续地输送到各轴承内部及偏航齿轮齿面，起到连续自动润滑的效果，避免了手动润滑的间隔性及润滑不均问题。

自动润滑系统主要部件有润滑油泵组件（油箱、泵、低油位报警器）、管路接头、安全溢流阀、一级分配高压油管、油脂分配器、分配器堵塞检测装置、二级分配管路软管、轴承进油接头、齿面润滑小齿轮。

（二）润滑系统的维护检查

检查偏航润滑油箱中的油脂量，油脂不足应及时添加；紧固所有的接头，检查所有的油管和接头是否有渗漏现象，如果发现有渗漏，应找到原因并排除，清除泄漏出的油脂；润滑系统中使用的胶管、树脂管需要检查是否有脆化和破裂现象，如果发现有脆化和破裂现象，则应更换有问题的油管；检查润滑单元工作是否正常，偏航轴承、润滑小齿轮各润滑点是否出油脂，开启润滑泵，并打开几个润滑点检测是否有油脂打出，如有，则系统正常；检查润滑小齿轮和大齿轮，如果齿面没有达到要求油脂量，则反复启动齿轮工作，使配合齿面充分润滑；检查电缆的连接和固定；检查润滑脂是否清洁，是否有杂质或杂物，在系统需要清洁时，需采用汽油或轻质溶剂汽油作为清洁剂，不得采用全氯乙醚、三氯乙醚或类似溶剂作为清洁剂，也不得采用极性有机溶剂作为清洁剂，如酒精、甲醇、丙酮和类似溶剂。

七、机舱控制和测量系统的维护

（一）机舱控制和测量系统介绍

机舱控制系统主要采集偏航系统、液压系统、润滑系统、测风系统、发电机转速、安全链及温度等信号，通过光纤将机舱部分信号传输给主控制器，由主控系统对信号进行统一处理，其主要功能单元由低压配电系统、转速测量单元、风速、风向测量单元、温度信号采集、航空灯（选配）、TopBox I/O 子站及外围辅助控制回路组成。机舱支持风电机组的启动、停机、复位及急停的操作与主控功能。

1. 测量柜

测量柜主要检测发电机的绕组温度、检测发电机散热风扇内外循环风道温度，以及检测烟雾、偏航位置等。通过测量柜子站对信号进行采集再传输给主控系统进行处理。

2. 测风系统

测风系统为安装在机舱顶部测风支架上的风速仪和风向标，主控系统根据采集到的风速、风向信号来控制机组的功率输出及机组偏航对风。目前海上风电机组主要采用超声波共振式风速风向仪，其参数见表 4－1。

表 4－1　海上超声波共振式风速风向仪参数

参数	风　向	风　速
测量范围	0°～360°	0～50m/s
测量精度	±2°（在 0° 基准点的 ±10°）， ±4°（超过余数）	±0.5m/s（0～15m/s）， ±4%（>15m/s）
分辨率	1°	0.1m/s
启动值	<0.3m/s	<0.3m/s
供电电压	DC 24V	DC 24V
工作温度	－40～85℃	－40～85℃
输出	4～20mA	4～20mA
加热器功率	99W	

（二）机舱控制和测量系统的维护检查

1. 控制柜、测量柜检查

检查柜内元器件及电缆有无打火烧黑、老化变质等现象，如有需进行更换；检查柜内接线及端子排有无松动虚接现象，并紧固接线端子；检查柜体接地线与机舱接地极连接是否牢固，并紧固连接螺栓；检查柜体连接插头插接是否牢固；操作机舱手柄查看元器件动作是否正常，如不正常找出原因并处理；检查柜体与机舱平台连接螺栓是否牢固，并紧固连接螺栓。

2. 测风系统检查

检查风速仪、风向标信号电缆绝缘和接地电缆绝缘层有无破损腐蚀现象，如有，应及时更换；检查风速仪、风向标与测风支架的连接否牢固，摆动风速仪和风向标查看信号传输是否准确；检查测风支架与机舱壳体的连接是否牢固，并紧固连接螺栓；检查测风支架接地电缆的固定有无松动现象并紧固螺栓。

3. 机舱安全链系统检查

检查急停、振动、扭缆及变桨等安全链信号功能是否正常，人为触动安全链信号，查看所对应的安全链继电器是否动作；检查振动开关的固定及开关支架的固定是否牢固，并紧固连接螺栓。

4. 航空灯检查（选配）

检查航空灯固定是否牢固，并紧固连接螺栓；检查航空灯连接电缆固定是否牢固，绝缘层有无破损腐蚀现象，如有，应及时更换；检查航空灯信号工作是否正常。

八、塔筒的维护

（一）塔筒介绍

塔筒采用钢制筒形塔架，为了便于运输与现场安装，塔架分段连接，塔筒各段之间、塔筒与基础之间及塔筒与机舱之间为法兰接头，通过高强度螺栓连接，在每一个法兰连接处都设置有安装平台，塔筒防腐设计寿命不低于 15 年，20 年内的防腐蚀深度不超过 0.5mm；塔筒内部设计有爬梯、照明、电梯等设备。塔架的作用是将风轮及整个传动链支撑在离地的一定高度，使风轮能捕获更多的能量。

（二）塔架及基础的维护检查

1. 塔架的维护检查

检查塔架和基础是否有裂纹、损伤、防腐破损等现象，如有裂纹、损伤等破损情况应停机，如有防腐破损应进行修补；检查塔架和基础连接处有无防腐破损、有无进水现象；检查入口、百叶窗、门、门框和密封圈是否损坏，检查门锁的性能，检查灭火器警告标志等设施；检查基础内支架的紧固情况，有无电缆烧焦、基础内有无进水、昆虫等现象并清洁；检查塔架筒体表面是否有裂纹、变形，检查防腐层和焊缝并清洁；检查塔架内梯子、平台是否破损，防腐层是否破损并清洁；检查照明设备及各连接处的接头，电缆夹板处的电缆老化、松动情况；检查各塔筒段之间的接地装置有无松动、腐蚀现象；检查塔架平台及平台的连接螺栓是否松动、并清洁平台；按照螺栓力矩紧固表，检查塔筒连接螺栓，塔筒内各附属设备的固定螺栓；建议塔架 6～8 年做一次焊缝探伤检测。

2. 升降机的维护检查

每次操作升降机前，认真检查提升机、安全锁和其他的辅助设备（限位开关、钢丝绳导向轮等）是否处于完好状态，确保无任何安全隐患存在；检查工作绳和安全绳是否正确地穿过相应的导向滑轮，且确定无相互缠绕现象；钢丝绳的末端应在地面上单独地卷起并由夹紧装置夹紧；检查载荷，升降机装载不得超过额定载荷重量的 1.25 倍；检查提升机工作是否正常，是否有异常噪声。

3. 升降机工作区域的维护检查

确保在塔筒升降机运行区域内无障碍物存在，障碍物会影响升降机的运行安全；确保升降机下方所有设置的保护措施及警示标识处于正确的位置。

4. 升降机的功能检测

急停按钮：关好升降机门，按下操作盒上的急停按钮，此时无论按上升按钮还是下降按钮，升降机都不会运行；顺时针转动急停按钮使其弹起，升降机可重新恢复正常操作。

上限位开关：在升降机上升过程中，手动触发上限位开关或压下上限位轮廓，升降机会立刻停止上升；释放上限位开关或上限位轮廓后，升降机可以继续上升。

终极上限位：在升降机上升中，手动触发终极上限位开关，升降机立刻停止；此时升降机不能够上升或下降，释放终极上限位后，升降机可以继续正常运行。

下侧无死点轮廓限位止动开关：在升降机下降过程中，轮廓限位遇到障碍，触发下限位开关，升降机会立即停止向下运行下降。

门禁开关：在未关门的情况下进行操作，升降机既不能上升也不能故障。

5. 安全锁的检查维护

安全锁应保持清洁并经常使用油进行润滑，不要损坏安全锁的锁紧功能。

应检查安全锁制动杆；检查安全锁解锁操作手柄的复位功能；释放安全绳地面夹紧装置，用手拉绳检测安全锁的锁绳情况。

6. 悬挂设备/钢丝绳/电缆的维护检查

经常保持钢丝绳清洁和轻微涂润滑油，使用通用润滑油，不可使用含腐蚀性的润滑油。检查电缆绝缘层和接口是否损坏，如有损坏需更换电缆；保证钢丝绳正确顺畅地通过导向轮。如发现下面的现象，检查并更换钢丝绳：钢丝绳直径 30 倍的长度范围内出现断股或断丝超过 8 根的现象；钢丝绳表面或内部严重腐蚀；过热损坏，钢丝绳明显变色；与原来直径相比钢丝绳变细超过 5%；钢丝绳表面的破坏。

第四节　海上风电机组水下部分维护

与海上风电水上部分的维护工作相比，水下部分的维护工作存在维护间隔长、维护难度大的特点。截至 2019 年，国内海上风电场多建设在水深 25m 以内潮间带、浅海海域，海上风电场水下部分的运营维护一般依靠水下作业、水面船只搭载侧扫声呐等方式，水下维护天然受潮汐、洋流、水下作业多种因素制约，使得海上风电水下部分的单次维护和检查成本远远高于水上的运营维护。从降本增效角度考虑，水下部分的运营维护措施一般在预定的周期性检维修时统一实施。

我国海上风电建设项目起步较晚，多数海上风电建设项目投入使用年限不足 10 年，风电设施的水下运营维护尚未成为各方关注的重点。但随着近年大量海上风电项目的竣工和投入使用，未来将逐步到达水下结构检验的建议检验周期，风电结构的水下运营维护问题必将成为各风电运营厂商面对的严峻考验，因此，有必要对海上风电的水下运营维护进行科学有效地规划。

对于海上风电的水下结构运营和维护技术，石油天然气行业积累了大量的成熟经验可用于参考，其海洋石油平台水下结构的可见缺陷绝大比例是通过外观检查发现的。同时，石油天然气行业的《浅海固定平台建造与检验规范》《在役导管架平台结构检验指南》以及中国船级社《海上风电场设施检验指南》《海上升压站平台指南》等均可为海上风电运营、维护提供充分的参考。

海上风电水下部分的运营维护主要包括：

（1）海底电缆检查维护。

（2）水下基础目视检查或三维声呐检测：包括海上风电机组和海上升压站的等水下结构的冲刷检查、腐蚀测量、海生物附着情况、牺牲阳极消耗情况等。

（3）水下无损探伤检查：包括海上风电机组和海上升压站关键焊缝的无损探伤。

一、海底电缆检查维护

海底电缆维护的主要工作是对海底电缆埋深、保护层等进行周期性检查，尤其是在海床不稳定、水流较大的海域。

通常情况下，为认识海底电缆施工区域对海缆的实际影响程度，第一次海底电缆检查维护可在电缆铺设完成后一年内进行，检查内容与海底电缆完工检测基本一致。海底电缆水下检验的最少需包含以下内容：海底电缆覆土深度和暴露长度（如有）；海底电缆悬跨长度、高度、悬跨两端海床情况；为防止或延缓海底电缆悬跨采取的人工支撑的水下状态；可能影响电缆完整性的局部海床冲刷、沉降或不稳定海底土壤；可能影响电缆完整性的浪流/流沙运动；海底电缆如未有效覆盖保护，则需记录电缆暴露情况；海底电缆覆土或其他保护措施的完整性，例如沙袋、砾石等；海底电缆机械损伤；存在于电缆上或电缆附近可能造成电缆损害的碎片、渔网等可疑物体。

二、水下基础检查

（一）基础冲刷检查

海上风电的基础冲刷检查除应查明风电基础周围的冲刷情况，如冲刷范围、深度、堆积高度等，还需测量海床冲刷数据、桩腿倾斜和沉降情况，包括因冲刷或淤积造成风电基础位置水深的变化等。

海流对风电基础的冲刷通常较为缓慢，对于相同水深洋流对风电基础的冲刷作用与桩基础的直径成正相关，因此国内目前大范围应用的大直径单桩的冲刷作用更为明显。国内曾对江苏如东潮间带风电场的两个风电机组进行现场观测，观测结果表明，在投入运营后的 3 年周期内，基础局部冲刷深度可达 5～7m。

海上风电在设计施工阶段已采取了相应的措施以降低洋流对桩基础的冲刷影响，如抛石保护、海床表面处理等。一般而言，在风电建成后的前两年，即可实施对风电基础的冲刷情况探查，若探查结果表明洋流对基础冲刷情况较为轻微，则表明防冲刷措施较为有效，后续一般以 5 年为周期实施基础冲刷检查。若检查结果表明冲刷情况较为严重，则需采取防冲刷措施加强，及时填充冲刷凹坑，保证桩基础的结构刚度。

风电基础冲刷情况的检查可通过三维水下实时声呐成像设备的船只进行，对于水深较浅的海域，也可通过潜水员水下目视作业进行，但由于水下作业风险远大于三维水下实时声纳成像，建议仅在特殊情况下才会考虑派遣潜水员作业。

如果采用水下外观目视检查，可通过潜水员氧气潜水/饱和潜水携带水下摄像和照相设备，或通过闭路电视配合 ROV 水下机器人等多种方式实现。

截至 2019 年，国内海上风电标准多集中在水上及基础设施的运维维护上，尚无专门的海上风电结构设施的强制性检验标准。对于海上结构物的水下目视检验，通常由风电运营方和维护方自行完成。

出于水下目视检查潜水作业风险管理和检验有效性的考虑，水下目视检查对作业水流和水中能见度有一定的要求，一般情况下，水流速不应大于 0.5m/s，水中能见度大于 2m（或潜水员确认可进行水下作业）等。

三维水下实时声纳成像系统具有大范围、宽角度、高精度的水下实时成像能力，即使在低透明度的浑浊水域也能够提供较好的成像效果，费用相比水下目视检查也并没有明显增加，而且可在更加恶劣的海况下作业，成果是数字三维的实时成像模型，因此是未来水下基础检查的首选方案，目前江苏已有多个海上风电场实施了此项检测。

三维水下实时声纳成像系统主要由声纳系统、云台系统和惯性导航系统三大部分组成，其中通过声纳系统实时获取海底或水下构筑物的三维信息，通过云台系统调节声纳探头扫描的角度，通过惯性导航系统获取船舶实时的位置和姿态。

三维水下实时声纳成像系统如图 4－2 所示，其水下检查成果展示如图 4－3 所示。

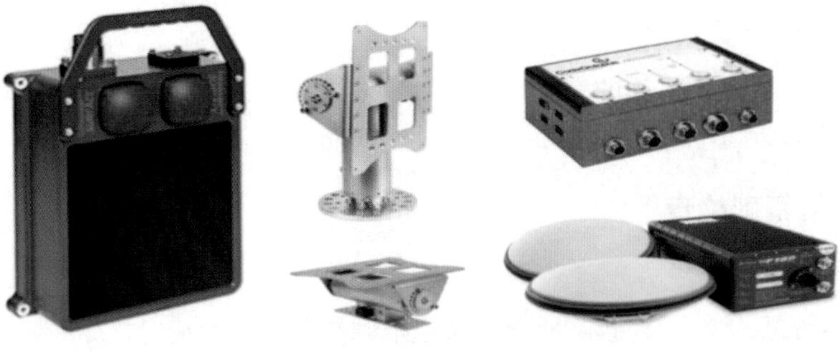

图 4－2　三维水下实时声纳成像系统

（二）海生物厚度测量

自海上风电桩基础完工就位开始，海生物即开始在结构表面附着并持续生长。附着海生物包括硬质的贝类、软质海草等多种形式。海生物的生长速度根据海域、温度、洋流等影响略有不同，根据经验，硬质海生物在几年之内即可达到 50～60mm 乃至更高的

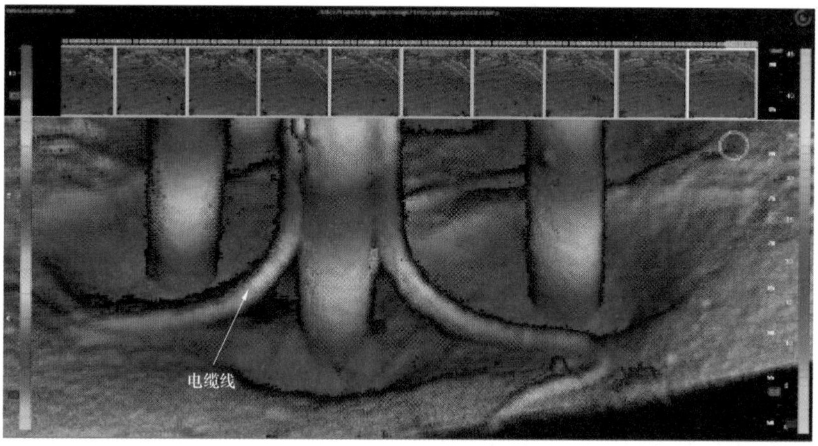

图 4－3　三维水下实时声纳成像系统水下检查成果展示

附着厚度。一般认为，海生物在水下结构物安装初期生长较快，随后生长趋于缓和，但海生物的最大附着厚度目前尚未发现明确规律。根据我国南海海域部分平台的检测数据，其局部硬质海生物附着厚度可达 80～100mm，软质海生物更是高达 200mm 以上。

虽然在风机桩基础设计阶段时即已经考虑了一定的海生物附着冗余，但海生物的附着会增加风电基础的结构质量，并增大桩基础或水下杆件的结构尺寸，进而加大波浪、洋流等对水下结构的作用力，因此需要周期性地清理海生物附着。

为降低运营成本，海生物厚度测量通常与其他水下检验作业一并进行，一般通过潜水员采用直尺、卷尺等方法，对水下结构海生物附着厚度进行测量并进行详细记录。当海生物厚度超过桩基础设计硬质海生物的允许量时，需要及时清除。

（三）牺牲阳极检测

根据风机基础的水深特点，一般水下区和飞溅区采用防腐涂层和牺牲阳极联合保护的方式，泥下区采用牺牲阳极保护方式。牺牲阳极是防止风电结构过度腐蚀，达到设计寿命要求的重要保障。

根据我国国内部分已长期投入运营的海上风电项目经验，部分潮间带海上风电场由于水生物附着严重，造成防腐涂层破坏严重并粉化、牺牲阳极全部消耗殆尽、钢结构出现腐蚀的案例，因此，及时确认风电结构阳极的损耗情况尤为必要。国内某风电场单桩基础水下区、泥下区防腐涂层的区别如图 4－4 所示。

图 4－4　国内某风电场单桩基础水下区、泥下区防腐涂层的区别

（四）结构电位测量和阳极电位测量

结构电位测量和阳极电位测量的主要目的是检测牺牲阳极保护的有效程度。在海水中，经有效阳极保护的钢结构电位应低于－0.8V，理想情况下应处于－0.9V 和－1.0V 之间。

水下结构电位测量室，应尽可能远离牺牲阳极，分析阳极保护最弱的结构区域进行测量。对水下牺牲阳极消耗严重的位置或阳极不起作用的位置，应重点检查，并采取后续措施考虑更换/增加/减少阳极数量。

（五）钢结构腐蚀检查和超声波测厚

钢结构腐蚀是影响海上风电结构完整性的重要风险，对于海上风电而言，桩基础飞溅区、潮间带、与海床接触的结构部分极易出现局部腐蚀。水下结构测厚的要求与方法与水上部分基本类似。

三、水下结构无损探伤

海上风电基础结构承受叶片振动、桩—土作用、风、浪、流等多种复杂周期性载荷影响，极易产生结构裂纹，进而对整个风电结构造成损伤。对于海上风电项目而言，多桩基础、导管架式基础由于其结构型式特殊，其各类 KTY 节点等关键受力区域更易受载荷影响产生裂纹。水下结构无损探伤可发现各管节点焊缝的裂纹，进而采取相应的修复措施。

当在水下外观检查过程中，检验员对某水下构件或节点有怀疑时，可补充进行水下结构的无损探伤作业。一般可采取水下磁粉探伤（UWMT）或交流场检测（ACFM）等技术实现。

第五章

海上风电保险经纪人

第一节　保险经纪人的概念及特点

一、保险经纪人的概念

保险经纪人，起源于英国，是基于投保人的利益，作为客户代表为投保人和保险人订立保险合同提供中介服务的机构。

再保险市场上，再保险经纪人即基于原保险人的利益，为原保险人安排分出、分入业务提供中介服务的机构。

在发达国家成熟的保险市场上，由保险经纪人承揽的业务占70%以上。委托经纪人办理保险业务早已成为国际惯例，这种惯例也得到了国际市场的公认。

保险是一项专业性很强的经济活动，是一种契约商品。保险条款、保险费率由保险公司单方面制定，保险合同充满专业术语，投保人无法精确地理解其中的含义。保险经纪人具备一定的保险专业知识和技能，通晓保险市场规则、构成和行情，能够为投保人设计保险方案，代表投保人与保险公司商议达成保险协议。保险经纪人能够帮助客户洞察市场的变化，随时把握保险商品的脉搏，为客户谋求最大的利益，就是客户的风险管理专家、保险采购行家。

二、保险经纪人的特点

保险经纪人是基于客户利益，为客户服务的保险中介，其特点如下：

（一）法律保证

企业与保险经纪人是委托与受托的关系，保险经纪人必须遵照有关法规，按照双方的合同约定，为企业提供及时完善的服务。保险经纪人的工作受到政府的严格监管，有关法规规定，由于保险经纪人的过错，给客户造成损失的，由保险经纪人承担赔偿责任。

（二）低廉的保险成本

保险经纪人有条件利用集团购买优势，在所有保险人及其险种中为客户寻求最优惠的价格。在整个保险行业中，只有保险经纪人具备这一优势。

（三）不增加客户的负担

保险经纪人接受委托，为客户提供包括办理投保在内的一整套保险经纪服务，由于客户所缴保险费中已包含了中介服务费及各项管理费用，保险公司应按政府有关规定将这笔费用支付给保险经纪人，所以客户不必再向保险经纪人支付报酬，也就是说，通过保险经纪人投保不会比通过代理人或自行投保多花一分钱。

（四）协助索赔

保险事务中，最复杂、最艰难、最棘手的是索赔，由于保险经纪人已经得到了中介服务佣金，所以应按合同约定无偿地为客户提供协助索赔服务。保险经纪人具有索赔方面的丰富知识和专业技巧，有能力在索赔事务中最大限度地维护客户的合法权益。

（五）团队的专家服务

企业所面临的风险是多方面的，是不断变化的，要进行全面有效的风险管理，依靠个人或普通人的力量是绝对不够的。由各相关专业的专家所组成的风险管理专家组是保险经纪公司的关键部门之一，该部门负责为客户提供团队的专家级的风险管理服务，专家服务将使企业受益匪浅。

第二节　海上风电保险经纪人的业务范围

海上风电保险经纪人的业务主要包括两个方面：海上风电工程项目的保险服务和海上风电工程项目的风险管理服务。具体如下：

一、协助风险管理

市场经济实质上是风险经济。海上风电企业必须独自承担经营过程中发生的一切风险和损失，所以海上风电企业对风险管理的需求变得十分强烈。保险经纪人的核心业务是风险管理，是客户的风险管理顾问，有能力站在客户的立场为其全面识别、评估和管理风险，确保客户用最小的成本获得最大的风险保障。目前在世界各国风险管理实务中，有60%以上的风险是通过保险转移的方法来进行处理的，保险在风险管理中具有举足轻重的作用。

在海上风电项目保险中，保险经纪人可以协助识别和评估海上风电项目的风险，包括研究海上风电工程事故记录、分析合同条件与条款、撰写全面的风险计划报告、进行事件发生和错误发生的因果关系分析、评估风险，并提出预防对策和风险分担建议、风险监控等。另外，还可以协助监督风险管理，包括建立风险档案、风险管理手册、制定应急措施、培训风险管理人员等。

二、设计投保计划和签订保险合同

海上风电保险经纪人可以设计海上风电项目风险投保计划，包括收集资料、制定保险方案、识别可投保与不可投保风险、保证不重复保险、不遗漏保险。签订保险合同包括选择保险合同条件、洽谈保险费率和免赔额，确保被保险人的利益。在对风险进行分析与评估的基础上，保险经纪人本着经济的原则针对投保人的可保风险，向保险市场上的众多保险人寻求合理的报价，并把报价作一个表格及分析说明，在与投保人协商后，协助投保人完成保险单的签订，完成风险的转移。同时，在合同的签订过程中，保险经纪人可以从投保人的利益出发，避免不足额保险或重复保险的现象发生，保证风险的及时和有效转移。

三、协助处理保险索赔

海上风电项目风险事故发生并对投保人造成损失后，保险经纪人可以协助起草并发出索赔通知，推荐理算师，收集并整理索赔资料，催付赔偿等。在理赔谈判的过程中，保险经纪人会保证投保人被公正对待，以便在保单基础上获得最大限度的补偿，并且提高索赔效率。另外，保险经纪人制定定期的理赔与分析报告，经常查核承保范围，使保单能符合海上风电工程变更后的需要。这样可以提高索赔效率，同时培养承包商的索赔能力。

四、提供海上风电工程所在国法律和保险市场的信息

在海外海上风电工程承包市场上，尤其是一些不发达国家，不同程度地在本国的法律中对保险有着限定性的规定。中国的承包商往往缺乏对当地国家保险方面法律的了解，于是给合同的执行带来了很多法律困难。当被要求在项目所在国投保时，如何选择有实力的保险公司，如何及时地得到赔付也是中国承包商在执行项目过程中面临的难题。海上风电保险经纪人能够提供海上风电工程所在国法律和保险市场的信息，有效解决这一问题。

五、再保险采购服务

海上风电保险经纪人在接受保险公司或再保险公司委托后，可以安排分保合同或提供临时分保服务。再保险采购可以在我国保险公司的承保能力普遍不高的情况下，为一些高风险或特殊风险项目找到解决途径，确保客户的利益得到保证。

六、保险经纪增值服务

针对海上风电项目中客户的特殊需求，保险经纪人可以提供风险转让、转包、出租、担保和项目融资，建立健全索赔机制，编制应急计划，建立设备及车辆管理系统，以及应用金融工程技术，利用资本市场转移风险等服务。

第三节 海上风电保险经纪人的作用与优势

海上风电项目的特点是投资大、建设周期长、参与建设的主体多、从事施工人员素质参差不齐、面临的风险非常复杂。大型海上风电工程项目在可行性研究、规划设计、建安施工、设备材料采购、安装调试等所有过程中面临各种各样的风险，风险来源多且不易掌控，风险暴露广而难以隐蔽，风险概率高而疏于防范。

对于海上风电项目而言，风险来源非常复杂，既有政策风险、财务风险、市场风险、技术分析、设计风险、法律风险、社会风险等，又有灾害风险、事故风险、环境风险、责任风险、工期延误等风险。对每个类别的风险源还需要进一步细分，确保能通盘识别

可能发生的静态和动态性风险。每一个子风险源发生的概率可能服从不同的分布，有的更像均匀分布或三角分布，也可能服从正态分布、二项式分布或泊松分布，分布的类型既要具体分析，又要从经验中总结。对每个子风险源发生概率的分析将有助于评估风险损失及合理地选择风险管理策略。对每个子风险源可能造成的损失，既要看施工过程不同阶段的风险暴露程度，又要看目标物的易损性。

对海上风电项目各阶段风险的清醒认识和评估，不仅仅是保险公司和再保险公司的责任。很多类别的风险是保险公司无法承保的，这些风险只能通过预测、识别、评估并通过自身的管理予以控制。因此，海上风电企业需要对风险有更全面的认知。在全面认知的基础上，如果海上风电企业对整个工程项目进行全程动态的、实时的风险管理，完全可以将风险扼杀在萌芽状态，使风险可能引致的损失控制在一定范围。

然而，海上风电企业很难既是工程项目专家，又是风险管理专家。作为风险管理专家和顾问——保险经纪人，凭借扎实的专业知识、丰富的从业经验，完全有能力协助业主为整个海上风电项目进行全方位、多角度的风险分析，为整个工程项目量身定做一套低成本、高效益的海上风电风险管理机制。

一、海上风电保险经纪人的作用

基于保险经纪人的业务范围，在海上风电项目中，保险经纪人也是从直接保险和再保险两个层面发挥作用。

第一，海上风电项目风险的客观性、普遍性、偶然性、必然性和可变性要求保险经纪人帮助客户规避风险。作为直接保险经纪人，在收到客户委托之后，根据收集到的相关海上风电项目的必要信息，首先对项目风险点进行分析并形成风险分析报告，再结合客户实际需求，量身定制保险方案，并在基本条款的基础上通过扩展条款增加特别约定等方式达到全面转嫁被保险人的相关风险的目的。保险经纪人站在客户的立场上，可以提供科学的风险分析和评估，以及制定高效的风险应对策略，帮助客户以最合理的价格买到充分的保险保障。

第二，在保单生效之后，作为直保经纪人还会根据海上风电项目的实际需求，为企业提供有针对性的风险查勘及防灾防损的培训工作。在保险期限内，帮助企业发现风险、识别风险以及防范风险，从最大程度上减少或减轻事故造成的物质损失及人员损伤。一旦企业的资产或人员受到了损害，作为直保经纪人可以为企业提供全面的协赔服务，为企业争取最大的利益。

第三，由于很多海上风电项目牵涉到项目融资，保险经纪人对融资方需求的了解，可以有效协助投保人与融资方谈判，处理融资方最关心的风险，使得保险验证工作得以顺利通过。保险经纪人在工程融资、设备供应与建设的合同管理方面具有专长，可以协助投保人在合同中改进风险有关条款，如赔偿条款、保险需求条款、责任条款与不可抗力条款等，以保护他们的利益。

第四，资深保险经纪人专业的经验加上全球风险资金管理与自保管理的资源，可为海上风电项目风险问题提供最合理、最合适的建议与方案。保险经纪人可以通过国际保险市场，寻找优惠和充分的承保能力来应付不同类型的项目以及其不同的保障范围。保险经纪人掌握了大量的国际保险市场信息，可以更有效地比较国际保险市场与本土保险市场，从而给投保人提供更有利的建议。同时，自动检查保险人包括直接承保的保险公司与再保险公司的财政状况，按照不同海上风电项目的规模，确保风险转移的安全性。

第五，作为再保险经纪人，掌握着广泛的再保险市场资源，相较于直保公司本身而言，无论是从询价还是从再保排分，直保公司都可以通过再保险经纪人找到性价比更优的再保险公司，省去了该环节的人力、物力成本。这样直保公司就可以在再保公司的优惠报价基础上为投保人提供优惠报价，等同于从源头为企业的风险转嫁找到了归宿并节省了保费支出。

总之，海上风电工程项目所伴随的风险是独特的，诸如高技术设计风险、履约风险等，保险安排往往也非常复杂，涉及业主、承包商、分包商、项目融资方与咨询顾问等。安排工程保险首先需要在做出保险安排之前，对项目结构、风险特点、风险转移等情况有非常深入的了解，保险安排本身也需要特别的经验，因此选择有相应专业技能和经验的保险经纪人变得尤为关键。

二、海上风电保险经纪人的优势

（一）保险方案量身定做

保险经纪人充分理解客户保险需求，设计最符合客户实际情况的保险方案，确保保险方案符合海上风电业主与融资机构的要求。

（二）服务团队专业稳定

保险经纪人通过资源整合，汇集各方面专业人才，为客户提供专业稳定的保险保障服务。

（三）争取最合理的保险条件

保险经纪人利用庞大的客户体量，成为国内直接保险公司以及国际再保险公司的重要渠道客户，并根据丰富的海上风电项目经验，为客户争取到最合理的保险条件。

（四）提供完善的保险保障服务

保险经纪人掌握丰富的海上风电项目承保及理赔数据，能够为客户提供系统化的风险管理服务，减少重大损失事故的发生。同时，利用丰富的海上风电保险理赔经验，帮助客户在发生保险事故后及时完成保险索赔。

第二篇

风险管理篇

第六章

海上风电风险管理

第一节　海上风电风险管理的内容

一、海上风电风险的分类

对风险进行分类有利于完善海上风电风险管理，实现风险管理的目标。海上风电项目所面临的风险众多，可以从风险类型和风险发生阶段进行分类。

（一）按风险类型分类

海上风电的风险按风险类型分类，分为自然类风险、技术类风险、经济类风险、政策类风险、法律类风险、管理类风险、人力类风险等，其中自然类风险和技术类风险是本书研究的重点。

自然类风险，海上风电项目在建设期和运维期面临冰冻、台风、暴风、暴雨、暴雪、雷电、盐雾、地震等恶劣自然条件带来的风险。

技术类风险，因为国内的海上风电仍处在起步阶段，所以面临着设计、建设、运维期各类技术不成熟所带来的风险。

自然类风险、技术类风险均会带来海上风电施工设备倾覆/损伤，进而引发机组/升压站/换流站/海缆/基础的损坏或损失，以及工期延误。

（二）按风险发生阶段分类

海上风电的风险按风险发生阶段上分类，分为设计期风险、建设期风险、运维期风险。

在设计期，机组选型是主要的风险来源，相比陆上风电项目所使用的成熟小容量机组，国内用于海上风电项目的大容量机组则是各个整机服务商近年所研发投产的新品，在性能、质量、可靠性等方面的表现均有待验证。

在建设期，国内海上风电施工设备保有量不足、部分设备新近投用的情况是主要的风险来源之一，另外，国内海上风电施工经验的欠缺也为项目人员安全、设备安全、施工质量、工期保障等带来风险。

在运维期，非专营的运维公司、运维船只、运维人员在缺乏运维经验和运维质量保证的情况下，会对海上风电基础、机组、升压站、换流站、海缆等的安全性、健康性、可靠性产生不断累积的不良影响，进而带来风险。

二、海上风电风险管理的内容

风险管理是一种全面的管理职能，用以对某一组织所面临的风险进行评价和处理。海上风电风险管理，是指对海上风电项目设计期风险、建设期风险和运维期风险进行评价和处理。

在设计期开展风险管理，是性价比最佳的方案，此时的实施方案成本最低、效果最好。对于机组选型风险，可以通过机组型式认证和特定厂址评估（海上风电项目认证的重要组成模块）进行风险识别和治理规避。在机组型式认证中，设计评估将保障项目中标机组满足国际国内标准，保障机组在设计上可抵御规定等级的各类自然灾害、可适应规定条件的各类工况，规避方案设计环节的风险；制造评估将保障整机服务商在设备、人员、质控、场地、生产管理等各个环节能满足合格生产该型号机组的要求，规避生产制造环节的风险；型式试验将保障机组样机通过实际工况的检验，提前发现风险并通过整改来规避风险。在特定场址评估中，将使用实际场址参数，对项目中标机组进行安全性评估，关注实际场址所面临的低温冰冻、暴雨、暴风、台风地震、特殊海况等，通过实际环境条件与设计条件的对比、应对控制策略的评估验证、特定条件下的载荷计算和机构校核，来进行风险识别和治理规避。

在建设期开展风险管理，将主要面向场址勘查、风电基础施工、机组/升压站/换流站/海缆运输、机组/升压站/换流站吊装、海缆敷设等过程进行风险识别、风险衡量、风险规避。海上风险项目建设过程步骤繁多、工序复杂、周期不定，为风险管理增加了一定的工作量和工作难度。

在运维期开展风险管理，主要关注人员安全、自然灾害、运维质量、设备质量等。雷击、台风、盐雾、暴雨等恶劣自然条件会对机组安全、人员安全产生重大威胁；运维质量则直接影响机组质量，很多缺失的运维、不达标的运维会导致机组带病运行直至故障升级，并进一步引发火灾风险；运维船只非规范抛锚等操作可能引发海缆拉断等事故；运维期的很多事故都会导致发电送电中断，进而带来营业损失。

三、海上风电风险管理的意义

对海上风电项目进行风险管理可以帮助业主正确认知风险、顺畅支出风险应对资金、对自担风险设置专职人员进行管理、对承担转移风险的供应商合同和保险合同理性对待，保护业主的机组、升压站、换流站、海缆等重大企业资产安全及完整，保障业主如期达成发电经营指标。

在国内保额承接能力不足、使用多个公司共保的形式承保、引入国际再保险机构参与再保险承接工作的状态下，引入行业第三方机构进行风险识别、风险预测、风险处理就更加具有必要性了。

第二节　海上风电风险管理的目标

海上风电风险管理的目标是希望能够使用最少的资源来化解最大的风险。

海上风电项目的风险管理，主要是对设计期、建设期、运维期三个阶段自然类风险、技术类风险进行度量、评估、应对策略设计。这将是一个设计好优先次序的专业流程，越靠前的风险管理策略成本越低、效果越好、被规划的优先级越高，带来损失金额越大的风险管理事件被安排处理的优先级越高。海上风电项目的风险管理要解决有效资源运用的问题，其中既有风险管理措施本身的成本，还涉及相关的机会成本。

第三节　海上风电风险管理的程序

海上风电项目风险管理的主要程序包括风险识别、风险预测、风险管理措施。海上风电项目的风险管理。首先，要识别风险，确定哪些风险会对业主产生影响，量化这些风险的不确定性程度以及可能造成的损失的严重程度；其次，要以风险控制为优先，需要采用积极的措施，甚至引入专业的行业第三方来借用丰富的行业经验来控制风险，通过降低事故的发生概率、缩小事故损失的严重程度，来达到风险管理的目标，其中最有效的方法，就是制定切实可行的应对方案，并预先留有多个备选方案，在事故发生前做成本和充裕度皆优的最大化准备，在事故发生后通过及时有效的损失控制来降低损失程度；再次，要配套规避风险的措施，在设计方案、建设方案、运维方案不变的情况下，调整配合顺序，消除一些特定风险因素。

一、风险识别

关于风险识别，适合海上风电项目的方法主要是流程分析方法和保险调查方法。

在流程分析方法中，将风险分别从设计期、建设期、运维期三个阶段进行识别，并以自然类风险、技术类风险等进行类别区分。

在保险调查方法中，则由保险人、保险咨询服务机构、风电行业第三方服务机构以项目实地查勘、过往海上风电承保经验、过往陆上风电承保经验、过往风电保险出险案例等措施识别发现在财产险、机损险、产品质量保证保险、工程险、责任险、利损险中所要应对的各项风险。

二、风险预测

关于风险预测，主要是对风险进行估算或衡量，使用风险评估所获取的资料，使用科学有效的方法，对风险性质、风险频次、风险强度进行系统分析和深度研究。

风险发生的概率，主要通过积累的过往海上风电项目的承保数据、过往陆上风电项目的承保数据、同类型风险事故出险数据来进行研究和预测。

风险发生的强度，主要通过风电行业相关规范、相关标准来进行对直接损失和间接损失的研究和预测。台风风险强度、火灾风险强度等等均有行业规范与相关标准支撑。

三、风险管理措施

风险处理的方法众多，主要包括主动规避、主动预防、财务自担、转移风险等。

关于主动规避、主动预防，根据各个海上风电项目所选的机型和特殊场址条件方式方法各异，直驱机组、双馈机组、半直驱机组的主动规避方法有差异，潮间带风场、近海风场、远海风场的主动规避方法有差异。

关于财务自担，一般会将小额损失纳入生产经营成本，很多在保单谈判中被保险公司除外的责任，除了转移至设备供应商、施工单位、运维服务商等承担的之外，其他风险都是由业主单位自担，对于发生频率和强度较大的风险，企业会建立大灾应对基金，用作损失补偿。对于经营区域较大、风险面较广的业主，则会建立专业的自保公司，中广核、粤电等业主均有自保公司的资质，在保险招标环节会自留较多的份额。

关于转移风险，较多的是通过合同将风险转移至上游供应商承担，其中整机服务商、运维服务商承担的转移风险较多，另外最常用的途径就是购买保险，财产一切险、安工一切险、机损险、产品质量保证保险、利损险、责任险等品种都在各大业主的保险采购范围之内。

四、海上风电风险管理程序示例

在此以海缆进行示例说明海上风电项目风险管理的主要程序。

海底电力电缆系统的风险评估是运用科学的风险分析方法对海缆进行风险识别、控制、决策，进而实现对海底电力电缆系统的风险管理，达到降低风险系数、减少不必要的损失，实现经济和社会效益的目的。对于运营期间的海缆系统，可以明确影响海缆安全的可变因素以及不可变因素，有针对性地进行安全维护，规避事故的风险。针对同一海底电力电缆系统中的不同电缆进行风险评估，可以起到预先防范的作用，有必要的参考性。一旦问题出现，其他电缆可以及时采取措施进行补救，将风险降到最低，从而保证电缆的正常运行。

（一）海缆风险管理理论基础

海底电力电缆的风险评估就是运用专业的理论和方法，确定影响海底电力电缆系统发生危险事故的因素，判断其导致的后果和可能性，寻找解决的办法和相应的防范计划，达到减少事故损失，将经济和社会利益最大化。风险管理是指项目管理者通过对风险的辨识，选择相应的手段，以最低的成本，获得最大的安全效果的动态过程，主要内容包括风险分析、评价、决策三部分。风险管理结构框架如图 6–1 所示。

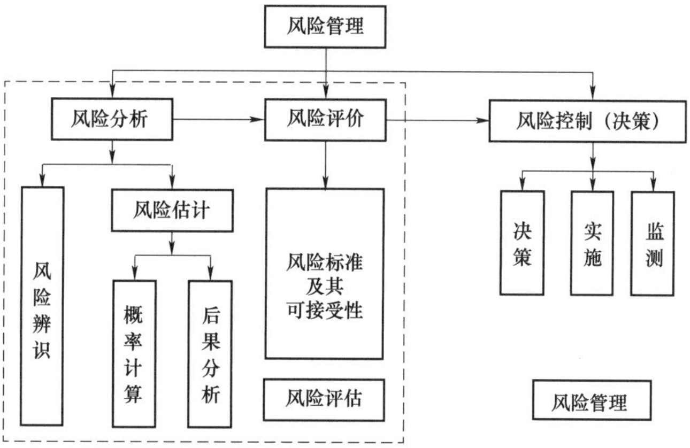

图 6–1　风险管理结构框架

（二）风险管理方法体系

风险管理分为风险分析、风险评估、风险决策、风险监测四个阶段，从定性、半定量、定量三方面，对风险分析方法进行归纳总结，建立了一套全面科学的风险管理方法体系。在此基础上，按照风险识别、风险评估、风险应对和风险监控 4 个阶段，对常用风险管理方法的优点、缺点和适用范围进行汇总，如表 6－1 所示。

表 6－1　　风险管理方法体系

流程	方法		优点	缺点	适用范围
风险识别	定性	核查表法	将项目潜在风险列在核查表内，便于识别和核对	不能揭示风险源之间重要的相互依赖关系，对隐含的风险识别不力	适用于类似项目较多的项目
		头脑风暴法	充分发挥集体智慧	对领导能力要求较高	适用于无先例参照的项目
		德尔菲法	集中许多专家意见	易受主观因素影响，容易偏于保守	常用于信息、数据缺乏或加工其数据的代价太大等长期项目
		情景分析法	展示未来发展变化，避免过低或过高	带有一定局限性	适用于变化因素较多的项目
		故障树分析法	逻辑性强，其分析结果系统、准确	用于大系统时，易产生遗漏和错误	适用于直接经验很少，较复杂的系统，应用广泛
	定量	敏感性分析法	能够找出敏感因素，确定变动幅度	未考虑参数变化的概率	常用于方案选优，预测项目的临界条件
风险评估	定性	故障类型、影响和危险度分析法	列表分析系统故障类型、原因、故障影响等级，再由故障概率计算系统危险度指数	准确程度受分析人员主观因素影响	适用于故障数据准确、完整的情况
	半定量	相对风险指数法	综合考虑事故发生的概率、后果并且了解难易程度	准备程度受分析人员主观因素影响	适用于对系统、工艺设备等掌握全面
	定量	概率分析法	简化确定概率，更科学合理	未给出方案取舍原则、多方案比选方法	适用风险事件概率法合理方案比选方法分布确定，风险后果可量化
		层次分析法	能够将无法量化的风险大小顺序适用评价	结论依赖专家的知识和经验	单项风险，或者与其他方法联合使用
		事件数分析法	归纳法，由初始事件开始，逐一计算概率	受资料限制	适用于事故因果关系明确
		风险矩阵法	方法详尽、系统，且对数据需求量较少	耗费时间较长	适用于熟悉矩阵运算和模糊理论等
		模糊数学方法	对不能清晰表述的过程能够建模	计算复杂	适用范围广泛
		灰色理论方法	在信息贫乏的情况下解决问题全	计算复杂	系统外部信息明确，内部规律不确定甚至数据信息不全
		蒙特卡罗模拟法	能够用来进行项目仿真预演	需要能够观测样本	适用于项目进度模拟
风险应对	风险回避		可避免损失	可能丧失机会	适用潜在威胁性大
	风险转移		可减轻自身风险压力、损失	有一定限制	适用资源有限不能及时防护

续表

流程	方法		优点	缺点	适用范围
风险应对	风险缓解		可减轻风险	不能从根本上消除风险	适用于及早采取措施降低风险
	风险自担		在某些条件下有积极作用	可能面临更大的风险	适用损失后果不大
风险监控	定性	项目风险报告	能够为以后提供参考	信息收集量大	适用范围广
		审核检查	随时发现问题，解决问题	需要很好组织审核会议	适用项目全过程
		监视单	简单、容易编制	需要随时更新	适用项目全过程
	定量	偏差分析法	工程进度和费用明朗	从费用比较看，费用偏差意义不大	适用监视工程工期、费用风险
		关键线路法	应用广泛，能够分析进度、工作流程等	不确定因素无法判断	适用成熟的工程项目
		计划评审技术	能够处理工作时间不明确的项目	精度不高	适用新项目
		图示评审技术	能处理随机因素	计算复杂	应用广泛

（三）海底电力电缆风险分析方法

海底电力电缆系统尚未有完整的风险评价体系，不过国内外学者对海底管线的研究颇多。海缆的应用与海底管线有相通之处，风险分析的方法同样适用于多种项目。不同的方法适用于不同的工程项目，应当根据项目本身的特点，进行慎重选择。

1. 安全检查表法

安全检查表法常用于安全检查中，用来发现潜在的风险、督促安全检查工作顺利开展，是安全系统中最初始的一种形式。

2. 危险与可操作性研究

危险与可操作性研究，是一项专门致力于危险和可操作性问题识别的技术手段。该项技术通常应用于管线以及仪表流程图制作之后的详细设计阶段。危险与可操作性研究分析需要掌握多方面知识，包括制作流程、仪器仪表操作说明、计划安排或实际营运等。该信息的储备通常由 5～8 位设计、施工、营运、维护、卫生安全及环境保护等不同知识背景和经验的人共同来完成。

3. 故障类型、影响和致命度分析

故障类型、影响和致命度分析是一种重要的定性风险分析方法。主要的特点是采用系统分解的方法，将系统分解成多个子系统，再对子系统中各个元件逐一进行分析，划分出故障等级和类型，并做出故障矩阵图。如果检测出的故障等级高到危害人身安全或者财产损失的，需要进一步进行致命度分析。

4. 专家评分法

专家评分法又称为肯特法，该评分方法相较于其他方法，具有显著优势。该方法是目前为止最完整并且最系统全面的方法之一。此种方法易于掌握，并且便于推广，专家评分法的风险评价模型，几经修改后被世界各国普遍采用，并广泛应用于各项目中。而且通过开会讨论，可以集思广益，可由工程技术人员、管理人员、操作人员、行业专家共同参与评分。

5. 故障树分析

故障树分析法的别称为事故树分析，是一种演绎系统安全可靠性的分析方法。该方法主要的特点是采用逻辑门符号将失效因素与对应的各层因素相连接，得到相应的明朗的逻辑图，并通过简化、计算，达到对系统进行评价的目的。

第七章

海上风电设计阶段的风险管理

本章从环境条件、风场设计、整体载荷、机组设计、基础设计、升压站及海缆设计、设备制造、施工方案设计、运维方案设计等几方面详述海上风电项目在设计阶段所面临的风险。

第一节　海上风电设计阶段的风险识别

一、环境条件风险识别

海上风电项目面临的环境条件风险来自海啸、台风、高湿度高盐雾、地震、船舶撞击、雷击、海床稳定性、海洋生物等。

（一）海啸风险

海啸是一种典型的突发性自然灾害，具有传播范围广、破坏性大的特点。大多数海啸都是由海底地震引起的，地震过后，海底出现猛然上升或塌陷，使得海水产生剧烈的运动，在海面上以圆形向外迅速扩散。海底地震大约只有 20%的概率会引发海啸。破坏性的海啸一般要满足以下三个条件：一是里氏震级大于 6.5 级；二是震源深度小于 20～50km；三是沿海陆地需满足特殊地形。渤海作为我国地震活动性最为活跃的近海，在其海域建设海上风电场时，其地震海啸风险不可忽视。

目前国际上有相应的海啸预报和等级分类，较多采用渡边伟夫海啸等级来判定海啸的能量量级。海啸预警的物理基础在于地震波传播速度比海啸传播速度快，而接收到地震波后，可以通过传播速度更快的电磁波进行预警消息的传达。

（二）地震风险

地震又称地动、地震动，是地壳快速释放能量过程中造成的震动，并伴随产生地震波的一种自然现象。地震形成的主要原因是：地球板块的运动和板块之间相互挤压碰撞，由此造成板块边沿及板块内部产生错动和破裂。

我国位于地震活跃地带，是世界上多地震发生国家之一，而渤海、黄海、南海等地域位于大陆板块的边缘，地震活动强烈。如在附近海域开发海上风电场，场区一旦遭受地震灾害，必将对海上机组产生严重的危害，造成巨额经济损失。

地震对机组的作用与一般动力载荷不同，它在时间、空间和强度上都具有很强的模糊性和随机性，属于随机发生过程。机组结构内所受到的地震载荷作用由地面运动引起，其载荷作用的大小取决于机组结构的总体质量、刚度和结构的基础型式。

（三）船舶撞击风险

海上风电场建设应考虑避免繁忙的海运航道，但海上风力机仍存在遭遇船舶碰撞的风险，如拖轮、渡轮在救援和维修等过程中船舶与风机发生碰撞；在大雾阴天等天气状态下，船舶航行因能见度较低可能会撞到海上风电机组，若船舶为油轮、化工船舶发生碰撞事故还会造成海洋环境污染；风电场输变电产生的电磁辐射和噪声会干扰雷达，影响船舶通信，进而影响航行安全。同时，海上风力机属于典型的顶部带有集中大质量的高耸细长柔性结构，当发生碰撞时，易造成局部结构疲劳损伤，严重时将导致整体结构失稳甚至倒塌，因此还需考虑安装防护装置以减少船舶碰撞而造成的危害。

海上风力机常见的基础型式有单桩式、导管架、三脚架等，其选取需利用 ANSYS/LS－DYNA 等软件对常见的在船舶撞击下的动力响应特性进行分析。针对不同质量的船舶在不同角度下对海上风力机导管及基础连接点进行碰撞，分析不同状态下的导管架屈曲特性，探索不同速度下的结构抗撞击特性及基础损伤情况，并分析碰撞过程中的能量变化。

（四）雷击风险

雷电是一种剧烈的大气长距离放电现象，它能够直接或间接地对诸多设施造成损害。我国陆上风电场项目多位于西部少雷暴地区，防雷问题相对不是很突出，而在沿海地区开展海上风电项目，尤其在位于雷暴日较多的东南部沿海地区，适用于内陆的风机防雷配置难以应对多雷暴天气的挑战。在海上风电的快速发展过程中，海上风电机组的雷击防护是目前亟须解决的重大技术问题。

风电机组遭雷击损坏与很多因素有关，包括风电场所处区域的雷电发生率、风力机组的整体高度以及风力机组的安全保护装置等。CTR 61400－24—2002《风力发电机组防雷保护》的统计数据表明，每年每 100 台风力机中有 3.9～8 台因遭受雷击而损坏，其中沿海区域的风力机组受到直击雷损坏的概率最大。根据国际电工委员会统计的实际运行情况显示：风电机组因雷击损坏率为 4%～8%，在雷暴活动频繁的区域更是高达 14%。风电机组是风电场最贵重的组成部分，其成本超过风电工程总投资的 60%，随着海上风力机单机容量的日益增大、叶片尺寸的增长、塔架高度的不断增高，成本逐渐提高，一旦遭受雷击，经济损失严重。因海上雷雨多、风电场区域内无遮挡物，加上海上风力机组环境恶劣、易受腐蚀，维修不便，须重视雷电事故对海上风电的危害。如图 7－1 所示为风力机组雷击事故举例。

目前，易损坏设备包括集电系统避雷针、机组升压变压器、高压熔断器和风力机组叶片等。在雷击风力机过程中，雷电具有的巨大能量可能严重破坏风机的叶片、内部控制系统及风电场的发变电设备，后果非常严重的话，可能导致风电机组乃至风电场的停运。

（五）海床稳定性风险

海床稳定性主要针对海上风电场拟建场地岩土工程的地质风险进行评估，主要包括评估海底滑坡、海底沙坡、海岸侵蚀、航道淤积、潮流冲刷槽等危害。海上风力机组在

图 7–1　风力机组雷击事故

海床面以上的基础悬臂高度比较大，虽上部竖向荷载较小，但承受来自风机运转、波浪、潮流和风荷载作用下产生的倾覆力矩较大，风机基础会产生较大的水平变形和受力不均。根据工程性质特点的分析，海上风电场风机基础的地基变形，包括水平变形和竖向变形，对工程建设影响很大，因此对海床的稳定性进行评估显得尤为重要。

（六）海洋生物风险

海洋附着生物是指在海洋环境条件下依靠附着于其他基材生存的生物，它们生长繁殖于基材表面，是附着在人工设施及舰船等海洋结构物表面并导致其损坏或产生不良影响的动物、植物和微生物的总称。海洋附着生物主要以藤壶和牡蛎为主，相比于其他的海洋附着生物而言，藤壶和牡蛎对环境的适应性较强，是具有优势的种群。藤壶和牡蛎在基材上附着时会分泌出强力黏胶，可对基材进行长期地黏附，藤壶的附着还增加了沿岸建筑物的静力载荷和动力载荷。

海上风力机支撑结构主要有单桩结构式钢管架、套管式基础、钢筋混凝土重力式基础。由于海水中有大量的侵蚀性离子会对钢结构类材料腐蚀破坏，从而导致混凝土强度降低、钢筋锈蚀，结构可靠性降低。此外，海洋环境下的混凝土还受到海浪冲击、磨蚀，寒冷海洋区域的冻融循环，以及海风、气旋、含盐大气的共同破坏作用，都严重影响了混凝土结构的耐久性。现有研究表明，虽然藤壶附着增加风力机基础自身的负重，有增大塔基倾斜、倒塌的危险，但是当藤壶等海洋生物附着在混凝土以及其他以水泥为基材的建筑物上时，海洋生物的覆盖可以有效减轻钢的腐蚀，对混凝土的表面结构和性能有一定的有利影响。

（七）台风风险

台风是我国东南沿海常见的灾害天气，其影响范围广、平均风速大、湍流强度高、风向变化快、持续时间长，对风电场有着惊人的破坏力。我国海上风电场建设较少，但台风对近海的陆上风电场已有大量的破坏案例。例如，2006 年浙江苍南风电场遭遇“桑美”台风，造成 20 台风机受损，图 7–2 示例了受损风机情况。

图 7-2　浙江苍南风电场遭遇“桑美”台风，20 台风机受损

由于登陆后的地表减速效果，相对于陆上，海上风电机组将面临更恶劣的台风风况。在中国沿海大多 7～8m/s 年平均风速的海域，需要抵御的台风极端风速可能达到 70m/s（3s 平均值）以上，这会给机组的设计带来巨大挑战：是选择较大的风轮以吸收尽可能多的风能，还是考虑牺牲发电量选择较小的风轮以抵御台风。

（八）高湿度、高盐雾风险

高湿度、高盐雾是海洋大气环境的另一个特点，有相关研究和试验表明，海洋大气环境相比陆上大气环境对钢构件的腐蚀程度高 4～5 倍，因此，海上风电机组从基础结构到塔筒，从风轮到机舱，从风电机组内部的各类机械零部件到电气元器件，都要面对海洋环境腐蚀的考验，严重影响机组的安全运行和使用寿命。

二、风电场设计风险识别

（一）微观选址

在选定风场开发区域后，机位排布是决定机组安全性及经济性的要素之一。由于海上地形简单，机组排布对风资源的影响主要体现在尾流效应，此外海床地质条件不同引起的基础成本及海缆成本在海上风电场的成本占比较高，因此机组排布综合考量尾流效应、海床地质条件及海缆长度等因素。其中，尾流效应（见图 7-3）对海上风电项目安全性及经济性的风险影响性较高，若机位排布方式不合理而引入较高的尾流影响，则会导致较高的发电量损失风险及机组疲劳失效风险。

图 7-3　尾流效应示意

电缆铺设成本对地质条件极为敏感，地质越坚实，则铺设成本越高。由于实际电缆铺设过程中对电缆掩埋位置处的地质条件无详细信息（仅有若干点位处地质条件），因此若铺设线路中存在局部次坚石或坚石类条件，则存在工期拖延的风险。

（二）机组选型

选型时尽量选用主流机组，选用单机容量较大、采用变桨变速技术的机型，减少风电机组的数量，减少土地面积的占用和吊装次数，增加发电量，提高经济效益。大型机组一般采用更高的输出电压，能降低线损和电缆造价，从而降低建设和运行成本。但是，选型时要关注风险问题。

三、海上风电机组风险识别

（一）海上风电机组设计风险

海上风机风轮机舱组件可以分为机械部件和结构部件，主要包括：机械部件（主轴、齿轮、制动器、变桨轴承、偏航轴承等）和结构部件（机舱罩、导流罩、轮毂、叶片等）。

这些机械结构部件在风机运转过程中如果力学特性设计不当或应对环境条件的设计不足，就会造成停机、损毁等事故，其设计风险主要涵盖在如下方面：

（1）载荷假定工况。

（2）机械和结构部件结构设计：包括铸件、锻件或焊接件，如机舱罩、导流罩等；机舱底座；变桨与偏航系统；轴承和弹性支撑；齿轮箱；刹车、联轴器和锁定装置；连接上述结构件、机械部件的螺栓冷却和加热系统；液压系统。

（3）机组腐蚀。

（4）雷击。

（5）散热设计。

（6）尾流效应。

（二）海上风电机组制造风险

风电机组主要由叶轮（叶片和轮毂）、传动系统、偏航系统、液压系统制动系统、控制与安全系统、机舱等组成。

叶片一般有2～3片，安装在1个轮毂上。叶片捕捉风能，带动轮毂转动，于是风能变成机械能。轮毂与风机主轴相连，能够带动传动系统转动，由此发电机获取了机械能。传动系统包含低速轴、高速轴、齿轮箱、联轴器和一个能使风机在紧急情况下停止运行的制动机构等。传动可以分为液压传动和电机传动。这个系统的设计应该根据风力发电机的输出功率和动态最大扭矩荷载来确定。功率输出存在波动性，大型风力发电机尤其要注意增加机械系统的适应性和缓冲驱动能力，以调整动态载荷。机械制动机构包括制动圆盘和液压夹钳，后者固定，前者随轴转动。制动机构的作用是在额定负载下，脱网的机组能够安全停机。

机组、叶片的制造工艺流程各不相同，但制造工艺过程中的风险大抵相同：原材料的工艺处理风险、尺寸控制风险、装配可行性风险、人员技术和安全风险、设备风险等。

四、海上风机支撑结构风险识别

（一）海上风机支撑结构设计风险

海上风机支撑结构是指风轮机舱组件以下部分，主要包括基础和塔架。海上风机支撑结构设计的目标是经济、安全、合理且满足标准要求，易于运输、安装和维护。结构设计要求风机在设计服役年限内，钢结构极限强度、疲劳强度、稳定性，塔架涡激振动等力学性能满足标准要求，否则会出现塔架倒塌、潜在风险处螺栓断裂、基础结构失稳等问题。在进行结构设计过程中，主要的设计风险包括如下几个方面：

（1）腐蚀。钢结构的腐蚀是一种不均匀的破坏，腐蚀过程在金属表面多纵向发展，形成一种闭塞电池现象，引起应力集中，进而又加快腐蚀进程，这种互相反馈的连锁反应会引起钢材抗冷脆性性能下降，在无明显变形征兆的情况下，突然发生脆性断裂。海上风机支撑结构长期暴露于海洋腐蚀环境中，为确保海上风电场的安全运行，必须对风机支撑结构采取长效防腐蚀措施。

（2）撞击。伴随着海上风电场的不断规划和兴建，与海上漂浮物发生撞击事故的频率越来越高，例如与船舶、浮冰等发生碰撞。这些意外事故可能会造成风机基础发生局部屈曲，降低结构安全性和耐久性。

（3）冲刷。海上风电的桩基会受潮汐或洋流的影响，在桩基周围形成涡流。桩基越大，阻流面积越大，涡流速度越快，水质点在桩基周围的黏滞效应越明显。因此，靠近桩基的地方更容易形成泥沙的冲刷，造成桩基周围泥沙的空缺。冲刷对风机基础的影响有：降低基础整体刚度，改变基础自振周期；降低基础抵抗风暴能力，引起基础结构倾斜等。

（二）施工方案设计风险

海上风电的施工作业是集高空作业和海上作业于一体的特殊环境施工，施工风险主要体现在如下几个方面：

（1）环境恶劣。海上风电施工均在水上完成，且工作环节为条件较为恶劣的海域，海上施工区域难免会遭遇台风袭击，台风通常伴随着风暴潮和暴雨，破坏力极大，属于不可抗力，台风形成、路径和登陆点难于准确预测，对施工人员的安全威胁较大。

（2）风机构件体型大，部分构件重量较重，且风机塔筒与基础之间、塔筒与塔筒之间，风机轮毂、机舱、叶片之间的连接要求极为精密，而安装或组装环境相对较差，所采用的起重设备需要稳定性好，定位灵活。

（3）风机组装和安装的方案设计是海上风电施工的先决条件，需要预先制定好方案指导手册，对施工人员进行专业培训，安装的组织管理和现场指挥存在问题，将导致安全事故或损失，因此，该部分的方案设计风险需重点关注。

（4）施工船舶选型方案会直接影响施工能否进行，船机设备的起重能力、沉桩能力、作业时抵抗波浪的能力均是需综合考虑的因素施工。另外，专业化施工船舶不能及时进场，将会严重影响施工进度。

（三）运维方案设计风险

我国在海上风电的研究上，仍与世界发达国家存在技术差距，技术经验相对匮乏。海上风电的运行和维护受到海上气候条件、水文条件、海水侵蚀、船舶运输、设备安装、监控管理等各项风险，这都对海上风电平台的运行和维护提出了较高的要求，另外海上风电的运行模式与陆地风电存在着明显差异，针对海洋环境如何进行高效的运维管理成为亟待解决的问题。

五、海上升压站风险识别

海上升压站集电能聚集、升压、配电和控制为一身，是整个海上风电场的中心枢纽，其重要性不言而喻。因此，把控海上升压站的相关重要风险点关系着海上风电场项目的成败。

（一）勘察设计风险

经过近几年海上风电事业的发展，海上升压站的勘察设计技术有了一定的积累和提升，但由于海上升压站所处的海洋环境的特殊性，仍存在一定的勘察设计技术风险。

1. 钻孔布置的风险

海上升压站的定位是风电场总体布局确定的内容之一，通常根据风机总体布置、海床水文条件、集电海缆及送出海缆等条件，进行经济性比较后综合确定。

海上升压站的位置确定之后，在施工图阶段进行勘察钻孔时，有时为节约成本，仅在升压站的导管架基础中心位置布置钻孔，若钻孔揭露的中微风岩面较深，导管架的4个基桩设计为非嵌岩桩基，后续的基桩施工则按照后桩法进行打桩作业。但实际上，海底岩面起伏较大，个别基桩位置的实际中微风岩面可能较浅，则此时该基桩的设计必须改为嵌岩做法，相应的施工方案和措施也须进行调整，此时往往引起工期和费用的大幅增加。

因此，应认真分析前期阶段地质资料，若海上风电场中微风化岩面起伏较大，建议施工图勘察阶段在海上升压站每个基桩位置单独布置一个钻孔。

2. 海洋土力学参数确定风险

在海上进行勘察作业，海况（如海浪大小等）直接影响海上取土和静力触探等现场操作的质量。在海况较好的时候，也就是风平浪静的时候，现场勘测获取的土样较好，实验室实测出来的侧阻力、端阻力以及剪切强度等力学参数较为准确，能够较好地反映实际土层的力学性能；在海况较差的时候，也就是风浪较大的时候，现场勘察获取土样较差，后续试验的结果跟实际偏差较大。

对于海上升压站的桩基设计而言，岩土参数的准确度直接影响桩基设计的安全性和经济性，是一个客观存在的技术风险。对于不同海况下获得的勘测成果，应进行客观分析，建议参考同一片海域已有的土层参数成果，综合评价海洋土的力学性能。

3. 海水波流反复作用导致的疲劳破坏

海上升压站跟海洋石油平台有类似之处，虽然海洋石油平台的设计有几十年的经验，但却有不少石油平台垮塌的事故发生，大多数是由于海面以下的结构节点在海水波流的反复疲劳作用下导致的破坏。如何吸取石油平台疲劳破坏的教训，避免海上升压站垮塌的风险，是一个技术上应该重视的难点。

目前对节点的疲劳强度分析通常有简单疲劳分析法、详细疲劳分析、断裂力学分析等方法。在设计过程中，应根据输入资料的情况选取适合的方法，其中断裂力学分析法虽是目前管节点疲劳破坏研究的前沿，但由于其中一些具体的参数和因素还未得到很好的解决，因此实际工程上一般不使用；在项目的前期阶段，由于波浪分布图等参数未明确，推荐采用简单疲劳分析法进行分析；在项目的施工图阶段，水文各相关参数均已明确，此时推荐详细疲劳方法进行疲劳分析，以获取更加准确的疲劳结算结果。

（二）电气设计风险

海上风电场升压站的电气设计，可从发电指标计算、输电形式选择、主接线拓扑选择及电气设备选型等 4 个方面依次进行。

升压站的电气可靠性是电力系统可靠性研究的重要组成部分，是保证供电质量的重要手段。随着电力系统规模不断扩大，变电站电气主接线的形式日趋复杂，其可靠性问题对电力系统安全、经济运行具有十分迫切的意义。此外，变电站电气主接线连接方式的确定对电气设备的选择、配电装置的布置、继电保护和控制方式的拟定有着很大的影响，对电力系统的供电可靠性、运行灵活性、检修方便与否和经济合理性起着决定性的作用。

海上升压站作为一种运用于海上风电场的新型变电站形式，其可靠性研究的概念与传统变电站相似，但由于处于特殊的地理环境（海上）及其对于风电场电力外送的关键作用，因此必须做好海上升压站电气设计的风险管理。

由于地处海洋腹地，海上升压站相对于陆上变电站，其运输、施工难度大，建设费用高，因此在规划设计之初，确定一个兼顾可靠性与经济性的电气主接线方案，显得尤为重要。

传统变电站的电气主接线发生故障会导致输电线路失电，对大容量机组和高压线路产生很大影响，严重时会对电力系统的稳定性产生破坏，造成发电机失去同步，引起频率和电压的严重震荡，导致较大面积的停电，甚至造成电网瓦解和发电厂、变电站停电事故，对整个电力系统的安全稳定构成严重威胁。而对于海上风电场来说，升压站同样肩负着电力持续传输供应的作用，虽然现阶段风电场容量较小，机组关停比较简单、快捷，但电气主接线故障仍然会造成巨大的经济损失。而且，随着海上风电单机容量及总体容量规划建设的不断增长，对于海上升压站电气可靠性的要求也会越来越高。

检修维护的难度及费用也对海上升压站的电气可靠性提出更高要求。对海上升压站的电气主接线和设备元件的检修维护将会比陆上变电站困难，因为设备的运输、安装、更换都更为不便，天气因素也有可能延误施工进度。所以，海上升压站需要具备较高的电气可靠性。海上风电场升压站的电气可靠性研究关键在于设备的可靠性建模及电气系统的可靠性评估。模型是否精确，评估方法是否合理，将会影响研究分析结果的准确性。通过对电气设备元件和电气系统的可靠性建模，完成对海上升压站电气可靠性评估，并从供电连续性和供电充裕性两方面重要的指标来衡量升压站电气系统的可靠性。

（三）结构设计技术风险

海上升压站包括上部组块和下部组块，下部组块主要包括桩基、导管架等支撑钢结构，与海上风机基础有一定的相似性。

上部组块主要由各层甲板以及甲板之间的撑杆组成，甲板上放置有机械通用系统、电气设备、逃救生设备和消防系统等，以具有四层甲板的海上升压站为例，其总体布置一般为：一层，布置事故油罐、水泵房、柴油箱房及避难室等，同时一层也作为电缆层，海缆通过 J 形管穿过本层甲板，另外主要的逃救生设备应该布置在一层甲板，并且易于人员取用和投放至海中；二层，中间布置主变压器，室外布置散热器，主变压器室一侧布置 GIS（地理信息系统）室、柴油机房、应急配电室，备品备件间等等；三层，可布置暖通用房、柴油机房、蓄电池室、通信继保室等；四层屋顶布置避雷针、吊机、通信天线设备、直升悬停区域和气象站设备等。

对于下部组块的支撑结构和上部组块的结构强度校验，应使用合适的方法，如有限元分析、工程算法。校验的内容主要包括整体极限强度结构屈曲、结构刚度、节点冲剪校核、桩基础极限承载力、疲劳强度等。

（四）结构制造风险

海上升压站结构的制造是海上升压站整体质量的基础，制造的风险主要集中在焊接、防腐处理、原材料及设计等问题上。针对海上升压站结构制作方面的风险，应对的风险管理办法如下：

（1）对生产工艺文件进行核查。包括焊接工艺、焊工资格检查，评判其是否满足焊缝类型；无损检测图纸、无损检测人员资质检查；防腐工艺检查，包括对涂装材料、方法、环境、预涂表面、使用设备、防腐检验、涂装缺陷修补等，核查工艺或指导文件是否有效。

（2）对原材料进行审查。核实原材料的备料情况，对数量、规格、牌号核查，以免由于准备不足、采购进度延误导致制造停滞、材料代用等问题，原材料包括钢板、焊材、防腐材料（包括牺牲阳极）和外购件如筒体、撑管、H 型钢材料、舾装件等主要用材。

（3）焊接过程质量控制。对焊接全过程的质量控制，如核查焊缝坡口是否按照坡口图设计要求，坡口的表面平整、无熔渣、锈迹，针对 T、K、Y 等节点处复杂应力，能有效避免节点处应力集中给钢结构带来的金属疲劳，在节点焊接的过程中，需要对焊缝进行打磨处理，确保焊接缝隙的光洁程度，以免影响后续无损检测和防腐处理。

（4）尺寸控制。为确保后续海上整体安装，导管架平台的制作过程精度如直线度、位置、角度直接关系与基础桩、上部组块的精密组装，尺寸要求需满足设计文件要求。

（5）防腐措施质量控制。目前海上风电结构防腐涂层系统主要参考海洋石油平台领域的经验。根据不同区域的腐蚀环境要求和体系，进行涂装过程及试验控制，特别应关注预涂装表面状态、涂装材料确认、涂装实施环境的控制检查。

（6）完工抽查及检查。应该对焊缝质量、防腐涂层质量进行事后抽查，以检验整体的质量控制稳定程度。

（五）建造风险

海上升压站项目的建造通常指上部组块和下部结构在陆地上的建造。上部组块通常由 4 层钢平台组成，钢平台的建造一般分为小组件预制、单层平台结构拼装、合拢拼装 3 个阶段。下部结构一般由钢板卷成的钢管桩以及导管架（部分导管架构件由钢板卷成，部分导管架构件轧制而成）组成。上部组块建造过程中，各层平台的平整度控制、平台层间的支撑设置是较大的风险点，过程中应控制好平台的四角水平度，确保后续其他结构构件能够顺利安装，同时布置好平台层间的支撑位置、数量以及型号，避免整体结构组装过程出现坍塌。下部结构建造过程中，钢卷筒纵向焊缝以及各钢卷筒之间的对接装焊是较大的风险点，建造过程中应设置专人监督焊缝的施工以及施工完成后的焊缝检测，确保达到设计要求。

（六）基础施工风险

海上升压站的基础型式一般有单桩、重力式以及导管架等，上部结构总重量约 1kt 及以下时可采用单桩基础型式，在水深较小（不超过 10m）且海床表面没有淤泥质土或淤泥质土较薄的情况下，可考虑采用重力式基础型式，其他条件宜采用导管架基础型式。

以导管架桩基为例，存在如下较为突出的基础施工风险点：

1. 沉桩的风险

海上升压站的桩基施工有先桩法和后桩法两种施工方法，采用先桩法施工应事先设置导向架平台，如图 7-4 所示。

图 7-4　导向架平台

后桩法施工则利用导管架自身的固定作用，无须设置导向架，可在船舶上直接施打基桩。整体上来说，先桩法的施工费用较高、工期较长。目前国内已施工或正在施工的海上升压站基本采用后桩法施工。

不管先桩法还是后桩法施工，可能由于海床地质条件与地勘资料存在偏差（如土层过于软弱，贯入度偏大等），导致钢管桩沉入标高与设计标高不符的风险，此时应结合入土深度及贯入度综合判定是否加长桩长来满足原设计的承载力要求。若海上升压站个别桩位由于岩面起伏较大，出现嵌岩桩位，此时采用“打钻打”的施工方式，则可能存在打桩船舶撞击嵌岩施工平台的风险（嵌岩施工平台往往比较轻巧，撞击易导致垮塌），因此，不建议采用此类施工方式，建议采用在施工平台上钻孔、灌倒入岩端混凝土成桩的形式。

2. 海况施工窗口风险

海上施工经常面对强风及波浪，一般只有在一定的海况条件下才可以进行桩基施工。从 2016 年和 2017 年这两年国内实施的海上风电场实施项目来分析，尤其是 11～12 月期间，可用于桩基施工的有效天数非常少，平均每个月少于 1/3 的时间，有些项目甚至更少，如果在此时段投入大量的船只和人员，势必造成极大的误工经济损失，若强行施工，则存在人身安全和设备损坏的风险。因此，务必根据各个项目本身的海况，分析有效的施工窗口期，合理安排人力、物力及施工进度，避免造成经济和人员损失。

（七）运输安装风险

海上升压站上部钢结构的组装方式一般有模块装配式和整体式两种，模块化是各个模块（变压器模块、高压模块等等）在陆上组装调试完成，然后再到现场起吊就位，整体式是将整个升压站上部结构作为一个整体，陆上完成组装调试后到现场整体安装，目前海上风电场通常采用整体式组装方式，本书仅探讨整体式运输，如图 7－5 所示。

图 7－5　升压站整体式运输图

运输安装方面存在的风险：

1. 运输风险

海上运输条件复杂，容易出现延误、设备倾覆等现象，导致延误的风险来源可能是恶劣的天气、不合理的运输路径或者不切实际的运输计划。对于此类风险，可通过事先了解天气和海况、探明运输路径上的海水深度和运输障碍，选择较好的天气、避让不利航运的路径、制定切合实际的运输计划来规避。但是，由于客观原因，运输路径有时需要绕过一些锚地、暗礁等不可穿越的地带，导致运输路径过长，长距离运输往往导致各种风险的概率加大，因此建议事先做好各种应对措施，比如尽量避免经过恶劣海况的海域，必要时停船靠港。

2. 安装风险

整体升压站上部结构作为一个整体，体型高大，运输过程中受天气、海况等影响较大，存在出现整体倾覆的风险。

规避此类风险，首先应选择有效宽度大于升压站整体边界的船舶，使升压站底部 4 根立柱能够在船舶上进行有效固定，其次在进行绑扎设计时，应考虑极端工况，最后在解释放固定的时候，尤其是剩下最后一个固定点未释放的时候，应做好临时固定措施。

六、海底电缆风险识别

由于海上风速大、风能产量高，风力持久稳定、较小的风湍流对风电机组损耗小，受土地、环境噪声制约也较弱。海上风电场建设涵盖的内容比较广泛，技术难点比较多，其中与海底电缆相关的工程建设就是其中一个。

（一）风险来源

海上风电的保险理赔案例中，很大一部分都是由电缆事故造成的。由于所处的环境比较恶劣，海底电缆在安装过程中或在安装以后容易遭到损坏，例如：在港口装载施工船时造成的扭结和断裂；在安装到风机基础 J 形管的时候造成过度抻拉而出现的故障；自升式平台船在升降时压在电缆上；浮式船舶在抛锚时伤及电缆。在安装和掩埋电缆后，有可能造成一些其他的风险，包括因海床的变动使得电缆暴露；有时在海底悬空，暴露和保护不好的电缆容易被渔网缠绕，船锚也会掉到电缆上。比较典型的海底电缆损坏事故如图 7－6 所示。

图 7－6　海底电缆损坏案例

近海风电场的周围航道一般较为繁忙，其间船舶主要是杂货船、集装箱船和高速客船。对于集电海底电缆与高压送出海底电缆，风险主要存在于登陆段、海底交越段与航道区。有些风电场存在多个海底电缆与原有管线、光缆等交越的问题。

（二）海底电力电缆损伤失效因素

大多数海底通信电缆和电力电缆的故障都是由渔具和锚害造成的。电力电缆与通信电缆相比，直径较大而且强度更高，对于轻微的侵害，比通信电缆更具可靠性。海底电力电缆损伤失效因素主要分为几大方面，分别为第三方破坏因素、内部故障因素、环境影响因素以及误操作因素。最主要的因素为船舶锚和渔具对电缆的外力破坏。两种因素对电力电缆的损伤影响超过 70%。除此之外，电缆铠装的腐蚀、海底电缆的自由悬挂、施工和打捞对电缆的拉力弯矩损伤、绝缘层老化和接头故障等等都会对海底电力电缆造成影响。

1. 第三方破坏因素

很多海底电力电缆都是由于第三方破坏因素所导致，其中所包含的因素有拖网捕鱼、船锚破坏、鱼类咬伤、埋设深度选取、保护层厚度设置等。

（1）捕鱼作业。

捕鱼作业是对海底电缆造成影响的最重要因素。拖网捕鱼的速度一般为 2～4kn。网板的重量可以达到 3.5t，网板需要在海床下面滑过，从而陷入海床松软的淤泥中达

30～40cm 深。如果海缆敷设在此深度内，则会被渔网所破坏。拖网捕鱼设备的其他部件，如缆绳、锚链等也可能成为电缆故障的潜在危险。当拖渔船上的船员设法恢复与电缆纠缠在一起的捕鱼设备时，现代化的大型拖网渔船的卷扬机和系船桩会产生巨大的拉力，几乎可以破坏所有被钩住的海底电力电缆。对于疏浚捕鱼来说，只要海底中的敷设深度超过 1m，海缆受到损坏的风险不大。不过，随着时间的推移，海下的构造会发生着变化，海底电缆从而就会暴露受到威胁。渔业一直是蓬勃发展的产业，世界各地的渔民得此而谋生。因此，要对此加以足够重视。

（2）锚害。

船锚是继拖网捕鱼之后，另一重要损伤因素。船锚对海缆造成的损伤很可能与渔具对其造成的损伤的程度相当，甚至会超过渔具对其造成的损伤。船锚的大小和形状、下落撞击海底电缆的速度、各处的海床土壤材料，导致船锚侵彻海底淤泥的深度不同，同时各种船锚在海缆敷设海域内出现的概率也不同，对海缆造成的灾害也各不相同。船锚对海底电缆的危害需要考虑两方面问题：一是在海缆敷埋设计中计算海缆的铺设深度，保障海缆的安全性；二是对已经敷埋的海缆进行船锚灾害风险评估。

2. 内部故障因素

影响海底电力电缆失效的内部故障因素包括电缆自身的绝缘老化、电缆铠装的腐蚀以及电缆自由端悬挂导致涡旋等。

（1）电缆绝缘老化。

电气绝缘系统的寿命是有限的，很多老化现象都会影响绝缘。国际大电网会议统计报告中显示，在 1990～2005 年间共报告 49 起故障，其中有 4 起故障为自发性故障，被确定为内部故障。

（2）电缆铠装腐蚀损伤。

海底电力电缆金属铠装处于海洋环境中，其饱受电化学及电化学与机械作用、生物作用协同产生的腐蚀，在海浪冲刷下，腐蚀机理复杂。腐蚀因子包括很多，比如地质类型、底层水的值、盐的浓度和温度；沉积物的和值、泥温、硫化物含量、硫酸盐还原菌、电阻率等。腐蚀作用主要表现为氧化还原腐蚀和电化学腐蚀两种形式。铠装腐蚀会引起海缆故障，海底沙浪冲刷会磨损电缆用作铠装的镀锌钢丝，这也大大加速了铠装材料的腐蚀速率，对电缆运行寿命造成很大威胁。

（3）电缆自由端悬挂。

由于海底地形的影响，海底电缆即使采用最适当的安装和保护方法，也可能无法通过海底中大面积的岩石区或者其他障碍物，从而形成自由悬挂。这种情况下结合水流条件，则会因为漩涡而引发振动，这种现象称为涡致振动。这种振动会导致电缆与固定它的地面之间的接触点产生巨大的摩擦，铅套也可能出现过早的疲劳受损。

3. 环境影响因素

与其他电力电缆类型（地下电缆）相比，海底电力电缆有其特殊性。海洋环境复杂多变，对电力电缆的安装和运行都是极其重大的考验。从海底电缆损坏的历史统计数据来看，由环境影响因素造成的损失占总数的 1/3。环境影响因素分为海底地形、土壤特性、地震影响、海底滑坡 4 个方面。

（1）海底地形。

海底的地形地貌复杂多变、变化莫测。通常情况下，海底地形分为大陆边缘、大洋盆地以及大洋中脊三部分。在大陆边缘地带，又细分为大陆架、大陆坡、大陆隆、海沟，边缘海盆地；大洋盆地分为深海平原、深海丘陵、无震海岭及海山、海隆和海台；大洋中脊分为脊顶和脊翼。不同的地形的特征参数，例如海床坡度等等，都会对管线的稳定性造成影响。

（2）土壤特性。

海底土质大致可分为淤泥、黏土、粉砂质黏土、砂、粉砂、黏土质粉砂、砾石、软岩石和硬岩石等类型。日本研究人员通过研究 15 年间在日本各大海峡运行的 96 条海底电缆发生的 15 件故障事故，统计出在不同的海床土壤情况下的船锚穿透深度。统计数据显示，大型船体重量超过万吨的船只，它的船锚渗透的深度能够达到 2m。由于重物船舶数量较少，将海缆埋在沙土下 2m，是达到海缆掩埋保护的最高水平。更进一步数据显示，没有海缆线路在设计时埋设在沙土中深度超过 2m。

（3）地震影响。

地震有着极大的偶然性，而且不同的地质条件地震后所产生的后果是不同的。地震破坏海缆的概率很小，但是一旦发生，后果不堪设想。由于地震活动，引起海底的运动，直接的撞击导致破坏电缆。在 2006 年的中国台湾发生过由于地震火山爆发，火山活动破坏了海底电力电缆的情况。

（4）海底滑坡。

海底滑坡是指海底斜坡上未固结的松软沉积物或有软弱结构面的岩石，在重力作用下沿斜坡中的软弱结构面发生滑动的现象。海底滑坡不是单纯的产生，一般要经过外界因素的诱发引起。一旦出现海底滑坡，海缆就会毫无保护地暴露在海底，其他破坏因素比如船锚、渔具等都会直接威胁海缆安全。由于海底地形地貌十分复杂，在地震海啸、风暴潮等外界因素影响下，发生滑坡概率比较大。

4. 误操作因素

海底电力电缆工程是一项重大且复杂的项目，从其选址、设计、施工、敷设、安装、监测等环节都难免会出现差错，此类因素统称为误操作因素，包括设计不当、敷设安装作业情况、接头故障、操作人员失误、安全检测系统状况等方面。

（1）设计不当。

所谓设计不当，是指相关工作人员在设计阶段过程中，由于设计方法的选取、设计人员能力、设计考虑不周全、遇突发情况临时调整等因素所引起的设计失误。

（2）敷设安装作业情况。

海底电力电缆工程任务复杂且艰巨，在电缆敷设安装过程中往往有不可预料的意外事故发生，在安装过程中遭受的损伤需要昂贵且费时的修复工作。敷设安装过程中，由于风暴、海浪或水流的影响，敷设船无法保持定位，动态定位功能丧失，会使敷设船无意中发生后退，使已经敷设的电缆承受较大的弯曲应力。海底电缆在登陆时也会造成损失。因此，要求施工作业人员要严格按照安装规范进行操作，保证敷设安装顺利完成。

（3）接头故障。

在开阔的海洋中，安装电力电缆接头是一项具有挑战性的工作，需要精心计划，采用适用可靠的设备以及非常专业且训练有素的船上作业人员。2009 年国际大电网会议报告中报道的 7000km 海底电缆中，总故障数 49 处，有 4 处为接头故障。

（4）操作人员失误。

在电缆敷设安装过程中，会由于各种原因导致操作人员出现失误，其与操作人员的综合素质、工作经验、工作强度、责任心、技术水平等有着密切的联系。为保证操作人员的专业性，需要定期开展培训、考核工作人员业务能力等。

（5）安全检测系统状况。

对海底电力电缆来说，一些先进的科学技术运用到电力电缆的安装与运营中，比如海底电力电缆的故障定位系统、海底电力电缆的监测系统等。对这些系统进行定期维护，保证其操作的可行性，这样能有效地避免海底电力电缆发生故障，即使出现故障，也能及早发现及时修复，将损失降到最低。

第二节　海上风电设计阶段的风险衡量

一、环境条件风险衡量

（一）海啸风险

国际上普遍采用确定性和概率性两种评估技术路线来评估某一区域海啸灾害的风险。相比于简单地根据极端地震事件对海啸风险进行评估的确定性海啸风险评估方法，概率性风险评估方法能够给出不同重现期下的海啸风险或不同海啸波幅的年发生概率，方便决策者针对性地做出防灾减灾部署和城市建设规划，近几年在美国、澳大利亚、印尼等地区得到了应用。

针对海上风电场海啸风险管理主要根据该区域存在地震海啸风险评估进行判断，同时，也可根据海啸风险评估需求，适当建立数值计算模型。海啸预警产品分为海啸信息和海啸警报两类。其中，海啸信息指发生的地震事件预计不会产生海啸，或不会对我国沿岸造成重要影响；海啸警报指发生的地震事件预计会对我国沿岸造成重要影响。根据《海啸灾害预警发布》标准，海啸警报按照沿岸最大海啸波幅预报结果和可能造成的灾害性影响可分为黄色、橙色和红色三级。中国的近海，渤海平均深度约为 20m，黄海平均深度约为 40m，东海平均深度约为 340m，南海平均深度为 1200m。因此，中国大部分海域地震产生本地海啸的可能性比较小，只有在南海和东海的个别地方发生特大地震才有可能产生海啸。

（二）地震风险

地震荷载作用下的海上风力机结构动力可靠性问题的研究和地震反应分析对大规模开展海上风电提供有效助力。海上风力机动力可靠性实质上是综合应用动力响应理论和概率理论，先对结构响应特性起主要影响作用的随机变量进行抽样，然后进行结构随机响应分析，并对响应结果进行概率统计分析，进而求得结构动力可靠性。地震反应分析主要针对海上风力机进行抗震分析。随着人们对地震和结构动力特性的理解地不断深入，结构抗震理论不断地向前发展，在过去的几十年中，结构抗震计算方法可划分为静力、反应谱及动态时程分析等 3 个阶段。目前，针对地震分析可参考国际场地相关方法，主要分为地震安全性评估、选择地震加速度时程种子、场地土层非线性反应分析、考虑桩—土耦合的非线性时域地震载荷计算等，采用这些地震载荷计算方法，可充分考虑特定海上风电项目场址周边的地震断层构造及地震动历史活动性，并考虑项目场址土壤覆盖层对地震动加速度时程传播的影响，综合评价得到海上风电项目场址的设计地震动参数，进而得到场地相关的地震反应谱，用于地震载荷计算。

（三）船舶撞击风险

针对海上风力机结构的安全防护装置可参考目前海洋工程结构碰撞的安全防护装置，主要参考以下几种方式：

（1）钢结构防护装置：钢结构防护装置是目前常用的一种防撞设施，在碰撞事故过程中，通过钢结构的塑性变形来吸收撞击能量，同时由于钢箱具有一定的刚度，可以有效延长碰撞持续时间，减小碰撞产生的撞击力，从而达到防撞的效果。

（2）组合钢结构防护装置：主体为钢结构防撞装置，组合布置的缓冲组件，缓冲组件包括加劲梁和加劲梁之间的缓冲构件，相邻的加劲梁之间可设置减震橡胶块等撞击耗能材料，形成一个整体性强的弹塑性消能装置。

（3）橡胶等组合防护装置：可采用橡胶、泡沫铝或两种材料的组合防护方式。橡胶有很好的超弹性，泡沫铝有高阻尼减震性能及良好的冲击能量吸收率，可以减少碰撞力和结构的损伤。

（四）雷击风险

现代风电机组一般采用在叶片表面布置离散型接闪器。风电机组叶片雷击损坏是目前风电场常见的事故，各风电设备制造商对叶片接闪器设计差异较大，而国内缺乏对接闪器设计的要求规定和相关标准，同时接闪器布置对雷击附着特性及接闪概率有着怎样的影响仍需进一步研究。

大容量海上风电机组的规模化建设对海上风电场防雷设计提出了新的要求，亟须对规模化海上风电场的雷击危害机制与防护技术开展有针对性的基础研究。

目前，针对海上风电机组防雷击可从以下角度进行风险把控：

（1）开展海上风电场集电系统雷电暂态过电压、海上风电机组接地技术和海上风电机组叶片雷击附着特性研究。现有研究表明，塔顶机舱内避雷器的电流和吸收能量数值上均大于塔底开关柜内避雷，应合理安装防护装置。

（2）机组升压变压器的布置位置应经过风电机组模型的验算分析，海底电缆护层接地的方式都应经过实验测试；叶片材料避免采用导电材质，如玻璃钢；叶尖处接闪器也应选择不锈钢材料，并增大接闪器面积。

（3）应着重分析接闪器安装位置和数量对叶片雷电附着的影响机理，探究风电机组叶片接闪器优化布置方法。对于长度较大的风电机组叶片，叶片接闪器的具体安装位置和数量应经过实验测试并满足要求。

（五）海床稳定性风险

结合海上风电场风机基础的基础型式、受力特点和场址地质环境条件，海上风电场风机基础受力复杂，水平荷载为其控制荷载，须进行详细的场地勘察。主要考虑如下方面：

（1）开发海上风电场须在海域开展地质灾害危险性评估，地质环境受到海洋洋流等外力的影响和作用，地质环境与海洋环境相互影响和作用。

（2）开发场址须在深入分析场址海域地质环境特点的基础上，紧密结合海上风机的受力和变形特征，确定地质灾害的类型，根据具体的灾害条件设定预防措施和布置方案。

（3）海上风电场占地面积较大，风机之间距离较大，相互影响较小，而陆域工程往往需要考虑邻近工程的相互影响，在开展地质灾害危险性评估时，可从规模较小的单一风机入手，抓住重点。

（4）岸带冲淤（海床冲淤）是一种具有显著海洋特征的地质灾害，不仅需要进行地质作用分析，还需进行海洋流场数值模拟或物理模拟等专项研究，才能使场址评估结果可靠、可信，同时这也是目前针对海域地质灾害危险性评估的难点所在。

（六）海洋生物风险

针对海洋生物附着对风力机组的风险评估，首先确定风力机基础安装方式和结构材料，若采用水泥浇筑等加固措施，可适当保留藤壶等附着生物；若采用碳钢管架支撑结构，则需要预防生物附着产生的危害，可以采用化学涂膜对塔基进行防护，或者使用特殊合金材料对结构进行外部加工，并进行附着生物的定期清理。

（七）台风风险

整机制造企业在面对台风地区时，通常会进行机组抗台策略的设计。由于风电机组在停泊时，正面或者背面抗风时载荷相对较小，侧面抗风时载荷最大，因此抗台策略大多围绕如何让机组处于正/背对风状态，主要有以下三种方式：

（1）主动偏航对风：台风来临时，机组主动偏航对风，始终正对来流，度过整个台风期间。

（2）被动偏航策略：台风来临前，机组偏航至下风向，并放松偏航制动，依靠来流的风使机组始终处于背风状态，度过整个台风期间。

（3）偏航锁死：在预测台风风速较大期间的风向，提前将偏航锁死在预测的角度附近。

早期，由于备用电源电力不足，有些厂商会采用被动偏航的方式，但是风轮处于下风向时叶片气动参数在大攻角下通常难以准确获得，可能低估叶片的受载，需要在设计时保留额外的裕度，已有事故因叶片变桨系统设计未能考虑额外的裕量而导致。鉴于此，目前被动偏航策略已少有使用，大多会配备柴油发电机作为备用电源，使用主动偏航的策略或者偏航锁定的方式进行抗台，同时机组设计时也尽量保证能抵御任何一个方向来风下的载荷。

（八）高湿度、高盐雾风险

1. 叶片设计

在海上高盐雾和高湿度的环境下，同时叶尖速度因为噪声容忍度的增加也有所提升，叶片翼型的前缘腐蚀问题会更加突出，这时通常会选用一些新型的涂层材料（如：

美国3M公司研发了一种聚氨酯薄膜），并进行雨蚀试验。

陆上机组的防雷通常会在叶尖处安装接闪器，在叶腔内部安装导电的铝条，降雷电流从叶尖接闪器导流到轮毂，再通过主轴传到机舱底架的汇流排。随着海上空旷的环境，雷击概率剧增，需要更有效的防雷设计。海上机组通常会选择不锈钢材料制作叶尖的接闪器以避免腐蚀，通过增大接闪器的面积来增加最大导通电流。

2. 电气部件的防腐设计

海上风电机组的机舱内高盐雾和高湿度环境给电气部件的防腐提出了更高的要求。提高设备外壳防护等级与空气隔离是防腐的重要手段，但是设备运行过程中有需要散热，这是互为制约的两个点。发电机是持续的发热设备，所以需要进行持续的高效散热。对于双馈机型，因转速很高，发电机通常采用封闭冷却系统，因此内部无须防腐，只需关注外部的防腐问题即可。对于永磁直驱型机组，结构上无法实现封闭，不过此类发电机可以通过外转子的方式增加与空气的接触面，自然风冷即可满足条件。但是发电机的铁芯和转子线包易受腐蚀，需要把铁芯设计成耐腐蚀的，转子线包需要真空浸漆工艺，再配合氟硅橡胶材料来加强防腐。控制柜/开关柜通常的散热量较小，采用提高防护等级来隔绝空气，对于散热量较大的控制柜，需要安装小型空调。各类驱动电机的运转频率低，只需要密闭隔绝空气和外壳增加散热面积。

3. 机舱和塔筒防腐设计

海上风电机组机舱和塔筒相连，外部盐雾空气只能通过塔筒门及门缝隙进入塔筒内部。为防止盐雾空气进入塔筒内部，塔筒门采用船用风雨密单扇钢质门设计，保证其密闭性能，有效降低塔筒及基础内部的盐雾浓度。

机舱和塔筒内部设置有除湿系统和盐雾过滤系统，除湿系统可将机舱和塔筒内部湿度控制在50%以内，盐雾过滤系统在塔筒密闭的情况下，通过为塔筒内部补充新风，从而保证塔筒、机舱、风轮系统长期处于微正压状态，可以有效减少因开门而进入机组内部的盐雾空气。此外，温控系统可以将机舱内部环境温度控制在40℃以内，避免机舱内部零部件在高温下运行从而导致腐蚀加剧。

二、风电场设计风险衡量

（一）微观选址

尾流效应可通过适当仿真方式予以量化，即依据机位排布信息及风况条件进行数值仿真模拟（对拟选场址内的风速分布及湍流分布进行求解）。通过量化尾流效应对发电量的影响（尾流损失）及各机位处湍流水平（有效湍流强度），可对拟选机位排布的经济性及安全性进行评估。

对于经济性风险：通过计算自由流（未考虑尾流效应）下的全场发电量（理论上网电量）与尾流影响下全场发电量之差，以及给定机组排布下的海缆相关成本即可量化经济性风险。量化的准确性主要受尾流的建模方式的影响。目前常规的单机尾流模型（小尺度独立流动结构）及其叠加传递模型通常会低估大规模海上风电场的尾流损失，大尺度的尾流叠加通常需采用其他特殊方式予以考虑（如等效粗糙度方式等）。

对于安全性风险：通过比对尾流影响下的等效湍流强度（流场仿真计算结果）及机组

设计的湍流边界条件对其风险进行初步判断。若机组设计边界可涵盖尾流影响下的等效湍流强度，则无须进行额外载荷计算；若否，则需重新进行载荷计算并进行结构强度计算以便量化风险。

对于地质条件所引起的相关风险，由于难以全面获取场址内地质条件详细信息，因此目前不具备量化条件。

（二）机组选型

风险衡量将围绕选型流程开展。

1. 确定机组等级

应根据场址的风况（轮毂高度的年平均风速、50 年一遇的 10min 最大风速、湍流强度等）选择适合风场风况的机组设计等级，机组设计等级详见表 7－1。

表 7－1　　IEC 61400－1，2019 机组设计等级

<table>
<tr><td colspan="3">机组设计等级</td><td>Ⅰ</td><td>Ⅱ</td><td>Ⅲ</td><td>S</td></tr>
<tr><td colspan="3">年平均风速（m/s）</td><td>10</td><td>8.5</td><td>7.5</td><td rowspan="7">由制造商规定各参数</td></tr>
<tr><td rowspan="2">10min 最大机组设计风速（m/s）</td><td colspan="2">一般地区的设计风速</td><td>50</td><td>42.5</td><td>37.5</td></tr>
<tr><td colspan="2">受台风或热带气旋影响地区的设计风速</td><td>57</td><td>57</td><td>57</td></tr>
<tr><td colspan="2">A+</td><td>机组设计湍流强度</td><td colspan="3">0.18</td></tr>
<tr><td colspan="2">A</td><td>机组设计湍流强度</td><td colspan="3">0.16</td></tr>
<tr><td colspan="2">B</td><td>机组设计湍流强度</td><td colspan="3">0.14</td></tr>
<tr><td colspan="2">C</td><td>机组设计湍流强度</td><td colspan="3">0.12</td></tr>
</table>

考虑到极限载荷随极限风速的平方递增，以一类风况下的载荷为基准，二类可降低 28%，三类可降低 44%，而海上风场通常湍流度较低，相对的极限风速较高，所以极限载荷大多会出现在极端风况下，因此极限风速对海上风电机组选型意义尤为重大，需要选择合适的机组等级来确保安全性和经济性的平衡。

2. 根据气温范围选择机型类型

我国北方地区冬季气温很低，有的地区最低气温超过－45℃，在－20℃以下的时间也较长。常温型风力发电机组的运行温度在－20℃以上，如果采用常温型风力发电机组不但发电量损失严重，机组的运行安全也将受到威胁。低温会对机组润滑油、脂、各类材料、传感器、机组启动带来影响。因此，机组设计时需要选用低温型材料、机舱内配备加热设备、启动时采用预加热等方式，对于存在低温情况的场址，应选择低温型机组予以配合。

3. 防腐和绝缘性能的适应性

我国东南沿海地区风电场的盐雾腐蚀非常严重，盐雾腐蚀主要是通过电化学反应进行。容易被腐蚀的部件包括法兰、螺栓、塔筒等，通常可采用热镀锌或喷锌等办法，面漆采用专用“三防”漆（防湿热、防霉菌、防盐雾），以保护金属表面免受腐蚀，风电机组内的电气元件应按照“三防”要求采购，电缆应采用船用电缆，为了提高安装在这

些地区的风力发电机组的抗台风能力，可适当提高机组安全等级，增加叶片、塔架、基础等的结构强度，机组的控制系统一定要配有不间断电源，该电源的容量要能够驱动变桨和偏航系统并能保持 30min 以上持续运行。

4. 雷暴及台风的因素

如前文所述，雷暴和台风在海上多发，选型时需要关注。

三、海上风电机组风险衡量

海上风机风轮机舱组件设计时应验证风力发电机结构承载部件的完整性，通过计算或试验来验证部件的载荷、疲劳强度、极限强度等力学特性，以表明海上风力发电机具有适当的安全水平。

1. 载荷及工况假定

海上风机机组受到的载荷包括：

（1）重力和惯性载荷。由重力、振动、旋转以及地震作用所产生的静态和动态载荷。

（2）空气动力载荷。由气流以及气流与风力发电机组静止和运动部件互相作用所引起的静态和动态载荷。

（3）驱动载荷。由风力发电机组的运行和控制所产生的载荷。

载荷假定工况应由风力发电机组的运行模式或其他设计状态与外部条件的组合确定。应将具有合理发生概率的各相关载荷假定工况与控制和保护系统动作结合在一起考虑，用于验证风力发电机组结构完整性的设计载荷工况可分为：正常设计状态和合适的正常或极端外部条件；故障设计状态和合适的外部条件；运输安装和维护设计状态和合适的外部条件。这里的设计状态通常包括发电、发电兼有故障、启动、正常关机、紧急关机、停机（静止或空转）、运输等，合适的外部条件主要包括不同的风况条件。

2. 极限强度分析

机组机械和结构部件在工况假定的外加条件下产生的应力需要小于材料的许用值。

3. 疲劳失效

疲劳损伤应通过适当的疲劳损伤计算来评估。例如，根据 Miner 准则，累计损伤超过 1 时达到极限状态。因此，在风力发电机组的寿命期内，累积损伤应小于或等于 1。疲劳损伤计算需要考虑一些公式，包括循环范围和平均应变（或应力）水平的影响。为评估与每个疲劳循环相关的疲劳损伤增加，所有局部安全系数（载荷、材料和失效后果）应适用于循环应变（或应力）范围。

4. 稳定性分析

在假定工况下，承载件不应发生屈曲。屈曲分析主要用于研究结构在特定载荷下的稳定性以及确定结构失稳的临界载荷。若轴向外载荷 P 大于它的临界值，柱的直的平衡状态变为不稳定，即任意扰动产生的挠曲在扰动除去后不仅不消失，而且还将继续扩大，直至达到远离直立状态的新的平衡位置为止。此时，称此压杆失稳或屈曲。塔架、钢管桩、导管架支柱和斜撑等结构是柱状类结构，需要进行屈曲计算，以验证结构在寿命内的稳定性。

5. 防腐

海洋环境的一个特点是高腐蚀性。机组处于大气区的腐蚀环境，海上的大气环境中存在盐雾。盐雾是盐分溶于小水滴形成的。海上盐雾的沉降量是陆上的 20～80 倍，这样金属的腐蚀速率特别快。盐雾的重要成分是 NaCl，其腐蚀作用的影响因素是温度和盐浓度。盐雾中的阴阳离子与金属材料活跃的分子发生化学反应，生成强酸性的金属盐。另外，当氧气与之接触后还会生成金属氧化物。所以，应该高度关注盐雾的破坏因素，即温度、浓度、腐蚀电位和含氧量。

6. 雷击

海上风电机组与陆上风电机组有很大不同，其单机容量大，成本高；自然环境的雷电风雨多，容易受到雷电的影响；海上风机的可达性差，运维成本也高。综上所述，海上风机系统需要更好的稳定性才能保障产品投资的收益性。其中，防雷和接地是影响稳定性的重要因素，防雷就是通过拦截、疏导、泄地等一体化的设计方式，防止雷击造成风电机组损害的技术。

7. 尾流影响

尾流效应用于描述同一个风电场内不同风电机组之间的影响。下风向机组的风能减少，而且风电机组之间距离越近，这种差距越大。尾流效应会影响风电场的经济性收益，并会使得湍流度增加，影响位移下风向风电机组的发电效率和叶轮使用寿命。

8. 散热系统设计

如今世界风力发电技术的发展趋势主要体现在：单机容量越来越大，定桨距到变桨距发展，变速超恒频更新；结构设计更加轻盈、紧凑。单机容量增大会出现散热量加大的问题，与风电机组相匹配的冷却系统需要通过设计来应对这种挑战。发电机散热情况的好坏直接影响到发电机组的寿命，因此，发电机散热系统的设计研究是研发新型发电机所必须考虑的重要问题。

9. 液压或气动系统

对于液压或气动能量驱动的辅助部件，应通过设计、制造和装配使系统避免受到与这些能量类型相关的潜在危险。系统中应包括隔绝或释放积蓄能量的方法。输送压力油或压缩空气的管道及附件的设计，应能承受已知的内外压力，应采取预防措施使得由破裂造成伤害的危险减到最小。

10. 防错设计

如果装配或再装配某些部件过程中可能出现错误，并且这些错误可能成为危险源，那么应当通过这些部件的设计避免出现这些错误，否则应在部件本身或保护罩上标出相关信息。在运动部件或其保护罩上也应标出相关信息，为避免风险，还应标出其运动方向。其他的信息应在操作指导手册或维护手册中给出。错误连接也可能成为危险源，应通过设计避免这些错误连接，否则应在管道、软管或连接口上做出警示标记，以防止发生这些错误。

11. 机械制动的保护功能

当机械制动用于保护功能时，通常使用液压或机械弹簧压力的摩擦装置。控制和安全系统应监测磨损部件的剩余使用寿命，例如摩擦片。当没有足够的摩擦材料使风力发电机组再次紧急关机时，控制和安全系统应使风电机组处于停机状态。

12. 滚动轴承

对于轴承，例如主轴和齿轮箱轴承，其寿命至少是 20 年，轴承的设计应考虑到在整个寿命周期中的期望旋转次数。此外，微小运动会引起润滑不足，应考虑由此带来的潜在影响。

13. 海上风电机组的密封性设计

对于机舱罩、导流罩等主机罩体及主轴承、增速箱、发电机等包含旋转运动的部件，设计相应的密封措施，防止海上盐雾的腐蚀。海上风力发电机不同的部件要根据其特性设计与之相应的密封措施。设计海上风力发电机密封时，需要特别注意的是机舱罩、导流罩、齿轮箱、主轴轴承和变桨、偏航轴承的密封措施。

四、海上风电支撑机构风险衡量

（一）海上风机支撑结构设计风险衡量

海上风机支撑结构的风险衡量主要包括如下几部分。

1. 结构校核

结构由载荷引起的应力、应变等效应，是否能保证强度要求，需要进行校核，如果满足要求则设计合理或可进行优化迭代，如不满足要求则需要修改设计。基础和塔架需要校核的关键点主要包括：钢管桩的极限承载能力；极限强度；疲劳强度；钢结构屈曲分析；连接处（法兰、螺栓、焊缝及高强混凝土灌浆连接等）极限和疲劳强度；节点冲剪校核。

2. 防冲刷

对于海上风机的基础桩，应考虑海水的冲刷效应。冲刷效应产生的风险主要依靠防冲刷措施来平衡。如果不采取防冲刷措施，可以根据计算或模型试验得到冲刷坑的大小，进行基础设计时忽略该部分的土层对桩基的支撑作用，该方法可能会增加钢管桩的尺度和重量。通常会考虑的防冲刷措施有：桩基周围采用粗颗粒料的冲刷防护方法、桩基周围采用护圈或沉箱的冲刷防护方法、桩基周围采用护坦减冲防护、桩基周围采用裙板的防冲刷方法等。

防冲刷措施会有被破坏的风险，需要定期检测现场防冲刷措施的有效性，常见的影响措施失效的原因有如下几点：防冲刷措施边缘出现冲刷坑、防冲刷选取的块石尺寸不合理、地勘阶段错估海床附近土层性质、多层防冲刷层中的块石尺寸级别分配不合理等等。

3. 防腐蚀

海上风机基础和塔架长期处于海水浸泡或海水湿润、雨水冲水、高盐度的环境中，应采取适当的防腐措施。塔架内部、塔架外部、泥面下桩基、基础钢结构等部件的腐蚀区域囊括了大气区、飞溅区、全浸区、海泥区和潮差区，按照标准要求可以采用不同的防腐措施。常用的防腐技术包括涂层法、镀层法、阴极保护法和余量法，需对防腐措施使用的方法进行衡量，确保防腐措施的有效性和合理性。

4. 防撞击

海上风机撞击风险的衡量主要从发生的概率性和结构的重要性考虑。一般只有船舶和浮冰会与海上风机发生碰撞，通常海上风电场的布置远离主航道，当船舶迷航或失控时才会撞到，发生船舶撞击的概率较小。海上风电场考虑到尾流影响间距一般较大，风电场外围是最容易受到撞击的区域，一般只对外围风机基础布置防撞设置。

防撞设施分为分离式和附着式两类。分离式防护系统远离单机，位于有潜在撞击危险的风电场外围区域，主要包括浮体系泊防护系统、群桩墩式防护系统和单排桩防护系统。附着式防护系统安装在单机基础上，主要采用钢制套箱和加装放冲橡胶护舷两种形式。目前一般固定式海上风机的防冲撞措施都是采用附着式防护系统。

（二）支撑结构制造风险衡量

1. 原材料方面

主筒体与装套管主要承受轴向载荷。制造厂提交材料清单及材料质保书时，一定要注意材料选用是否符合图纸及技术要求的规定，并且材料复验是否按照技术要求进行。

钢材使用前需要进行预处理工艺。钢材预处理工艺是指钢材在加工前（即原材料状态）进行表面抛丸除锈并涂上一层保护底漆的加工工艺。钢材经过预处理可以提高机械产品和金属构件的抗腐蚀能力，提高钢板的抗疲劳性能，延长其使用寿命；同时还可以优化钢材表面工艺制作状态，有利于数控切割机下料。

2. 尺寸控制方面

在基础管架制造过程中，尺寸控制非常重要，它直接关系到导管架能否顺利吊装及塔筒的垂直度能否满足等。

在整体管架的部件制造时，要注意各类撑杆、筒的制作是否符合技术条件的要求，例如技术条件对每个筒节的最小长度做了规定，但在现场施工时，有可能考虑到钢板的利用率及钢板采购的因素，会出现不符合的现象。部件制造时保证撑杆的直线度，撑杆的作用是支撑主筒体以保证主筒体的稳定，风机运行过程中的摆动载荷一般都由撑杆来承受；主筒体的法兰平面度、内倾度及椭圆度直接关系到塔筒与导管架是否能顺利对接，这一点至关重要，一定要严格控制；桩套管的椭圆度有可能会被忽视，但如果其得不到保证，有可能导致钢管桩套不进桩套管内。

基础管架大合拢时，需要对合拢场地的地样进行尺寸复测，复测的依据是海上打桩结束后的沉桩尺寸测量图纸。主筒体胎架就位后，需要对主筒体上法兰校水平，并且在所有装配工作结束后、焊接施工开始前，需要对法兰的水平度进行复测，合格后方能开始焊接工作，复检基础管架焊前及焊后整体尺寸。

3. 装配工艺方面

海上风机基础和塔筒在装配工艺流程阶段会产生的风险点主要是返工，例如装配顺序产生的返工、装配可行性产生的返工等。返工会增加一线工作人员工作量，增加成本，影响工程进度。

4. 防腐施工方面

在制造过程中，防腐工艺多有如下风险：管架合拢口采取机械打磨的方式进行除锈作业，其除锈等级及表面粗糙度可能没有喷砂除锈效果好，对合拢口区域的油漆附着力不利；合拢口局部补漆，采用滚涂的方式进行施工，漆膜内部会产生很多气泡，对防腐效果不利。合拢口区域油漆修补时，漆膜厚度普遍偏低，这样容易导致溶剂滞留。如果各膜层覆涂时超过规定间隔而未做拉毛处理，会导致面漆与中间漆间的附着力下降，严重的话会导致面漆脱落。

（三）施工方案设计风险衡量

（1）风机安装一般可采用整体安装或分体安装，采用何种方式需根据承包商的工艺组织及施工能力确定。方案设计应包括完整的风机安装施工组织设计，包括安装方法、工艺流程、设备和船机的调用，人员组织，安装的自然条件分析等。组织有经验的专家团队对安装施工组织设计进行审核。

（2）应制定测量施工专项方案，使用高精度测量仪器设备，在投入工程使用前，必须进行精测试比对；选择专用的打桩船，减少风浪对打桩的影响；调查风浪、水流、能见度较好的沉桩施工时间段，确保对打桩的影响最小。

（3）应根据不同的水深条件和基础结构类型选择不同的船机设备，所配备的打桩船应针对不同的基础结构。还需考虑移船灵活的特点，导管沉桩船应满足高精度定位的要求，起重船应满足起重能力、精确定位和抗浪要求。

（4）水上施工的安全管理方案应符合现行《中华人民共和国海上交通安全法》的有关规定。水上作业区应配备救生圈、救生衣、钩杆、报警器等救生设备，制定有效的安全管理监督体系和配备专职安全管理人员，对施工现场的防台、防火、防爆、防汛等制定有效的执行手册。

（四）运维方案设计风险衡量

（1）运维操作环境复杂。相较于陆地而言，涉及海洋的管理实施难度较大，海洋水文、气象环境更为复杂，季风、台风等海洋气候交替，作业环境恶劣。

（2）有效作业时间段、通达困难。水上交通与人力限制，大大压缩海上风电日常维护与管理的有效作业时间，遇特殊气象条件（如大雾、台风）更会直接影响海上运行与维护工作的开展。

（3）运维成本费用高昂。在维护的过程中，需要运用大量的运输船舶、起重船舶以及专用工程设备，维护价格居高不下。海洋天气、环境变化莫测，很多时候甚至出现无功而返的情况。海上风电设备维护效率较低，外加各种不确定因素的影响，导致设备故障率上升。

（4）海上风电运维技术经验不足。风电行业虽在我国几十年，但主要集中于陆地风电，海上风电受发展时间限制，暂缺乏针对性的应用技术与管理系统，完全依赖传统管理无法满足现有需求。目前，我国海上风机的维护模式仍以定期维护和故障检修的“被动式运维”为主，风电运维模式智能化程度低，风电机组运行状态监测缺乏后台强大的数据支撑，检修偏重于事后检修，风电机组健康状态分析不够完善，远程故障诊断和预警能力还不健全，急需引进或创新更为切实有效的海上风电运行维护技术。

（5）人员技术和安全风险。运维人员资质不够、风机运维知识不足、运维操作不当都有可能导致运维过程中出现新的问题，增加运维成本。工作人员作业过程中还会有安全风险，海上风机运维包括高空作业，且处于海上，一旦发生人员安全事故，施救较为困难。

五、海底电缆风险衡量

海底电力电缆系统的风险评估，是运用科学的风险分析方法对海缆进行风险识别、控制、决策，进而实现对海底电力电缆系统的风险管理，达到降低风险系数、减少不必要的损失，实现经济和社会的效益的目的。对于运营期间的海缆系统，应当明确影响海缆安全的可变因素及不可变因素，有针对性地进行安全维护，规避事故的风险。针对同一海底电力电缆系统中的不同电缆进行风险评估，可以起到预先防范的作用，一旦问题出现，其他电缆可以及时采取措施进行补救，将风险降到最低，从而保证电缆的正常运行。

根据现有的理论和风险评价指标体系，利用层次分析法确定各评价指标的权重，建立相对照的等级标准，最终构建起完整的海底电力电缆系统模糊综合评价模型。将该评价模型应用于具体实例，就可以评估出电力海缆系统的可靠性指标，从而进行风险控制。

对于风险防范方面，要时刻全面对海缆系统进行监控，应用先进的海底电缆观测系统，对捕鱼作业、船锚损害等首要风险进行跟踪监控并记录，计算拖网以及船锚出现的频率和范围，并制定详尽的风险应对措施。加强海缆敷设安装人员的技能，提高施工质量，对海缆进行周密的掩埋保护，并定期进行巡查和记录。对于海缆本身，要进行定期维护，防止绝缘老化现象发生。

第三节　海上风电设计阶段的风险管理

一、风电场设计风险管理

（一）微观选址

对于尾流效应所引起的经济性风险，可通过建立发电量与机位排布的优化模型予以控制，并在一定区域范围内提供排布优化意见。由于机位排布与发电量之间的关系存在较高非线性，因此该优化问题通常采用启发式算法（如遗传算法、蚁群算法、神经网络等）。若排布优化自由度较小，则可在强限制条件下利用穷举算法暴力求解（所需计算资源庞大）。若机位排布不具备优化空间且尾流效应较明显，则可采用相应扇区管理策略或利用场群控制方法（如主动偏航改变尾流轨迹或主动变桨改变尾流强度等方法）降低尾流影响。

对于尾流效应所引起的安全性风险，可通过机组场址适应性评估的方式予以控制。在机组设计边界可包络现场环境条件的条件下，该风险可控。若机组设计边界不能包络现场环境条件，以湍流强度为例，则需引入额外降载控制手段，例如限功率运行（将机组额定功率进行限值以降低整体受载水平）、扇区管理运行（在某些尾流影响较大的扇区进行限功率运行）、IPC 独立变桨控制（根据风轮不平衡受载量对 3 只叶片进行独立控制以抵消不平衡载荷）等。

对于地质条件所引起的经济性风险，增加钻探取样点数以获得更全面的地质信息可在一定程度上降低风险，但由于钻探取样成本较高，因此需合理设计取样位置并仔细分析所在区域地层情况以权衡风险及成本。

（二）机组选型

1. 机组的安全性保证方法

机组选型时，质量是最重要的一个方面，是保证机组正常运行及维护最根本的保障体系。

“认证”是指由认证机构证明产品、服务、管理体系符合相关技术规范的强制性要求或标准的合格评审活动。近几年，我国风电产业发展迅猛，业主对风电机组性能的认知很难赶上机组推陈出新的速度，机组性能亟须权威机构的评判，因此风电机组认证在选型过程中显得尤为重要。

德国劳埃德风力能源有限公司（Germanischer Lloyd Wind Wnergie GmbH，简称 GL）于 1986 年出台了第一套针对风力发电机组的设计准则并随后进行了几次补充和完善。

国际电工委员会（IEC）于 1994 年出版了《风力发电机组——第一部分：安全要求》（IEC 61400－1），此后 IEC 又先后出台了多个 IEC 61400 标准，对涉及风力发电的不同领域进行了规范。2012 年，由于设计阶段未能确定基础以及和场址条件相关的海况参数等，先完成风轮—机舱组件的型式认证，等待确定场址后，再根据场址条件及基础设计进行载荷计算和安全性复核，或者设计阶段考虑基础以及和场址条件相关的海况参数等。在确定场址条件及基础设计后，需要和设计进行比对，如发生差异，需要重新考虑机组安全性。

现有认证模式都不包含基础部分的认证，而对于海上风电场，基础的型式和具体参数需要依据实际风场进行定制设计，甚至同一风场不同机位由于地质条件不同，设计也可能大相径庭。基础的频率对机头部分的载荷有一定的影响，因此，海上风场进行安全性复核时，机组和基础一体化载荷计算是一个重要环节。

针对风轮—机舱组件：如果场址载荷结果均小于原机组的设计载荷，则能判定结构安全，机组可用于该海上风电场；如果有些载荷超出原设计载荷，则不能直接判断结构是否安全，需要对相应的机构部位进行强度校核；如果强度校核无法证明结构安全，需进行相应的方案调整，降低设计风险和安全隐患，确保机组的安全性。

针对基础（塔架+支撑结构）：根据一体化载荷结果进行基础强度分析。

2. 方案经济性比选

经济性比选是指在满足安全等级要求的多个机型中，通过计算年发电量、风力发电机组成本、配套设备及工程费用等进而得到各种机型的千瓦造价、可利用小时数和度电成本，最终确定经济性最优的机型。

二、海上风电机组设计风险管理

企业针对海上风电机组的设计应满足 IEC 61400－22、GB/T 18451.1、GB/T 17646 或 GB/T 31517 及在标准中被认可的相关规范及标准的要求。齿轮箱应符合 ISO 81400 中的要求。齿轮箱在车间的试验结果和现场试验方案也应作为设计评估的一部分。

机械结构和机械部件相关的设计应形成规范的文档，如风机规格书、图纸和设计计算，以及相关的测试报告、图表、数据表、原理图和零部件清单。另外，文档应包括足够的信息，如：规范、标准和参考文件；设计载荷与相关外部条件；静态学模型和边界条件；相邻结构和部件的影响；传动链动力特性的影响；材料和许用应力；型号、数据表（针对量产的部件）；作业指导书（针对螺栓连接）等。

三、海上风机支撑机构设计风险管理

针对海上风机支撑结构设计风险管理，可以使用设计评估手段规避风险，评估可参考的标准主要有 IEC 61400－22：2010《Wind turbines – Part 22：Conformity testing and certification》、DNVGL－SE－0190《Project certification of wind power plants》等。

在可行性研究和设计阶段，需对海上风电场特定场址外部条件进行深入细致、长期的调查、勘测、分析和方案比较，海上风电场选址时尤其要注重当地风能资源、极大风速状况、海洋水文、海床冲淤以及自然灾害发生的频率。对地质水文勘测的数据进行评估，继而建立合理准确的外部条件数据库，该数据库是进行设计的基础。另外，支撑结构的强度要求也要满足标准要求，标准中推荐使用工程算法和有限元计算结构强度，计算过程、方法和结果均需严格按照标准要求，海上风机支撑结构的强度、稳定性等的计算主要参考如下标准：

GB/T 31517—2015　海上风力发电机组　设计要求

GB/T 36569—2018　海上风电场风力发电机组基础技术要求

GB 50010—2010　混凝土结构设计规范

JTJ 283—1999　港口工程钢结构设计规范

JTS 167－4—2012　港口工程桩基规范

DNVGL－ST－0126　Support structures for wind turbines

DNVGL－RP－C203　Fatigue design of offshore steel structures

风机支撑结构设计评估的目的是在综合考虑现场环境条件和整体载荷作用下，评估支撑结构的设计和实施要求是否满足要求，评估工作的内容主要包括：

（1）根据整体载荷分析的结果评估支撑结构的设计。

（2）计算支撑结构的刚度和阻尼并同载荷计算时对其做出的假定作对比评估。

（3）根据设计准则评估地质设计文件。

（4）评估支撑机构的设计文件。

（5）基于最终安装（永久）支撑结构的结构完整性，评估制造计划、运输计划、安装计划和维护计划。

（6）参照设计准则中规定的设计前提对防腐系统进行评估。

四、海上风电施工方案设计风险管理方法

海上风电施工方案的设计需要衡量其风险点，制定有效的施工流程、方法和应急预案，制定的方案需满足法律法规和标准的要求。如下是几个海上风电施工风险管理的要点：

1. 人员资质与培训

企业安全监督部门应制定安全培训管理制度，编制安全培训计划，组织一线职工、管理人员进行安全培训，企业主要负责人、安全管理人员应取得《生产经营单位从业人员安全培训合格证书》，特种作业人员应取得《特种作业操作证》，特种设备作业人员应取得《特种设备作业人员证》。各施工船舶船长、轮机长、驾驶员、轮机员必须持有合格的职务证书；相关设施应当按照国家规定，配备掌握避碰、信号、通信、消防、救生等专业技能的人员；施工人员应持有“四小证”。

2. 制定优质的施工方案

施工方案应涵盖高风险作业清单，制定“三措两案”：安全措施、组织措施、技术措施、施工方案和应急预案。重点落实大型吊装机械、液压机械的使用，重大危险作业应严格执行旁站监理制度。

3. 技术交底

各参建项目单位在编写安全技术交底时，要根据分部、分项工程的工作内容、部位、作业环境以及天气情况编写，每一个作业活动的安全技术交底必须细致、全面、有针对性，需要绘制示意图时，须由编制交底人依据规范和现场实际情况绘制。工作负责人对作业班成员进行现场交底，结合施工方案讲任务、讲风险、讲措施，并录音保留记录。

4. 施工船舶管理

项目施工部应在施工船舶进场前进行报验，经监理审核后才能批准入场，船舶检查的内容主要有船籍、消防、逃救生、船员资质等；船舶抛起锚管理，施工船舶抛锚处应远离电缆，防止损坏海底电缆，还应该上报主要船舶走锚情况；施工船舶应具有避风避雾措施；施工船舶作业期间制定值班管理制度；交通船使用前应进行验收，交通船舶证书必须具有海事局颁发的合格船籍证，并保证证书在有限期内。

5. 积极开展应急演练

应急预案应简洁、可操作性强、针对性强，定期联合海事、公安、消防和医院开展联合演练。消防、人员遇险、防风防台应开展实战演练。应急演练后，应对应急演练效果进行评估，及时修订完善应急预案。

五、海上风电运维方案设计风险管理方法

海上风电场的运维人员需严格按照运维手册进行操作，运维手册的制定需严格按照国家标准或行业标准要求，如 DL/T 796—2012《风力发电场安全规程》。运维手册使用前，需要对运维方案进行评估，这种评估有利于优化制定的运维方案使其符合国际和国内标准要求，进一步趋利避害。

建设风电场前期选择运行可靠地机型；投资分析时提前考虑大部件更换的运维成本。建立可靠的运维管理模式，如果选取第三方运维单位对海上风电项目进行运维，该运营单位需要有丰富的运维经验，同时派驻相应的专业管理人员对风电场进行全面管理，提高公司运维人员的专业性。对每个运维项目的作业内容进行事先预习，确保合理的调度，以降低成本消耗与时间浪费，同时也能够最大程度确保设备与人

身安全。

发展应用海上风电数字化运维技术，运用海上风电状态监测、后台数据分析、故障预判等手段，提高海上风电的智能预测水平，让管理者能够快速进行针对性的维护决策，提升紧急抢修、日常维护的效率，减少大量的运行费用与维护难度，提升海上风电的智能化管理，提高发电可利用率。

第八章

海上风电建设阶段的风险管理

海上风电建设阶段是海上风电场整个生命周期中风险相对集中的一个阶段，这主要是由于海上风电建设阶段在短时间内、在狭小的海上施工区域内集中聚集了大量施工作业船舶和施工作业人员来进行具有潜在高风险的作业。因此，这一阶段的风险管理难度尤为巨大，不仅需要风电场业主、施工承包商、监理机构的密切配合，也需要引入外部专业化的风险评价咨询服务机构来协助进行风险的分析和管理，参考欧洲海上风电建设阶段的良好作业实践，通常这一服务是由海事检验人服务机构以海事保证检验（MWS）服务的形式来提供。

本章将在后面的介绍过程中，详细阐述海上风电建设阶段的风险识别、风险衡量、风险管理以及海事检验人的具体内容。

第一节　海上风电建设阶段的风险识别

一、风险的来源

从某种程度上，风险可以理解为项目实际与既定控制目标的偏差，这些既定目标以及项目实际与既定控制目标的偏差所产生的风险的关系可以粗略表述如表 8－1 所示。

海上风电建设阶段风险的识别主要针对具体施工项目所涉及的船舶作业形式、作业内容、设备特点、作业条件、人员配置、工程进度、费用控制等方面来进行展开分析。重点关注施工方案的技术风险、施工船舶机具的设备风险和施工操作风险，更加注重风险控制措施能否有效的落实。

表 8－1　　项目实际目标与既定控制目标的偏差所产生的风险

序号	项目既定控制目标	项目实际与既定控制目标的偏差	风　险
1	制定并实施健康、安全和环境保护计划(HSE)，在海上风电建设领域树立领先的标杆	（1）无 HSE 计划； （2）计划不完备； （3）计划不能有效执行； （4）计划的执行不能达到领先； （5）计划没有管理等	（1）没有 HSE 风险管理意识和行动； （2）HSE 管理片面、不能有效识别和控制全面风险和重点风险； （3）风险管理的执行不能得到有效落实； （4）与业界相比，风险管理水平落后，不能达到业主要求等

续表

序号	项目既定控制目标	项目实际与既定控制目标的偏差	风 险
2	保证施工满足风电场既定的设计和使用功能	（1）施工方案不能实现风电场既定的要求； （2）施工船舶和设备不能满足施工设计要求； （3）地质调查不满足要求； （4）安装精度不满足要求等	（1）施工方案技术风险； （2）施工船舶机具的设备风险； （3）地质调查风险； （4）安装精度风险等
3	保证风电场按时按成本交付	（1）施工周期无法满足按时交付要求； （2）作业窗口不足； （3）重点作业船舶施工周期无法协调； （4）工期延误导致无法有效控制成本等	（1）项目施工周期计划没有考虑风场环境实际的风险； （2）作业限制条件控制的风险； （3）施工船舶适用性风险； （4）工期延误风险等
4	满足利益相关者的要求	（1）不满足业主关于施工建设的要求； （2）不满足政府主管机关关于施工建设的要求； （3）不满足总承包方管理的要求； （4）不满足社会公众对于风电场建设的期望； （5）施工不满足环境保护要求； （6）施工不满足人员健康要求等	（1）建设施工管理风险； （2）违法风险； （3）与周边渔业养殖等纠纷风险； （4）海洋生物保护风险； （5）职业病风险等

二、风险的识别

风险识别是风险管理的前提，其本质上是为了更有效地管理风险。海上风电建设阶段风险识别应实现的目标包括：

（1）能够识别所有可能导致重大事故的潜在风险。

（2）有助于形成一个基准，根据该基准，可对所提供的预防、控制和缓解措施的充分性进行设计评估。

（3）对潜在风险进行定性评估。

（4）识别关键性的控制措施，并在适当情况下识别额外的预防和/或缓解措施以进行改进。

（5）为识别出的风险与相应的操作控制、人员能力和维护活动之间提供指导。

（6）提供被识别风险的可供追踪的风险登记册，以促进风险控制措施的落实。

（7）为后续施工现场风险咨询提供输入和接口。

在海上风电建设阶段，推荐关键海上施工作业在首次作业前召开风险识别会，会议的组织者可以为风险咨询服务机构的资深咨询师，会议的参加者至少还应包括来自风电场业主、施工单位和监理单位的专业技术负责人。所有参会人员应熟悉拟讨论的海上作业方案，并应具备一定的工程施工经验背景。会议主席应在该领域具有丰富的工程风险控制经验，具有较高的沟通技巧、会议进度控制能力和会场控制能力，可以在规定时间内引领、激发与会小组所有成员投入具体分析过程，开展积极讨论，并带领与会小组取得卓有成效的分析成果。

为了保证风险识别会能够得到有执行力的成果，除专业技术负责人外，还应考虑邀请来自投资方、承包商和运营商等相关方的项目高级管理人员参加风险辨识分析。高级管理人员可以只参与全局性、共性和项目执行问题的讨论，不一定要求全程参与整个分析过程。

在风险识别会后，应总结辨识会的成果，并形成风险辨识分析报告，供相关方参考。

三、风险识别的方法

海上风电建设阶段风险识别主要以头脑风暴法 HAZID（hazard and identification）会议的形式开展。通过 HAZID 会议，对主要风险点进行详细识别。

HAZID 是一种预先风险分析的方法，它的基础是系统性地为施工操作设置一组标准化的引导词。引导词可以用来引导识别潜在风险。根据施工方案确定的 HAZID 分析范围，首先讨论项目施工的共性问题，然后讨论与操作危险源相关的具体问题。在讨论共性问题时，整个项目可以作为一个“节点”予以考虑；在讨论与施工操作过程相关的危险源时，可以按照项目施工方案的主要操作划分，设置多个分析节点，如自升式起重平台插桩节点、抬吊节点等。在小组确定好分析的节点后，分析小组主席引导组员按照确定好的引导词顺序，对每个节点进行头脑风暴式地分析，讨论可能存在的风险源、所导致的影响或后果，并记录到分析清单中。HAZID 的风险识别流程如图 8-1 所示。

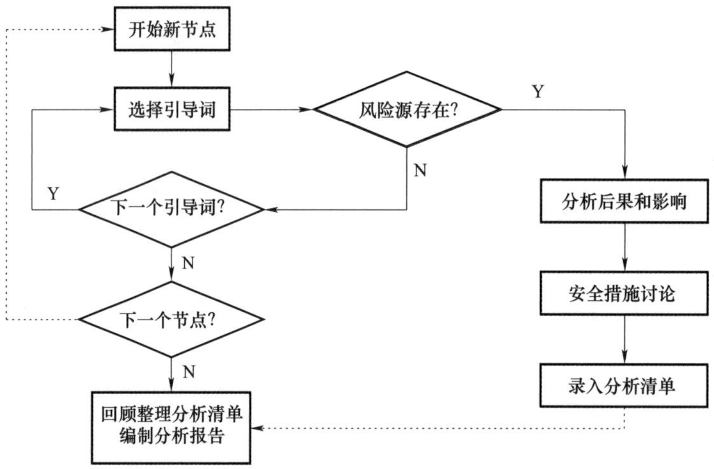

图 8-1　头脑风暴法 HAZID 风险识别流程图

四、风险识别分析报告

风险识别会分析过程中讨论的场景、识别的风险源及其可能导致的影响和后果都将录入风险识别分析报告里，以便项目后续风险管理和监控。会议上提出替代和削减风险的建议措施，将作为专家建议供相关方予以考虑，也可以作为后续跟踪的内容。

分析报告应包括项目简介、分析目的与范围、分析的基础资料、分析小组成员、分析所用引导词等必要内容。

风险识别表的参考形式如表 8-2 所示。

表 8－2　风险识别表参考形式

序号	危险场景	潜在后果	现有安全措施	风险评定				建议的额外安全措施	责任人
				类别	后果	可能性	风险等级		
…	…	…	…	…	…	…	…	…	…

五、风险识别的重点关注点

对于国内海上风电施工过程中的常见风险，风险识别应给予重点关注。这些重点关注点涵盖船舶设备风险点、海上住宿风险点、人员转运风险点、常规作业风险点、海上环境风险点、起重及打桩作业关键风险点、拖航作业关键风险点、铺缆作业关键风险点。

（一）船舶设备风险

1. *船舶结构破损*

因船舶使用维护不当或船舶事故等原因，导致船舶结构发生破损，将严重影响船舶在各种作业条件下的安全，甚至发生船舶倾覆、沉没等重大海上事故。

2. *船舶稳性不满足要求*

船舶稳性受设计原因及操作原因共同影响。一般而言，由操作错误造成船舶稳性不满足要求为主要原因。船舶海损等同样也会导致船舶稳性降低。船舶稳性不满足要求容易导致船舶倾覆或沉没等重大船舶事故。

3. *船舶搁浅或触礁*

对于本项目主起重船而言，发生搁浅及触礁的可能性较小。但是一旦发生，后果非常严重。

4. *船舶走锚*

起重船主要依靠绞锚移动，容易发生船舶走锚风险。一旦发生走锚，船舶将无法进行正常移船，同时有可能损害海底管缆、井口等设施。

5. *船舶设备损坏*

船舶通信、导航设备、锅炉、发电机、起重设备、打桩设备等发生损坏，将严重影响船舶航行安全及作业安全。

（二）海上住宿风险

1. *人员触电风险*

海上施工生活区配备 220V 交流电，各种生活用电电器、电源插座、线缆在绝缘防护破损或不正确使用的条件下，潜在人员触电风险，造成人员伤亡事故。

2. *人员跌倒、滑倒风险*

海上施工生活区人员在居住期间，有可能因为疏忽大意，或走道存水，或在冬季因为走道结冰等各种因素导致人员跌倒、滑倒，造成人员伤害。

3. *火灾风险*

因为人员在生活区吸烟或因电器老化等原因，生活区极有可能发生火灾事故。由于生活区人员密集，各种可燃物及易燃物多，一旦发生火灾事故，将导致严重后果，甚至发生人员群死群伤、船舶损毁等重大事故。

4. 食物中毒风险

海上施工作业期间，海上作业居住人数多，人员密集，如果对食品卫生控制不严，将导致多人食物中毒的重大事故。

5. 人员突发疾病风险

海上施工作业期间可能发生突发传染病、群体不明原因疾病，导致施工作业停止以及人员伤害。

（三）人员转运风险

1. 人员落水风险

海上施工作业人员发生落水主要发生在以下情况下：舷外作业、人员通过船用跳板到达岸或另一船或桩基平台、牵引绳作业、营救作业、事故落水等。

2. 人员跌倒、滑倒扭伤等风险

甲板面存在积水、结冰、溢油等情况下，容易发生人员跌倒、滑倒、扭伤等事故，造成人员受伤。

（四）常规作业风险

1. 交叉作业风险

交叉作业的风险主要来自作业交叉过程中，各种操作的相互干扰，一种作业对另一种作业潜在的风险。

2. 高空舷外作业风险

项目施工作业过程中，在起重吊装，舷外操作等作业过程中，均涉及高空舷外作业。高空舷外作业风险的表现形式主要为从高处坠落造成伤残、死亡。

3. 高空落物风险

高空落物的风险主要存在于起吊作业过程中，另外其他高空作业也可能发生高空落物风险，造成人员伤害、设备损坏等。

4. 高空坠落风险

人员在高空作业过程中，发生高空坠落。

5. 机械伤害风险

主起重船、驳船甲板面存在大量机械设备，这些机械设备在运转过程中，因操作不当或机械设备故障，可能造成人员机械伤害，包括切割伤害、物体打击伤害、挤压伤害等。

6. 触电风险

在进行海上施工期间，如果各种电气设备如电焊机等的漏电保护装置失灵、电线绝缘保护失效，或维修操作人员违章等，可能造成人员触电伤害，造成人员伤亡事故。

7. 火灾爆炸风险

施工船舶甲板面在作业过程中可能涉及各种易燃气体、液体等（如乙炔、柴油等），在操作不当的情况下，极有可能发生火灾爆炸事故，造成人员伤亡及财产损失。

8. 放射性风险

施工现场可能配备有射线检验设备，同时在焊接等过程中，也可能由承包商携带便携式射线检测设备，上述设备在使用过程中，有可能因操作不当、防护不严等，造成射线伤害。

9. 有毒有害气体伤害

有毒有害气体主要来自电焊切割过程中的有害气体，进行电焊切割作业应确保通风，保证人员健康。

10. 噪声

现场噪声主要为机械性噪声，主要表现为主发电机主机噪声以及各种机泵、电机等设备的噪声。人员长时间处于噪声环境中，而不进行有效防护，将严重损害身心健康。

11. 振动

振动主要来源于施工阶段各种机械设备的振动，使作业人员受到全身振动的影响，同时振动也将造成机械设备损坏。

12. 窒息风险

限制空间环境因通风不良，空气中含氧量低，或人员进入密闭空间，均有可能因空间含氧量低导致人员窒息，出现人员伤亡事故。

13. 跌倒滑倒、挤压伤害等风险

施工现场存在障碍物、积水、溢油等情况下，极有可能导致作业人员跌倒滑倒等。在进行各种操作作业时，有可能导致人员挤压伤害等。

（五）海上环境风险

1. 台风

台风是一种破坏力很强的灾害性天气，对船舶安全航行及作业威胁很大。若防台措施采取不当，可能导致船舶碰撞、翻沉或物资落海、人员落海、拖缆断裂等严重事故。

2. 涌浪

涌浪较大的情况下，船舶可能出现较剧烈的摇荡、升沉运动，严重影响船舶拖航、起重施工、布锚等作业，同时也会引发其他操纵方面的困难，甚至出现难以预料的危险。

3. 大雾、暴雨

海域周边较容易起雾，而且降水也较多，大雾、暴雨均会导致船舶作业或航行的能见度降低，此时发生碰撞事故的风险增大。

4. 海啸

强度较大的地震可能引起海啸，海啸会导致船舶上物资滑落、人员落水、甚至船舶倾覆沉没事故。

5. 渔船作业

渔船不在指定区域内作业，或因其他原因导致作业船与渔船发生碰撞、拖带渔网，容易产生各种纠纷，影响施工作业船舶正常作业。

6. 环境污染

船舶的污水处理系统不达标，可能导致不达标污水的排放；船舶内部燃油或化学药剂泄漏以及废弃物的丢弃入海，均会污染海洋环境。

7. 海盗

海盗活动严重影响船舶正常航行、工程施工作业，严重威胁到船舶人员及设备安全。

海盗袭击船舶，曾发生过多起杀死船员或将船员抛入大海后劫走船舶的事件。

（六）起重、打桩作业关键风险

1. 吊物坠落

起重作业过程中，会因捆绑不牢、索具强度不足、索具破损等原因，造成被吊物倾斜、滑落或被吊物坠落事故。

2. 起重机、打桩锤设备故障

起重机设备故障将导致起吊作业事故，打桩锤故障将导致作业停止，潜在导致钢桩损坏。因此，在起吊作业、打桩作业前，应安排专业人员对起重机设备、打桩锤进行预检查，确保设备工作正常。

3. 索具损坏、断裂、连接错误

索具使用前没有经过检查，索具超载使用，索具连接错误等，都将引起起吊作业事故。

4. 起吊作业引起船舶稳性不足

起重作业，尤其是大型结构物吊装作业，将显著引起船舶稳性变化，尤其是船舶侧向吊装。船舶压载系统不足或失误，将导致船舶稳性不足，甚至发生倾覆。

5. 人员高空坠落、挤压、砸伤

起重作业人员伤害常见为高空坠落、挤压、砸伤等。

6. 指挥失误

吊机指挥一旦出现失误，将导致各种严重后果。起重作业严禁多人指挥，吊机指挥与吊机司机、司索人员等应保持通畅的通信联系。除“停止”口令外，吊车司机不应听从除吊机指挥外其他任何人指挥。

7. 环境风险

起吊过程中，因风浪等原因造成船舶摇摆过大，发生起重事故。

8. 操作失误

吊机司机操作失误造成起重事故。

9. 视线不良

起重作业过程中，视线不良造成起重事故。

10. 靠船风险

起重作业过程中，因其他船舶靠泊主起重船，导致主起重船晃动造成起重事故。

11. 插桩风险

如采用自升式起重作业平台，还应考虑插桩作业风险，尤其应仔细核算插桩作业深度、插桩承载力、土壤地质分层承载条件和已有插桩脚印，防止插桩穿透承载层，导致自升式起重作业平台倾斜或倒塌的事故。

（七）拖航作业关键风险

1. 大风浪、台风风险

主起重船及驳船在拖航作业过程中，可能遇到大风浪、台风等恶劣天气。在大风浪、台风袭击下，船舶将出现较剧烈的摇荡运动、降速、航向不稳定，以及由此引发的其他拖航方面的困难，甚至出现失控漂移、碰撞、触礁、倾覆、搁浅等危险。

2. 偏离航道

主起重船及驳船在拖航作业过程中，可能因海流、风向等环境原因，或拖轮原因造成在拖航过程中偏离航道。

3. 海雾、大雨能见度不良风险

主起重船及驳船在雾区、大雨等能见度不良情况下拖航时，由于视线不良或操作失误等原因，较容易发生船舶碰撞、触礁等事故。

4. 渔业活动对拖航作业风险

我国渔业资源丰富且海岸线较长，从事捕捞作业的渔船密度大，给拖航运输的航行安全带来极大安全隐患，拖航船舶与渔船碰撞事故时常发生，应注意渔业活动对拖航作业的造成的风险。

5. 恶意袭扰、海盗活动风险

海上恶意袭扰事件时有发生，经常以挂坏渔网为名，索要钱财、抢夺船上的物品，给运输船只造成经济损失，更为严重的是，运输船只有时被围困半天甚至一天，导致工期的延误。海盗袭击事件在国际上时有发生，其中以索马里海盗最为出名。我国渤海黄骅海域也曾发生过海盗事件。项目船舶在拖航过程中，应密切注意周围船只动向，做好防恶意袭扰、海盗预案。

6. 拖轮失去动力、拖力不足

在拖航过程中，可能因拖轮故障，导致拖轮失去动力；或因天气海况恶劣等原因，导致拖轮动力不足，造成被拖船舶失控漂移。

7. 主拖缆断裂或索具断裂

在拖航过程中，因主拖缆断裂或索具断裂，导致失控漂移。

8. 因破舱、载物滑移、重心过高、压载水等原因造成稳性不足

在拖航过程中，因破舱、载物滑移、重心过高、压载水等原因导致船舶稳性不足，发生沉没、倾覆事故。

9. 各种助航仪器和通信设备损坏

船舶在拖航过程中，可能发生各种助航仪器和通信设备损坏，严重危及拖航作业的安全。

10. 走锚

主起重船在就位过程中，抛下工作锚后，可能发生走锚，潜在导致定位不准、船位移动、碰撞海上结构物、钩挂海底管缆的风险。

（八）铺缆作业关键风险

1. 导致已有管缆损坏

路由勘察不详尽、施工防护措施不到位或电缆交越施工方案不合理导致铺缆作业时，损坏已铺设管缆。

2. 地质勘察失误

地质勘察没有按照施工规范进行，导致地质勘察结果不准确，海缆无法铺设到设计深度或没有有效识别潜在孤石、海底障碍物，导致海缆损坏。

3. 铺缆控制不满足要求

海缆对于弯曲半径、拖拉力、可弯曲次数、堆叠承压限制等都有明确的限制条件，海上铺设过程中，无法对上述限制进行有效控制，导致海缆损坏。

4. 电缆密封不满足要求

电缆入海铺设时的端头密封帽水中密封不满足要求，渗水导致电缆绝缘损坏、老化。

第二节　海上风电建设阶段的风险衡量

风险衡量是对于风险进行分析和评价的过程。因此，风险衡量涉及风险的分析过程、风险准则的制定和风险评价过程。本节将重点讨论海上风电建设阶段风险衡量的实现。

一、风险的分析

风险分析能够加深对风险的理解。它为风险评价提供输入，以确定风险是否需要处理以及最适当的处理策略和方法。

风险分析要考虑导致风险的原因和风险源、风险后果及其发生的可能性，识别影响后果和可能性的因素，还要考虑现有的风险控制措施及其有效性，然后结合风险发生的可能性及后果来确定风险水平。

根据风险分析的目的、可获得的可靠数据以及组织的决策需要，风险分析可以是定性的、半定量的、定量的或以上方法的组合。

定性评估可通过“高、中、低”这样的表述来界定风险事件的后果、可能性及风险等级。如将后果和可能性两者结合起来，并与定性的风险准则相比较，即可评估最终的风险等级。

半定量法可利用数字分级尺度来测度风险的可能性及后果，并运用公式将二者结合起来，得出风险等级。

定量分析则可估计出风险后果及其可能性的实际数值，结合具体情境，产生风险等级的数值。由于相关信息不够全面、缺乏数据、人为因素影响等，或是因为定量分析工作无法确保或没有必要，全面的定量分析在海上风电建设阶段未必都是可行的或值得的。在此情况下，由经验丰富的专家对风险进行半定量或者定性的分析通常已经足够有效。

二、风险的准则

风险准则是判断风险可接受程度和应采取相应行动的行为准则。通常风险准则的制定是与施工单位和风电场业主的风险管理目标和策略相关的。例如，风电场建设过程中设定的目标包括：“不发生重大海损事故”，则风险的准则设定是可以接受一般海损事故的，这对于任何识别到的可能导致海损事故发生的风险的处理，将变得不同。

在海上风电建设过程中，通常采用风险矩阵的形式来体现风险准则。如表 8-3 所示是一个典型的海上风电场建设阶段的风险矩阵。

表 8-3　　典型的海上风电施工风险矩阵表

分表 1：风险发生的概率

风险发生可能性（概率）分类	
可能性大小分级	说　明
A 级	极少发生—— 不太可能发生
B 级	可能发生——在整个作业期间有可能发生不超过一次
C 级	很可能——在整个作业期间很可能多次发生
D 级	时有发生——每年至少一次，或在整个作业期间常有发生

分表 2：风险发生的后果

风险发生后果分类			
后果大小类别	员工健康及公众	环境影响	财产损坏、过程损失或作业中断
1 级 微小的	没有人员受伤或健康影响，包括简单的药物处理等	少于 1 万元，微小的响应	少于 1 万元
2 级 较小的	轻微受伤或轻微的健康影响。药物治疗，超标暴露等	在 1 万～10 万元之间，超标排放，油类的泄漏，较小的环境影响，暂时的和短暂的	在 1 万～10 万元之间
3 级 重大的	严重受伤和中等健康损害，永久伤残。大范围的人员轻微伤	在 10 万～100 万元之间，油类的泄漏，严重的环境影响，大范围的损害	在 10 万～100 万元之间，严重事故，启动海上救助作业，频繁或严重的油类泄漏
4 级 灾难性的	人员死亡，大范围的人员受伤和严重的健康影响	超过 100 万元灾难性的环境破坏	超过 100 万元灾难性的财产损失

分表 3：判断风险等级及采取措施（风险准则）

	风险大小评判矩阵图（风险大小=风险发生的可能性×风险可能发生的后果）				
	风险发生后果				
	*	1	2	3	4
可能性	A	Ⅰ	Ⅰ	Ⅰ	Ⅱ
	B	Ⅰ	Ⅰ	Ⅱ	Ⅲ
	C	Ⅰ	Ⅱ	Ⅲ	Ⅳ
	D	Ⅱ	Ⅲ	Ⅳ	Ⅳ

风险等级类别

编号	类型说明		要　求
Ⅰ	低风险	可接受的	根据情况可采取补救行动
Ⅱ	中等风险	勉强接受	应确认遵守程序和实施控制
Ⅲ	高风险	意想不到的	在规定的时段内，必须采取工程或管理措施将风险降低到可接受的范围内
Ⅳ	极高风险	不能接受的	在规定的时段内，必须采取工程或管理措施将风险降低到可接受的范围内

三、风险的评价

风险评价包括将风险分析的结果与预先设定的风险准则相比较，或者在各种风险的分析结果之间进行比较，确定风险的等级。

风险评价利用风险分析过程中所获得的对风险的认识对未来的行动进行决策。道德、法律、资金以及包括风险偏好在内的其他因素也是决策的参考信息。决策包括：① 某个风险是否需要应对；② 风险的应对优先次序；③ 是否应开展某项应对活动；④ 应该采取哪种途径。

在明确环境信息时，需要制定的决策的性质以及决策所依据的准则都已得到确定，在风险评价阶段，还需要对以上问题进行更深入的分析，因为此时对于已识别的具体风险有更为全面的了解。如果该风险是新识别的风险，则应当制定相应的风险准则，以便评价该风险。

从海上风电建设阶段的实际实践来看，对于高风险和极高风险，必须采取工程或管理措施将其降低到可接受的范围内。为了简化风险分析及管理的过程，对于安全工程领域的“最低合理可行”原则（As Low As Reasonably Practicable，简称 ALARP）讨论和应用得比较少，仅在某些特殊风险的应对上可以会采用。

第三节　海上风电建设阶段的风险管理方法

一、海上风电建设阶段的风险管理综述

海上风电建设阶段的风险管理是风电场业主、施工承包商、监理机构和海事检验人机构共同努力的结果。上述相关方通过制定统一的风电场建设阶段 HSE 管理制度文件，从组织结构、人员职责、HSE 管理制度、HSE 安全检查及巡检、HSE 管理促进及考核等多个方面共同实现海上风电建设阶段的风险管理工作。

海上风电建设阶段的风险管理通常包括以下工作步骤：

1. 设定风险管理控制目标，为风险管理的工作定下基调

风险管理目标的设定是与海上风电场建设工程的实际相适应的，能够集中反映整个风电场风险管理的追求和达到的效果。典型的风险管理目标可能是以下内容的设定：

（1）中、高风险管控率=（已管控风险数÷中、高风险数）×100%。

（2）有无因未识别风险而导致的事故。

（3）有无因风险管理措施不当发生的事故。

2. 资料收集（包括但不限于）

（1）已有项目建设经验。

（2）行业良好作业实践。

（3）已有事件（事故）调查报告。

（4）检查与现场访查记录、报告。

（5）专家意见。

（6）船舶设备设施检查清单。

（7）以往留存的风险清单等。

（8）项目执行情况记录。

3. 风险识别

根据本风电场海上建设的特点，以系统的方法和工具识别对项目可能产生影响的各种潜在风险。外部和内部的风险因素都应进行识别。

（1）外部风险因素：包括但不限于法律法规、行业规范、设施周边危险性社会活动等。

（2）内部风险因素：海上风电建设阶段内部执行过程中的风险因素。

海上风电建设过程中常用的风险识别方法有 HAZID 法、LEC 法、头脑风暴法和情景分析法等，具体内容可参考本章第一节所述。

4. 风险分析与评价

（1）成立风险分析评价小组。

开展风险分析评价应由风险责任单位成立风险分析评价小组，在海上风电建设阶段一般为总承包商。组长一般由工程建设项目总经理或副经理担任。

组员由组长根据评价需要选择或指定，如安全、船舶、结构、防腐专业人员等，或可请监理单位和海事检验人单位支持。必要时可委托专业机构进行评价。

（2）风险评价。

风险评价是对风险程度进行划分，以揭示影响海上风电建设的关键风险因素。风险评价包括：

1）单因素风险评价，即评价单个风险因素对项目施工的影响程度，以找出影响施工的关键风险因素。

2）整体风险评价，即综合评价若干主要风险因素对项目施工整体的影响程度。

海上风电建设阶段的风险评价推荐采用风险矩阵建立风险准则。具体内容可参考本章第二节所述。

5. 制定风险管理措施

风险管理原则：风险处理措施首先考虑消除危险源，然后再考虑降低风险，即降低伤害或损失发生的可能性或后果，最后考虑采用个体防护措施，目的是确定将风险降至最低合理可行。

风险管理措施应包括管理制度、岗位职责、应急预案、改进方案或技术，以实现对海上风电建设阶段风险的有效控制。

6. 风险登记

海上风电建设各阶段所产生的风险评价应进行登记，并按风险的高、中、低形成本项目的关键风险控制清单，经风电场业主审核后在信息系统中备案，以实现跟踪控制，并在需要时反馈给相关主管或执行部门。

海上风电建设各阶段的主施工承包商应根据责任范围内风险的实际变化，对风险实施动态管理，定期评估（至少每个月 1 次）并及时更新和报备本项目的关键风险控制清单。

7. 高、中风险控制

总承包单位应根据关键风险控制清单及风险的变化情况，对高、中风险有针对性地做好风险控制方案，使风险降低至可接受程度。推进每 3 个月应组织 1 次对高、中风险的再评估，内容包括：

（1）高、中风险是否降到可接受程度，确定风险关闭。

（2）识别出的风险和控制措施是否有效和具有可操作性。

（3）制定的控制措施是否适合于具体工作、地点以及参与人员。

（4）是否需要其他的控制措施。

风电场业主应对风险控制情况进行监督、检查。

二、施工关键过程 JSA 风险管理

作业安全分析（JSA）是一种常用于评估与作业有关的基本风险的分析工具，以确保风险得以有效控制。JSA 使用下列步骤来实现风险的管理过程：① 识别潜在危害并评估风险；② 制定风险管理措施；③ 指定执行人。

对于海上风电 JSA 风险管理分析，应至少覆盖以下几个方面：① 单桩基础装船及运输 JSA 风险分析；② 单桩基础沉桩作业 JSA 风险分析；③ 塔筒及风机装船作业 JSA 风险分析；④ 塔筒及风机海上安装作业 JSA 风险分析；⑤ 海上升压站安装预打桩 JSA 风险分析；⑥ 海上升压站导管架运输及安装 JSA 风险分析；⑦ 海上升压站上部组块运输及安装作业 JSA 风险分析；⑧ 海底电缆码头装船及运输 JSA 风险分析；⑨ 海底电缆铺设作业 JSA 风险分析。

对于上述各种作业类型，在海上安装环节尤其是诸如首桩、首风机等首次海上安装作业期间的风险管理应额外重视。关键行为的首次海上安装过程中，总包方、施工方、第三方及监理等作业单位人力和工机具处于磨合沟通阶段，潜在的风险因素往往难以全面分析和管控，处于风险高发阶段，项目管理方应引起足够的重视。

以下以海上风电单桩基础沉桩作业为例，进行 JSA 分析（见表 8－4）。

本 JSA 风险管理分析依据的海上风电场风机基础采用单桩基础、升压站为导管架形式，需要铺设风机间电缆和外输主缆。单桩基础、塔筒和风机、升压站的运输均使用自航驳船，单桩基础、升压站的安装均使用浮式起重平台作业。塔筒和风机的安装采用自升式起重平台。本案例单桩采用 1380t 全回转起重船吊大型液压冲击锤吊打，500t 起重船协助主起重船进行单桩翻身作业。2 艘自航驳船每次各负责一根单桩基础的运输。单桩定位及垂直度调整采用沉桩式限位导架。

表 8－4　单桩基础沉桩作业 JSA 分析

序号	作业步骤	故障模式	后果	措施/建议	负责人
1	单桩基础抵达前海上准备	N/A			
2	开始潮汐监测及接收气象预报	数据不全或不准确	潜在的作业事故	收集准确的气象环境信息	

续表

序号	作业步骤	故障模式	后果	措施/建议	负责人
3	海况调查	安装位置附件出现渔民或其他船舰干扰	影响作业时间	应急预案中包含国家海事局以及军队的联络方式	
4	确认海上系泊的气候窗口	业主、作业船只以及作业气象条件限制不同	各家作业不协调，影响海上作业进度	项目组适时协调海上各作业船只的就位时间	
5	各船就位计划确认	各船只就位计划存在偏差	船舶就位不准；影响作业进度	1. 作业船只就位计划文件版本应相同； 2. 现场就位会议确认	
6	安装配料确认	安装配料清单没有统一审核	驳船与起重船准备的附属部件不全，影响海上安装工期	1. 根据装船方案进行配件清单检查； 2. 各种参与作业的船只在出海前，将配料清单检查签字后，发送项目组备案； 3. 对于专用、专制工具与设施进行专人检查	
7	各种船只通用无线频段调整	各种船只通用无线频段不同	某些船只以及作业队伍需要使用通用频道进行通信，影响作业进度	给予各个承包商和作业队伍的项目说明中，明确各个阶段使用的无线通信频段以及通信工具要求	
8	起重船就位	N/A			
9	进场启动系泊作业	起重船与已安装风机、限位导架等碰撞	结构损坏；船舶损坏	1. 每天更新已安装风机、限位导架坐标； 2. 在海图上标识为障碍物； 3. 加强瞭望观察； 4. 能见度不良不进去风场	
10		起抛锚艇与起重船碰撞	结构损坏、人员伤害、影响作业计划	1. 起重船就位须严格遵守海上作业程序； 2. 起重船就位须安排专人指挥协调； 3. 有条件情况下，应设置碰撞缓冲装置	
11		抛锚定位失准	起重船系泊位置不准	1. 起重船就位的作业参数的标准化限制条件应经多方认可； 2. 抛锚位置坐标应准确； 3. 定位设备应校核	
12		锚缆断裂	起重船失控；人员伤害	1. 划定安全工作区域； 2. 锚缆预检查	
13		起重船系泊锚链与水下硬障碍物摩擦甚至割断	起重船失控；人员伤害	1. 系泊设计图纸、锚缆拖带分析、作业程序； 2. 在作业区域水下地质调查基础上，进行系泊留空定义分析； 3. 编制系泊程序保障起重船在锚缆地质接触与锚链线度两方面的安全性； 4. 编制的操作程序可以在现场进行预调查，考虑各方的核心问题，并满足最小留空要求	
14		不良气候条件下，走锚	起重船移位；定位不准；船舶碰撞	1. 通过系泊分析以明确起重船在该海域系泊作业的最低气象条件，或结合本区域类似施工的施工经验，提出相应的措施与建议； 2. 该海域恶劣天气应急响应计划； 3. 对锚以及系泊系统的设施能力进行检查，查看其检测报告以及维修记录、连接系缆的检查与审核	

续表

序号	作业步骤	故障模式	后果	措施/建议	负责人
15	主起重船左前锚锚缆放松，运桩船进入所示位置抛锚	主起重船左前锚锚缆与运桩船螺旋桨缠绕	船舶损坏	主起重船左前锚锚缆应放松至泥面	
16	运桩船通过带缆与主起重船固定	缆绳松脱、挤压、断裂伤人	人员伤害	1. 严格遵守系缆作业程序； 2. 对系缆缆绳进行确认	
17	主起重船收紧左前锚，微调船位	主起重船左前锚锚缆兜挂运桩驳船螺旋桨或船底	断缆 船舶损坏	合理确定锚缆布缆角度	
18		主起重船与运桩驳船碰撞	船舶损坏	合理确定船舶相互位置及距离	
19	辅助起重船与主起重船压载调整	压载系统故障	无法进行起吊作业	1. 出海前对应对压载系统进行调试，并配备有备用泵； 2. 现场安排维修工程师待命	
20	单桩基础固定拆除	人员坠落	人员伤害	1. 施工作业安全交底； 2. 采用有经验的施工作业人员； 3. 施工人员应穿戴救生衣，并培训防坠落安全装置	
21		固定拆除不彻底	起吊事故；单桩基础或船舶结构损坏	1. 严格按照拆除程序执行； 2. 起吊前对所有需拆除位置进行确认； 3. 进行试吊作业	
22	单桩基础外观检查	防腐油漆损坏	作业延误	装船时采用棉麻布等进行防护	
23	工艺法兰安装	操作失误	人员砸伤；挤压伤害；人员落水	1. 进行技术培训和技术交底； 2. 施工人员应穿戴救生衣； 3. 由有经验的作业人员执行； 4. 索具安装完成后，交叉进行检验	
24	单桩基础安装索具	索具多次重复使用出现破损	单桩基础坠落	每次作业前都应检查索具的使用状况，对有疑似损坏的索具坚决不予使用	
25		操作失误	人员砸伤；挤压伤害；人员落水	1. 进行技术培训和技术交底； 2. 施工人员应穿戴救生衣； 3. 由有经验的作业人员执行； 4. 索具安装完成后，交叉进行检验	
26	单桩基础起吊翻身	索具提前脱落	钢桩坠落	1. 缓慢起吊，确保索具始终处于吊耳内； 2. 钢桩起吊时应先进行试吊，缓慢提升至离地少量高度，悬停一定时间，进行索具状态确认，无误后继续起吊	
27		指挥或协调失误	由于指挥或协调失误使得单桩基础起吊翻身过程发生操作失误	1. 制定合理的施工程序，明确现场指挥协调方式和指令； 2. 选择具有丰富施工经验的海上作业施工人员	
28	单桩基础翻身后底部索具拆除	单桩基础与船舶碰撞	单桩基础损坏	1. 应缓慢移位单桩基础； 2. 增加碰撞缓冲装置	
29		人员落水	人员伤害	1. 施工人员应穿戴救生衣； 2. 采用有经验的作业人员； 3. 施工前进行作业安全技术交底	

续表

序号	作业步骤	故障模式	后果	措施/建议	负责人
30	辅助起重船移船进行单桩基础插桩	单桩基础底部碰撞限位导架	单桩基础损坏；限位导架损坏或倾斜	1. 起重作业指挥与起重机协调沟通应顺畅，指令清楚； 2. 限位导架上操作人员适当施加控制	
31		限位导架作业人员落水	人员伤害	1. 施工人员应穿戴救生衣； 2. 采用有经验的作业人员； 3. 施工前进行作业安全技术交底	
32	主起重船绞锚移船，吊装限位导架开口横梁	主起重船与辅助起重船碰撞	船舶或起重机损坏	起重作业指挥与两起重船协调沟通应顺畅，指令清楚	
33		人员落水	人员伤害	1. 施工人员应穿戴救生衣； 2. 采用有经验的作业人员； 3. 施工前进行作业安全技术交底	
34		桩顶 2 个吊点的位置处于导架的千斤顶滚轮处	无法打桩；工期延误	在施工人员确认桩顶吊点与导架滚轮无干涉后方可下放单桩基础	
35	单桩基础垂直度检测及调整	垂直度测量存在误差	单桩基础安装失败	垂直度测量仪器应提前进行校对	
36	辅助起重船下放单桩基础	指挥或协调失误	由于指挥或协调失误使得单桩基础插桩过程发生操作失误	1. 制定合理的施工程序，明确现场指挥协调方式和指令； 2. 选择具有丰富施工经验的海上作业施工人员	
37		在单桩基础尚未稳定时，提前解脱卸扣	单桩基础溜桩	制定合理的施工程序，确认单桩基础自重入泥稳定后，方可解脱卸扣销轴	
38	振动锤稳桩	振动锤夹桩偏斜	打桩歪曲；斜向打桩	安排专人观察夹桩情况，确认夹桩良好后，方可进行打桩作业	
39		单桩基础拒锤	无法打入到设计深度	1. 尽快明确拒锤原因； 2. 应提前制定钢桩拒锤应急处理方案及接受标准； 3. 考虑更换大型液压冲击锤	
40		振动锤故障	作业延迟	1. 使用前应对振动锤的状况进行确认； 2. 考虑增加备用锤	
41	更换大型液压冲击锤	振动锤撞击甲板	振动锤损坏	在振动锤下方铺垫木垫	
42		高空作业	人员坠落	1. 安装索具须严格遵守现场作业程序； 2. 高空作业应有必要的安全防护装置； 3. 配备有经验的人员及合适的设备进行索具作业	
43		司索人员操作不当安装索具时伤人	人员伤害	1. 严格遵守索具安装程序； 2. 安装索具时须听从现场指挥指令作业； 3. 作业人员须经过安全培训后方可上岗作业	
44		人员操作失误	索具挂钩错误引起进度推迟；结构损坏	1. 安排两个挂钩人员进行现场互检； 2. 在索具上标明相对应的吊耳位置	

续表

序号	作业步骤	故障模式	后果	措施/建议	负责人
45	液压冲击锤打桩	单桩基础歪斜	打桩失败	单桩基础每打入 1m 应进行单桩基础垂直度检测，发现轻微歪斜，马上进行矫正；桩入土一半后，可逐渐降低观测的频次	
46		单桩基础拒锤	无法打入到设计深度	1. 尽快明确拒锤原因； 2. 应提前制定钢桩拒锤应急处理方案及接受标准； 3. 考虑更换大型锤	
47		振动锤故障	作业延迟	1. 使用前应对振动锤的状况进行确认； 2. 考虑增加备用锤	
48	工艺法兰拆除	人员坠落 人员落水	人员伤害	1. 施工前进行安全技术交底； 2. 高空作业应有必要的安全防坠落装置，人员穿戴救生衣； 3. 配备有经验的人员及合适的设备进行拆除作业	
49	附属构建吊装	高空作业	人员坠落	1. 安装索具须严格遵守现场作业程序； 2. 高空作业应有必要的安全防护装置； 3. 配备有经验的人员及合适的设备进行索具作业	
50		司索人员操作不当安装索具时伤人	人员伤害	1. 严格遵守索具安装程序； 2. 安装索具时须听从现场指挥指令作业； 3. 作业人员须经过安全培训后方可上岗作业	
51		人员操作失误	索具挂钩错误引起进度推迟；结构损坏	1. 安排两个挂钩人员进行现场互检； 2. 在索具上标明相对应的吊耳位置	
52		人员坠落 人员落水	人员伤害	1. 施工前进行安全技术交底； 2. 高空作业应有必要的安全防坠落装置，人员穿戴救生衣； 3. 配备有经验的人员及合适的设备进行拆除作业	
53	起重船起锚至下一工作机位	非工作人员进入作业区	发生意外伤人	作业区域挂牌隔离，派专人看护	
54		作业人员离锚缆太近	发生意外伤人	指挥操作人员选择适当位置	
55		流速，流向、天气因素造成危害	设备损坏；人员伤害	根据现场的风向流向，应先起下风下流的工作锚，始终保持船舶相对位置	
56		绞车收放缆不及时	断缆伤人	绞车操作人员精力要集中，听口令收放缆，注意吨位及电流表变化情况，张力过大时及时放缆并报告指挥人员	

第四节 海上风电海事检验人的运用方法

一、海事检验人及海事保证检验（MWS）介绍

传统船级社的目的是制定船舶规范并对船舶进行必要的检验，以确保这些船舶的设计、建造能够满足船级社规范的要求。但是，随着海洋开发活动规模的不断发展，尤其是海洋油气开发活动的不断发展，海上项目涉及更加复杂的海上拖航、安装和连接作业

等海上操作要求，而这些操作要求并不在船级社的业务范围内，于是保险机构为了控制海上操作作业的风险，聘请了另一种海事检验机构，即海事检验人机构来执行海事保证检验（Marine Warranty Survey，MWS）的工作。

实际项目中，人们有时将海事检验人的作用与船级社的作用相混淆。这里需要明确的是，船级社在早期成立的主要目的是提供船舶及海洋设计标准，船级社根据工程原理和基于经验的经验公式制定了船舶设计规则。这些规则已经经过多年的实践应用，并定期进行修订，以适应工程开发的发展以及整合行业的经验教训。船舶入级的规定还要求船级社定期检查船舶，从而要求船东采取适当的维护计划。

与船级社不同的是，海事检验人主要为特定的海上作业提供服务，例如桩基、塔筒等的海上安装，目的是确保海上作业的安全，消除和/或降低人员伤害或结构、设备等损失的风险。这里需要注意的是，海事检验人执行的 MWS 工作不是入级或认证检查的替代方案，反之亦然。

海上保险中使用的“Marine Insurance Warranty”（海上保险保证）一词是根据 1906 年《英国海上保险法》制定的，根据 R.H.Brown 1989 的《海上保险条款词典》，定义如下：

海事保险保证是被保险人承诺的一项约定保证，即某些特定的事情应该或不应该做，或者某些条件应该履行，或者肯定或否定某一特定的事实状态的存在。被保险人必须严格遵守保证条款并落实到行动。如果被保险人未能遵守保证条款，保险人自被保险人违反保证条款之日起免除保单项下的所有责任，但不影响在此日期之前发生的保险损失。

在海上风电建设阶段，风电场业主、运营商或其承包商将投保施工一切险（CAR），在大多数情况下，这些保单的条款将包括“海上保证条款”（“Marine Warranty Clause”）。承保人将依据该条款要求为项目指定一独立的海事检验人来提供 MWS 服务，代表他们担任海上专家。被保险人的责任是通过现有协议配合海事检验人的工作。

虽然海事检验人是基于保险条款来提供 MWS 服务，但其本质是为了控制项目建设阶段的风险，因此海事检验人是海上风电建设阶段重要的风险管理参与者，对于降低海上作业的风险提供了巨大的促进作用。这对于我国目前快速发展的海上风电建设来说，是关键的学习风险控制的途径和实践参考。因此，一些国内的海上风电项目即使不去国际保险市场进行投保，仍然希望聘请海事检验人为其进行服务。

目前国外所有的海上风电建设项目，都有海事检验人参与服务。国内也已经有多个海上风电项目有海事检验人在提供服务。这其中占据引导地位的公司是 London Offshore Consultants（LOC），这家公司于 1979 年成立于伦敦，是目前业界最大的海上油气和海上风电海事保证检验（MWS）的公司。

二、海事检验人服务内容

在海上风电建设阶段，海事检验人的工作内容主要包括：

（1）审查天气标准以及适用于所有相关海上作业（包括航行）、装船和安装的天气方案。

（2）审查所有装船固定和安装的设计标准，装船和安装的项目专用装备设计标准。

（3）审查恶劣天气、海缆损坏及安装未完成状态下的应急程序。

（4）审查用于为特定开发区域设计升压站、生活平台、基座、风机、外输电缆和内部电缆列阵等工作的设计指导、标准及规范。

（5）评估安装的设置及布置（所选船舶和装备的规格书以及船舶甲板布置方式等）。

（6）评估用于吊装装船和运输的所有在离开建造场地前的组件的大部件重量控制报告。

（7）审查所有海上作业中适用于系泊和系柱拖拉的计算。

（8）核算对于自升式平台的提升，要求提交预装载计算、土壤冲剪力计算和稳性计算书。

（9）审查用于升压站、风机基础、钢桩、塔筒、风机、叶片、主机、外输电缆、矩阵电缆的装船和安装作业的固定、吊装及专用工装设计（计算和图纸等）。

（10）审核与升压站、风机基础、钢桩、塔筒、风机、叶片、主机、外输电缆、矩阵电缆安装所有相关海上作业和装船、运输及安装有关的作业的方法陈述及程序，包含应急计划。

（11）升压站、风机基础、钢桩、塔筒、风机、叶片、主机等大部件运输安装期间组件的稳定性及结构完整性评估。

（12）在安装现场升压站、风机基础、塔筒处于未完工状态下的组件的稳定性及结构完整性。

（13）用于升压站、风机基础、钢桩、塔筒、风机、叶片、主机、外输电缆、矩阵电缆的装船、运输和安装的所有船舶的状况检验，包括船员及船舶管理。

（14）与升压站装船、风机基础、钢桩、塔筒、风机、叶片、主机、外输电缆、矩阵电缆的装船、运输和安装（包括打桩）有关的所有相关海上作业施工过程的见证。

（15）风机基础、塔筒、风机和叶片的调平方法及程序以及误差要求。

（16）外输电缆、矩阵电缆（包括风机间电缆、风机与变压器间电缆等）的铺设设计（计算和图纸等）。

（17）对外输电缆铺、矩阵电缆设过程中的挖沟和埋设程序进行审查，评估电缆埋后状态、核实埋设深度、确认整个电缆铺设过程中均能够满足最小弯曲半径要求。

（18）审核在紧急情况或坏天下的电缆（含外输电缆、矩阵电缆）下放至海床应急程序。

（19）参加项目开工会（项目正式启动实施前）、海事检验人认为应该参加的关键现场会议，查看监理月报。

三、海事检验人工作执行流程

海事检验人的工作执行流程包括办公室文件审核和现场见证两部分，如图 8－2 所示。

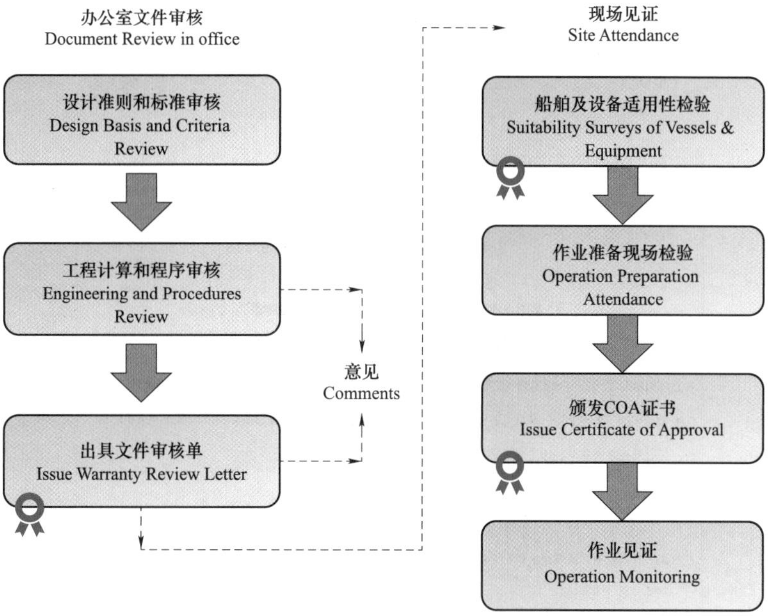

图 8-2　海事检验人工作执行流程图

1. 办公室文件审核

办公室文件审核包括设计准则和标准审核，以及工程计算和程序审核。文件审核后将出具文件审核单，提交业主单位和总承包单位，由总承包单位进行响应和落实。同时抄送监理单位和保险公司，供其参考。

2. 现场见证

现场见证工作主要包括船舶及设备适用性检验、作业准备现场检验、颁发 COA（Certificate of Approval）证书及作业见证 4 项具体工作。其中，船舶及设备适用性检验后将出具适用性检验报告；并在作业准备现场检验后，现场出具 COA 证书；并根据海事检验人单位作业见证计划进行现场见证工作。船舶及设备适用性检验报告将提交业主单位和总承包单位，由总承包单位进行响应和落实。同时抄送监理单位和保险公司，供其参考。COA 证书将提交给业主单位和保险公司。

海事检验人颁发的 COA 证书样本如图 8-3 所示。

四、海事检验人审核资料需求清单

1. 结构物装船文件需求

结构物指单桩基础、导管架基础、塔筒、风机、扇叶、升压站基础及上部组块、大型设备。

（1）结构物及固定支架：结构物吊装结构分析报告或厂家关于结构物吊装时的操作要求（证明结构物在吊装时的自身结构强度符合要求）；结构物称重报告（如有）（包括称重作业的结果、荷重计校准证书）。

（2）吊装方案：结构物吊装装船施工方案及相关图纸（包括设计标准、起吊作业布置、码头许用承载力、天气限制条件及水位和潮位的要求、船舶系泊计算、吊装计算、

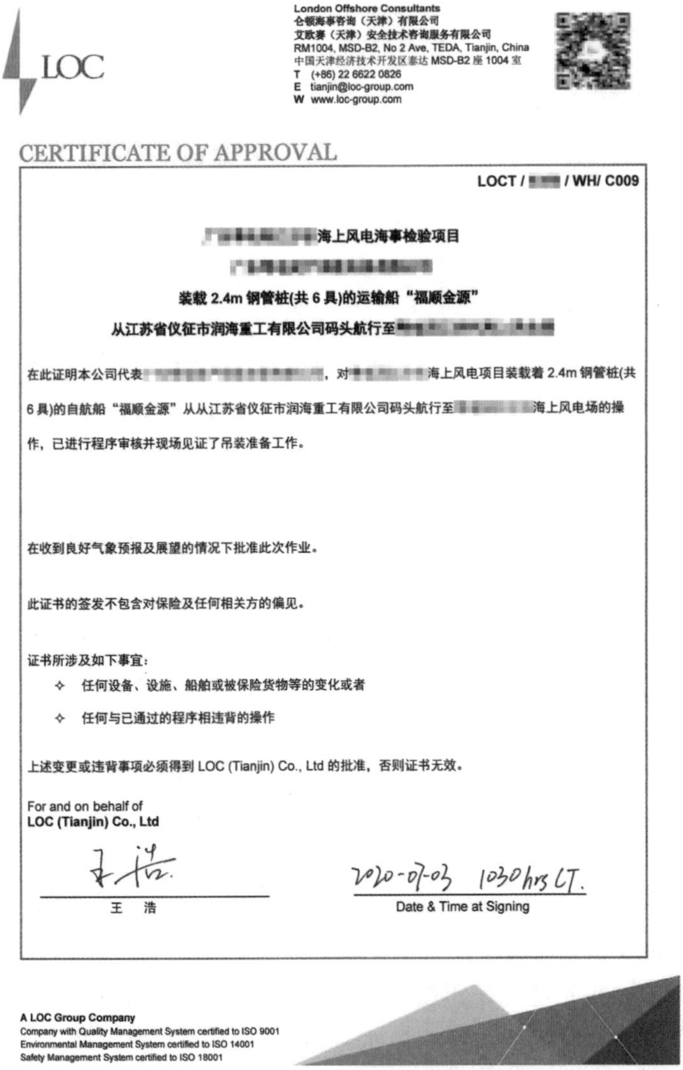
London Offshore Consultants
仑顿海事咨询（天津）有限公司
艾欧赛（天津）安全技术咨询服务有限公司
RM1004, MSD-B2, No 2 Ave, TEDA, Tianjin, China
中国天津经济技术开发区泰达 MSD-B2 座 1004 室
T (+86) 22 6622 0826
E tianjin@loc-group.com
W www.loc-group.com

CERTIFICATE OF APPROVAL

LOCT / [redacted] / WH/ C009

[redacted]海上风电海事检验项目

[redacted]

装载 2.4m 钢管桩(共 6 具)的运输船“福顺金源”

从江苏省仪征市润海重工有限公司码头航行至[redacted]

在此证明本公司代表[redacted]，对[redacted]海上风电项目装载着 2.4m 钢管桩(共 6 具)的自航船“福顺金源”从从江苏省仪征市润海重工有限公司码头航行至[redacted]海上风电场的操作，已进行程序审核并现场见证了吊装准备工作。

在收到良好气象预报及展望的情况下批准此次作业。

此证书的签发不包含对保险及任何相关方的偏见。

证书所涉及如下事宜：

- 任何设备、设施、船舶或被保险货物等的变化或者
- 任何与已通过的程序相违背的操作

上述变更或违背事项必须得到 LOC (Tianjin) Co., Ltd 的批准，否则证书无效。

For and on behalf of
LOC (Tianjin) Co., Ltd

王 浩　　　　2020-07-03 1030hrs LT.
Date & Time at Signing

A LOC Group Company
Company with Quality Management System certified to ISO 9001
Environmental Management System certified to ISO 14001
Safety Management System certified to ISO 18001

图 8-3 海事检验人颁发的 COA 证书样本

驳船承载力计算、索具校核等）；吊装连接位置无损检测报告。

（3）驳船：甲板承载力校核报告；总纵强度计算报告；装船稳性计算报告；船级详细信息。

（4）起重机：起重机说明书包括荷载半径曲线；吊索、卸扣和其他设备证书。

（5）支援船：支援船的系柱拉力和拖曳设备的详细信息（如采用支援船）。

（6）施工管理：管理组织机构；关键人员位置；气象预报安排；通信及照明方案（夜间）。

（7）应急预案：压载系统故障应急方案；系泊系统故障应急方案；恶劣天气应急方案；吊装事故应急方案。

2. 结构物海上运输文件需求

（1）结构物及固定支架：结构物及固定支架在驳船上的运动响应及结构校核计算报

告；运输绑扎设计及计算报告。

（2）运输方案：运输方案报告（含航行计划、路径、拖航方案（非自航驳船）、锚地信息、天气级海况限制条件等）；系柱拖力计算及拖航阻力计算报告（非自航驳船）。

（3）驳船：完整稳性及破舱稳性计算报告；拖航布置（非自航驳船）。

（4）拖轮（非自航驳船）：拖轮船级详细信息；拖缆、三角板、龙须链等索具证书。

（5）施工管理：管理组织机构；关键人员位置；气象预报安排；通信及照明方案（夜间）。

（6）应急预案：拖轮故障应急方案；拖缆断缆应急方案；恶劣天气应急方案。

3. 结构物海上安装文件需求

（1）安装方案：结构物海上安装施工方案，包括设计标准、天气限制条件、定位方案、现场布置图、船舶进离场、海上吊装及翻身方案、辅助平台安装方案、插桩及打桩方案、负压施工方案（针对桶型导管架基础）、结构物调平方案、灌浆方案等；海上系泊计算报告；桩的可打入性计算报告；桩自由站立分析报告。

（2）浮吊（如采用）：浮吊作业限制海况条件；起重机说明书包括荷载半径曲线；吊索、卸扣和其他设备证书；调载计算报告；坐底计算（如果浮吊坐底）。

（3）自升式起重平台（如采用）：自升式起重平台作业限制海况条件；起重机说明书包括荷载半径曲线；吊索、卸扣和其他设备证书；DP 系统详细情况（如果采用 DP 定位）；自升式平台预压载升船计算（如果使用自升式起重平台）。

（4）打桩锤：打桩锤证书及性能描述。

（5）施工管理：管理组织机构；关键人员位置；气象预报安排；通信及照明方案（夜间）。

（6）应急预案：浮吊压载系统故障应急方案（如果使用浮吊）；打桩锤故障应急方案；系泊系统故障应急方案；恶劣天气应急方案；吊装事故应急方案；自升式起重平台失稳应急方案（如使用自升式起重平台）。

（7）支援船：支援船的系柱拉力和拖曳设备的详细信息（如采用支援船）。

4. 海缆铺设文件需求

（1）铺设方案：海缆海上铺设施工方案（设计标准、天气限制条件、定位方案、现场布置图、船舶进离场、海缆登桩基及登升压站方案、海缆登岸铺设方案，海缆水平段铺设方案等）；海底电缆过驳方案；铺缆设计计算报告；终止铺设及弃缆程序；铺设船锚泊布置及计算；埋深控制方案。

（2）铺缆船：铺缆船作业限制海况条件；铺缆船承揽盘、张紧器、绞锚行船系统及控制系统性能描述；挖沟机性能描述；DP 系统详细情况（如果采用 DP 定位）。

（3）施工管理：管理组织机构；关键人员位置；气象预报安排；通信及照明方案（夜间）。

（4）应急预案：铺缆系统故障应急方案（如果使用浮吊）；DP 系统故障应急方案（如果采用 DP 定位）；恶劣天气应急方案；海缆事故应急方案。

（5）支援船：支援船的系柱拉力和拖曳设备的详细信息（如采用支援船）。

五、现场作业见证计划

需要特别指出的是，如果工程涉及不同标段的施工，则在每一标段均需执行独立的现场作业见证计划。另外，如果同一标段内施工工艺发生大的变化，则被视为第一次作业来执行作业准备现场检验及 COA 证书签发。

（1）出席风机基础的第一次装船固定、开航，颁发 COA 证书，并出席后续 10%的同类型同施工工艺作业的作业见证。

（2）出席自升式起重平台的第一次就位和作业，颁发 COA 证书，并出席后续 10%的同类型同施工工艺作业的作业见证。

（3）出席第一套风机海上安装作业，颁发 COA 证书，并出席后续 10%的同类型同施工工艺作业的作业见证。

（4）出席第一条海底电缆的铺设安装，颁发 COA 证书，并出席后续 10%的同类型同施工工艺作业的作业见证。

（5）出席海上升压站的安装，颁发 COA 证书，并执行作业见证。

六、可供参考的海上风电施工作业标准指南

（1）LOC, CORP-EGY-Guidelines-001-Guidelines for Marine Ops-Loadout.

（2）LOC, CORP-EGY-Guidelines-002-Guidelines for Marine Ops-Barge Transportation.

（3）LOC, CORP-EGY-Guidelines-003-Guidelines for Marine Ops-Marine Lifting.

（4）LOC, CORP-EGY-Guidelines-004-Guidelines for Marine Ops-Installation of Steel Jackets.

（5）LOC, CORP-EGY-Guidelines-005-Guidelines for Marine Ops-Gravity Base Structures.

（6）LOC, CORP-EGY-Guidelines-006-Guidelines for Marine Ops-Liftoff, Transportation, Mating.

（7）DNVGL-ST-N001 Marine Operations and Marine Warranty.

（8）ISO 29400 Ships and Marine Technology—Offshore Wind Energy—Port and Marine Operations.

（9）International Guideline on the Risk Management of Offshore Wind Farms, Offshore code of Practice, German Insurance Association.

第九章

海上风电运行及维护阶段的风险管理

第一节　海上风电运行及维护阶段的风险识别

海上风电运行及维护阶段的风险识别，就是识别出海上风电运行及维护阶段所面临风险的类别、形成原因及其影响。

海上风电运行及维护阶段的风险可以分为自然灾害风险、意外事故风险、设备风险、质量风险、管理风险和其他风险六大类。

一、自然灾害风险

与陆地风电项目相似，海上风电项目在运行及维护阶段容易受到自然灾害的影响。海洋天气的多变性使得海上风电所面临的灾害风险加剧。尽管风电设备在设计上都考虑到防雷击、抗地震、抗极端风速性能等，同时对海上强力海浪、海啸等影响也都考虑在内，但是对于自然灾害的抵御能力也仅仅是适当加强。雷电、台风、暴雨等气象灾害以及海洋灾害、地质灾害等都有可能给海上风电场带来毁灭性的破坏。

（一）气象灾害

1. 雷击风险

雷击主要分为直击雷和感应雷。直击雷为雷电直接击中在物体上放电，经常发生在风电机组的叶片、轮毂罩、机舱、测风塔、塔筒测风塔和风场内的监控室，对风机设备造成直接损坏。感应雷是雷电产生的感应电磁场进入电控系统、电力线、信号回路、控制回路等，通过感应磁场间接对风机设备造成损坏。由于现代大型海上风力发电机的塔架大多超过 80m 以上，随着机组单机容量逐渐增大，未来机组塔架高度应该超高 100m。因此，风电机组极易遭受雷击风险。

2. 暴风、飓风或台风风险

风力发电机主要依靠自然风进行发电，但只能在特定的风速段下才能正常工作，常见的风速范围是 3～25m/s。当风速超过设计允许的风速时，风力发电机组必须启动保护功能，停止发电。如果风速超过风力发电机组的切出风速，甚至超过风力发电机组的极端风速，在这种条件下，极易造成风力发电机叶片折断、变压器损坏甚至塔筒倒塌等事故。

（二）海洋灾害

海上风电场运行期间可能发生的海啸、风暴潮等灾害，会导致项目面临毁灭，同时强力海浪也可能缩短风电场的使用寿命。海雾灾害、海岸侵蚀、海洋污染均可能导致风机无法正常工作，加大海上风电场运行的风险。由于近年来不断恶化的自然环境导致灾害性气候频发，各类气象灾害和海洋性气候灾害可能同时发生，导致海上风电场无法正常运行。

在寒潮或风暴潮期间，由于大风产生的巨大涌浪会对靠近海平面的承台附属设施以及风机基础造成破坏。例如基础承台上的钢结构、靠泊设施、防撞设施、风机基础等都有可能会被冲毁。

（三）地质灾害

海洋地质灾害包括地震地质灾害和海床稳定性灾害两大类，其中地震地质灾害主要有地震、地震海啸和活动断层等，海床稳定性灾害主要有海底沙波、海底滑坡、海岸侵蚀等。如果海上风电项目所在区域发生超过设计等级的地震灾害，将对整个项目造成严重的损失，如风机基础发生位移、风机塔筒变形，甚至发生倒塌倾覆造成风机机组甚至整个风电项目发生全损。同时，地震引起的次生灾害海啸也可能再次对海上风电项目造成二次伤害。

二、意外事故风险

海上风电项目运行过程中难免有意外事故的发生，包括可能发生的火灾、爆炸事故，以及在开阔海域下可能发生的意外碰撞事故。

（一）火灾、爆炸

与陆上风电场相似，海上风电场中火灾事故原因可能有电气故障、机械故障或者雷击，可能在风机设备出现过保护现象、电气短路或者是运行中绝缘损坏导致电缆起火。海上风机因受自身限制条件的影响，风机轮毂、叶片等主要部件多使用玻璃纤维材质，该材料属于易燃物范畴，且在风机设备中存在着大量的润滑油，由于风力发电机在发电作业生产中会产生较大电流，如果设备缺陷或长期过载等因素，电气线路出现短路，造成的电压瞬时增大，功率超出工作温度导致电机产生高温高热时，就容易发生火灾事故。

此外，国内风电场运行经验欠缺，可能在维护过程中出现失误导致事故，例如维护人员将焊接的焊渣掉入塔基平台的抹布筒中，抹布上残留油渍而着火，进而引燃塔内电缆乃至机舱中的设备，就可能发生火灾甚至爆炸事故。同时，与陆上风电场的区别之处在于海上的特殊环境中，风电场火灾事故只可能出现在单独的风机中，对整个风电场的风险水平影响相对较小。

（二）意外碰撞

海上风电场的主要建筑物有风塔基础和变电站的平台。目前我国海上风电项目多数位于航道附近，项目周边大多存在养殖行业，船只活动密集，存在较大的船只意外碰撞风险。

三、设备风险

海上风电场运行阶段产生的众多问题中，最为突出的就是设备故障问题，常见的有发电机、齿轮箱、叶片控制系统等。有统计显示，海上风力发电的故障发生主要源头在齿轮箱，其次是发电机。

由于目前运用于海上风电场的机组设计仅仅根据海上环境对岸上机组进行改造，没有基于最适合海上环境的风电机组型式，导致海上风电场机组故障率加大。据相关数据统计，风电机组主要故障分布中齿轮箱故障约占 50%，发电机故障约占 25%，叶片故障约占 15%，其他故障约占 10%。齿轮箱故障中，高速轴齿轮段故障占 40%，行星齿轮段故障占 50%，其他故障占 10%。

（一）发电机受损

发电机是风电机组的核心部件，负责将旋转的机械能转化为电能，并为电气系统供电。发电机长期运行于变化状况和电磁环境中，常见的发电机受损事故有发电机过热、轴承抱死、转子/定子绕组短路、转子断条以及绝缘损坏等。发电机故障中常发生的是滚动轴承故障，轴承常见故障见表 9–1。

表 9–1　　轴承常见故障

种类	损坏	故障原因	后果
超负荷	变形	超负荷的磨损	塑性的表面破碎
	破裂		损坏滚轴
磨损	磨损	不良润滑剂	加大轴承间隙
	疲劳	运行负荷过高，超过设计负荷	破裂进而产生破碎
超温	热应力损坏	超温运行	轴承部件损坏
	超高温损坏	超速、因润滑不足导致结构改变	
导电	表面破损	因雷电而发生轴承传递高压电流	高度磨损，表面黏附
腐蚀	表面腐蚀	含水润滑剂或受污染，如海水	加大磨损，润滑剂污染

（二）齿轮箱受损

齿轮箱是风电机组的重要机械部件，其主要功能是将风轮在风力作用下所产生的动力传递给发电机并使其得到相应的转速，它的正常运行关系到整机的工作性能。由于齿轮箱受到风场气流不稳定、气温差异较大以及齿轮箱在制造时机械加工精度不够和装配质量较差的原因，容易发生事故，如齿轮断齿、轴承抱死、断轴等，齿轮常见故障见表 9–2。

表 9–2　　齿轮常见故障

种类	损坏	故障原因	后果
齿轮牙表面破裂、裂缝	表面脱离、破裂、腐蚀、磨损	不合格齿轮，超负荷的震动	表面脱落，破裂及齿牙断裂
	齿牙断裂，齿面破裂	超扭矩负荷，齿轮箱内的碎片阻塞	

（三）叶片受损

风力发电机组通过叶片将空气的动能转化为机械能，再由发电机将机械能转化为电能，叶片是风力发电机组中受力最复杂的部件。海上风电机组的叶片裸露在复杂的海洋环境中，所处环境比较恶劣，主要损坏来源于近海风力产生的气动荷载、潮汐和涌浪通过基础与塔架给叶片造成振动疲劳荷载，还有海洋中高湿热、盐雾和阵风的影响。海上风机尺寸较大，导致风机遭受雷击的风险加大，且叶片较长，刚性较差，旋转过程中在自身不规则的振动或强风冲击下，容易发生叶片断裂、偏移、弯曲以及疲劳失效等事故。此外，风机叶片长期处在旋转状态下，容易导致变形以及旋转轴磨损严重，以及叶片与塔架连接处的损坏；叶片表面积灰、油漆破损或者结冰导致表面粗糙，会使得叶片不平衡旋转，进而增加风机故障率。

（四）偏航系统受损

偏航系统是风力发电机组的重要控制系统，主要作用在于控制风轮始终处于迎风状态，充分利用风能，提高风力发电机组的发电效率。由于偏航系统受到风场气流不稳定、设备制造缺陷等因素的影响，容易发生偏航轴承损坏、偏航齿圈断齿等事故。

（五）变桨系统受损

变桨系统也是风力发电机组的重要控制系统，主要作用在于当风速过高或过低时，通过调整桨叶节距，改变气流对叶片的攻角，从而改变风力发电机组获得的空气动力转矩，使功率输出保持稳定。由于变桨系统受到风场气流不稳定、设备制造缺陷等因素的影响，容易出现变桨齿圈断齿、偏航卡钳脱落等事故。

四、质量风险

（一）施工工艺不良造成的风险

海上风电建设期参建单位较多，工艺复杂，监管困难，某些施工工艺会在后期某个时间点或者在某种诱因下集中爆发。例如，电缆头的制作工艺、质量不过关，后期可能会造成缆头过热、放电，导致爆炸、起火；承台基础及塔筒连接件焊接标准或工艺有问题，可能会导致钢结构在盐雾腐蚀和大风大浪的影响下出现疲劳断裂的现象。2015 年 11 月，PaludansFlak 海上风电场，Siemens 公司 2.3MW 机组的机舱与风轮坠海，经评估可能是由于 2002 年的行业焊接标准存在问题所导致。

（二）风电机组故障造成的风险

主控系统故障或者零部件缺陷可能会导致海上风机发生故障，造成事故。例如，台风来袭时，主控系统或者变桨系统故障使风机不能顺桨，导致叶片折损甚至倒塔。

五、管理风险

目前我国缺乏海上风电长期运行维护管理方面的经验，投入商业运行的海上风电场的运维模式主要包括仍由整机厂家出质保后负责维护、由风电场专门运维人员负责和由市场第三方专业公司来负责维护等。无论以何种运行维护模式进行管理，人力资源管理及组织机构的风险都是需要考虑的。

（一）人力资源风险

海上风电场运行维护管理中，个人心理和生理的复杂性以及维护公司内外环境的多变性均可导致人力资源风险，造成维护工作任务难以达标。一般情况难以估计风险发生的概率以及损失，通常主要运用主观判断法，并结合定量分析方式，对海上风电场运行维护人员技术水平、不同模式下的人员风险以及管理者风险等进行评价。

（二）组织机构风险

不同运行维护模式下，所面临的组织机构也不同，需要从多方面考虑风险。运行维护中，设备故障风险是重点，要组织人员进行检修。需要从人员选取和分组方式、组织轮班系统和维护船只数目和质量方面进行组织安排。

在大规模的海上作业中，适合选取工作组工作的模式。同时，检修势必造成机组停产，进而增加收入风险。所以，在安排工作组人数和工作制度的同时，也要合理组织检修时间和检修方案，以全面提高工作组效率，提高设备运行可靠性。

六、其他风险

（一）人为误判风险

海上风电受制于天气等因素，未必能随时随地地登机维修，往往通过远程控制中心进行诊断，如果工程师发生误判导致风电机组远程复位后带病运行，很可能会使本该规避的风险扩大化。

（二）第三方导致的风险

海上风电场地处滩涂或者近海，离传统航道、捕鱼作业区都不远，过往船只若在风电场附近海域抛锚，很有可能会出现海底电缆被锚钩断的情况。

第二节　海上风电运行及维护阶段的风险衡量

海上风电运行及维护阶段的风险衡量，是在识别海上风电运行及维护阶段风险的基础上对风险进行定量分析和描述。一般而言，风险衡量在对过去海上风电运行及维护阶段相关风险案件损失资料分析的基础上，运用概率和数理统计的方法对风险事故的发生概率和风险事故发生后可能造成的损失的严重程度进行定量的分析和预测。其目的是使海上风电运行及维护阶段的风险管理者在一定程度上消除损失的不确定性，了解风险所带来的损失后果，从而选择不同的风险管理方法应对海上风电运行及维护阶段的种种风险。

本节第一部分介绍海上风电项目运行及维护阶段风险评价的支持向量机模型；第二部分结合相关国际经验和行业规范，详细介绍在海上风电运行及维护阶段的船舶碰撞的相关风险衡量。

一、海上风电运行及维护阶段风险评价模型

国内外专家对海上风电项目风险的研究方向多侧重于开发前期、施工期风险评价以及运行期设备维护成本风险，对海上风电项目运行期风险的综合评价较少。常用的风险评价方法有很多种，从相对精度来讲，目前较好的方法是人工神经网络法。但是，神经网络所需的样本量大，并且较易陷入局部极小值，其评价效果在实际应用中不够理想。由于支持向量机能够解决小样本、非线性、高维模式的问题，适用于评价数量较少的海上风电项目。

（一）基于支持向量机回归的风险评价模型

1. 支持向量机的算法原理

支持向量机（Support Vector Machine，SVM）是一种基于结构风险最小化原理，以构造最优超平面为目标的统计学习机器。SVM 对独立测试样本的误差较小，是一种具有较高泛化能力的回归方法。支持向量机回归（Support Vector Regression，SVR）的基本思想就是在样本空间中，利用非线性映射，把向量映射到一个高维特征空间中，并在此高维空间中进行线性回归，进而把低维特征空间的非线性回归问题转变成高维特征空间的线性回归问题。

2. 基于支持向量机回归的风险评价流程

海上风电项目运行期风险评价模型是建立在支持向量机回归理论的基础上，基本思路是：利用项目运行期风险指标的评分集作为支持向量机的输入向量，风险评价目标的评价结果作为支持向量机的输出向量。通过 ε－不敏感带损失函数对支持向量机进行训练，经过适应性的学习，找到支持向量，建立训练模型，得出相应的权值和系数。满足训练要求的模型，就成为海上风电项目运行期风险分析的有效工具，将待评价样本的指标特征值输入到支持向量机，得到评价结果的回归，即完成项目风险的评价。

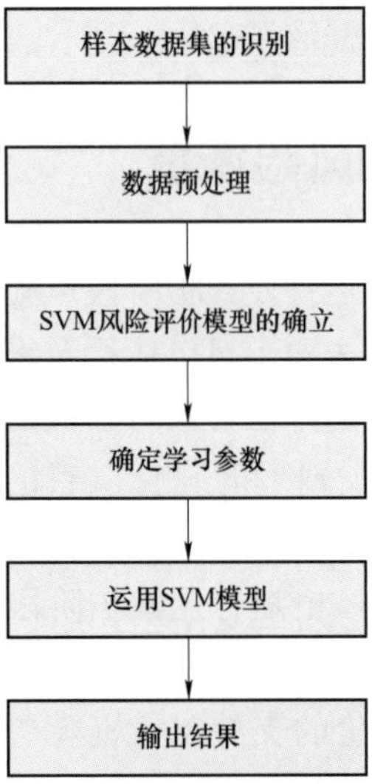

图 9－1　基于支持向量机的工程项目风险评价计算流程

支持向量机的样本集数据一般来源于正在运行期项目评估报告及项目后评价报告等信息。对于收集数据不在维数或同一数量级上的样本，要进行预处理，否则会降低支持向量机的学习性能，进而影响评价结果。因此，支持向量机回归模型训练前，先要归一化处理样本数据集，即将数据归一到[0，1]区间，从而提高数据的可比性。基于支持向量机的工程项目风险评价的一般流程如图 9－1 所示。

（二）基于支持向量机回归的风险指标体系

1. 海上风电项目运行期风险特征分析

利用支持向量机进行项目风险评价，首先要确定影响项目风险的因素，确定评价指标。海上风电项目历经投资规划阶段、可行性研究阶段、施工阶段、运行阶段，通常从投资规划到试运行的时间在 1～2 年以内，而运行期一般在 30 年以上，因此，很多风险因素广泛存在于项目的运行期。海上风电项目运行风险的影响因素种类众多，除要考虑一般工程项目运行所具有的风险外，也要考察海上风电项目的特殊性。

（1）自然风险高。相对于一般的建设工程，海上风电项目施工期短，施工承包商承担的风险相对小，因此，项目的运行期间存在大量风险因素，其中气象、海洋、地震等自然因素方面的灾害影响较为突出。例如能够对海上风电场具有毁灭性破坏的有台风、暴雨、雷电等恶劣气象以及潮汐、海啸等海洋灾害；又比如缩短项目使用寿命的强力海浪；所在海域发生的毁灭性地震对风电场的影响。海上风电项目运行期遭遇以上自然灾害，必定损失惨重，甚至整个项目报废，带给当地政府和项目投资人的将会是惨重的代价。

（2）风险因素间的相关性较大。海上风电机组运行状态与海上恶劣的气候条件息息相关，发电机、叶片故障率较高。海上风电场的运行维护管理同样受到天气影响，同时，维护检修人员的基本素质和专业水平也制约了机组的检修维护速度。只有专业素质高的运行维护团队，实行有效的组织机构制度，才能有效提高解决故障的能力，协调人为影响的环节，进而减少意外事故的发生。可见，海上风电项目风险因素间的关系关联性较大，常规的风险评价方法已经无法满足风险评价的要求。

（3）国家电价政策风险影响大。与陆地风电相比，国内海上风电目前仍存在投入成本过高、运营维护难度大、上网电价政策不明的一系列问题。海上风电场建设成本的一小部分是风电场机组成本，其他配套设施的投入也很大，比如风电场基座、电缆等，此外，风电场运行期风机维护管理费用也占很大比重。据统计，海上风电项目的成本投入至少高出陆地风电投入的一倍，在成本居高不下的情况下，海上风电的上网电价水平成为制约其发展的重要因素。对比陆地风电项目，海上风电若要规模化启动，需要及早出台固定上网电价政策，因此，国家电价政策对海上风电项目的影响极大。

2. 风险评价指标体系的确定

在构建海上风电项目运行期风险指标体系的过程中，首先要进行指标初选，然后进一步精选指标，从项目本身角度考察指标体系，为后续风险评价以及项目管理决策提供良好的基础。按照指标构建的目的性和全面性原则、科学性和可行性原则、定性分析与定量研究相结合原则，同时满足一致性原则、非相容性原则、安全性原则等，构建海上风电项目运行期风险评价指标体系，如图 9－2 所示。

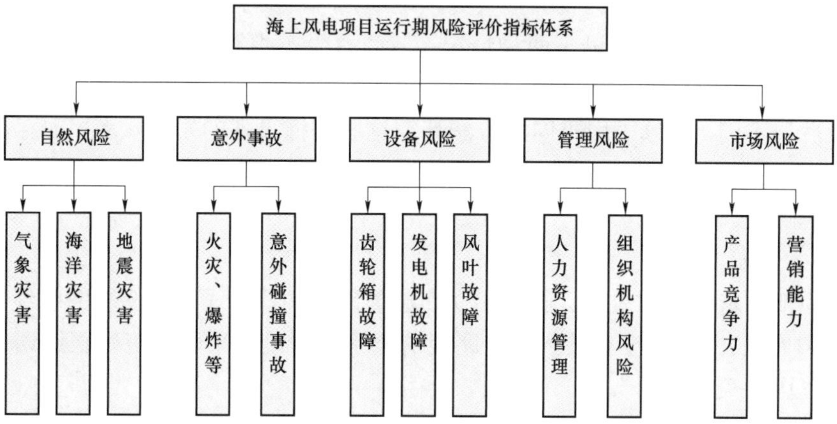

图 9－2　海上风电项目运行期风险评价指标体系

考虑海上风电项目运行期间的风险特征，海上风电项目运行期评价指标体系包括自然风险、意外风险、设备风险、管理风险、市场风险。与陆地风电项目相比，考虑海上风电项目所处地理位置环境，海上风电项目所面临的自然风险主要包括气象灾害、海洋灾害、地震灾害。海上风电项目运行过程中意外事故包括电缆等可能发生的火灾、爆炸事故，以及在开阔海域下可能发生的意外碰撞事故。海上风电机组的设备风险主要包括齿轮箱故障、发电机故障和叶片故障。目前海上风电项目运行期维护工作主要采用远程监控并组织人员现场维修，人员管理风险主要包括人力资源管理和组织机构的风险。又因为海上风电项目成本较高，凸显出其市场风险，主要包括产品竞争力和营销能力风险。

二、海上风电场船舶碰撞风险衡量

（一）国际概况

欧洲、美国及加拿大等国家和地区计划建设大量的海上风电场，考虑到航运业的安全，有必要研究这些风电场的影响，以评估对人、船舶交通及环境的相关风险。德国劳氏船级社（Germanischer Lloyd，GL）在 2002 年发布了海上风电场风险分析的指南。

在海上风电场的审批过程中，应当提交详细的风险分析，以便使负责的管理机构在充分理解标准的基础上进行风险最小化估量，风险分析可为保险公司和风电场的运营者提供必要的安全信息。

在审批期间，负责的管理机构规定了碰撞频率和风险的许可值。在计算出的碰撞频率和有害物质的数量的基础上，才可能进行评估。通过比较许可值和计算值，可做出有关核准的决定。这不仅对降低风险的措施的功效进行了论证，同时对计划风电场的验收产生直接影响。

（二）风险分析

1. 风险衡量方法

因技术系统产生的风险，通常定义为不良事故的发生频率与该事故引起的预期后果的乘积。衡量风险需要关注的是不良事故的发生频率与该事故导致的结果。

（1）碰撞频率。

考虑船舶与海上固定结构物碰撞（如风电场）时，由于发生的原因、过程以及产生的结果均不一样，必须区分以下两种情况：与动力船舶相撞；与失控船舶（可称为“漂移物”）相撞。

由于性质不同，必须采用不同的方法计算这些碰撞事件的发生频率，现存计算模型有 COLLRISKL、COLWT 和 SAMSONL。所有的模型都需要使用船舶通航数据，且保证其数据源可查。

1）动力船舶。

动力船舶碰撞概率取决于：船舶出现在碰撞路线的概率（基于船舶的航线模式、结构物尺寸和方位）；船舶没有驶离碰撞路线的概率，即没有采取措施修正错误航线，亦即所谓的“因果关系概率”。

船舶出现在碰撞路线的概率为船舶交通分布函数下的面积，其限制宽度为相应风力机或变电站）投影加上投影两侧各半个船宽，其中投影与理想航线平行，如图 9-3 所示。

2）漂移船舶。

如果船舶丧失了推进和转向能力，称这种船舶为“失控”或“漂移”。船舶的操纵者无法控制船舶的运动，船舶有一定几率漂移至风电场并与之碰撞。影响因素包括：推进系统的故障概率；碰撞前维修的时间（故障的识别和修复）；紧急抛锚；救助拖船恢复；船舶的漂移运动，取决于当时的风浪流以及船的尺寸和类型。

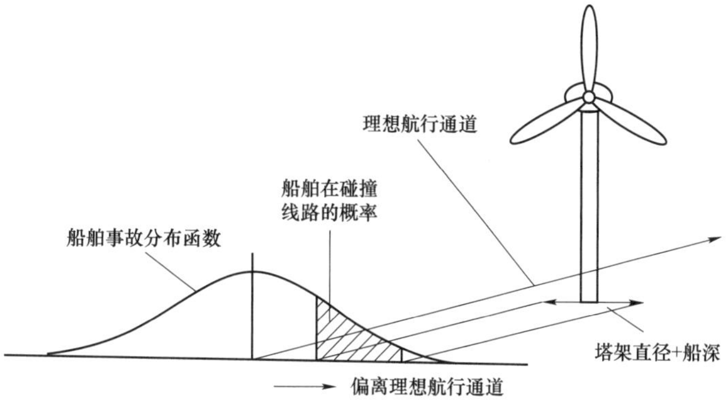

图 9–3 船舶出现在碰撞路线的概率计算的参数

（2）碰撞后果。

1）碰撞后果概述。

船舶与海上风电场碰撞产生的后果如图 9–4 所示，潜在的严重后果为：① 高压电站的破坏，这样可能导致风电场长期空转，造成大量的潜在电力损失；② 施工或者维修过程中的碰撞可能导致工人的伤亡（职业安全问题）；③ 碰撞导致的油气或其他有毒化学品的泄漏。

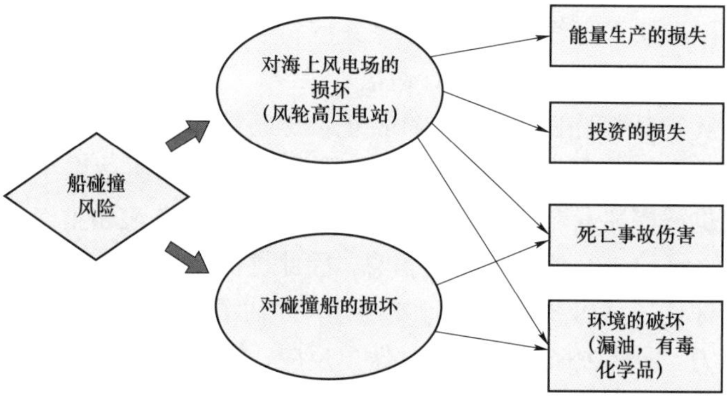

图 9–4 船舶与海上风力发电场碰撞产生的后果

2）损伤计算。

船舶与风电场碰撞后果可以利用有限元方法计算，并同时考虑对船舶结构或风电场的可能性损伤。这一分析的目的是碰撞过程中的总体动力性能，而不是碰撞区的局部变形的细节估算。

对碰撞船舶的损伤建模进行分析，其结果显示：破坏的程度不会导致船侧体的破裂。可以估计，双层舱壁船舶漂移并与风力机碰撞后破坏很小，不会导致该船舶沉没；而单壳船的结果无法保证。

2. 降低风险的方法

（1）项目内容。

此处“降低风险”定义为在风电场建造、设计和运行时，采取被动或主动的措施来降低船舶碰撞概率以及碰撞损伤。

“降低碰撞概率”包括多种技术手段，如设定标识灯、涂装、设定浮标，安装锚泊浮标消除抛锚船舶漂向风电场的风险、船员培训和抛锚程序等。特别是，利用更加先进的自动识别系统（AIS）和先进的雷达技术来进行危害识别、通信、应急管理和相关决策支持。由于维修的船舶与风力机碰撞的概率很高，所以越来越倾向于使用具有较小碰撞概率和损坏程度的工作船，例如使用（轻量级）SWATHS（小水线面积双体船）进行补给和维修。

“降低损伤可能性”包括典型的护舷板技术以及更加先进的、适用于海上风电场设施的防护技术。风电场降低损伤的方法与传统方法不同：对于个体（单桩）风力机，一方面希望吸收小船冲击的能量但并不受损；另一方面要求当与油气/化学品船相撞时迅速倒塌避免刺穿容器，必须平衡这两个方面。因此，可通过改善风力机和高压电站的设计来降低船舶和风电场的损伤，利用水下高压电站和更深地掩埋电缆的方法来防止渔船或抛锚船舶的碰撞损伤以及电缆暴露的风险。

（2）使用自动识别系统（AIS）后的碰撞可能性。

除了“传统”的强制性照明/着色的要求外，使用 AIS 避免碰撞的方法最为划算。

AIS 作为一个发送—应答系统，较好地提高了船舶之间的航行安全性。该系统可以通过其他船舶或是固定的 AIS 基站收发船舶信息，诸如船籍、船型特征、方位、航向、航速、转弯速率和其他有关安全的信息。系统利用 VHF 频率进行信号传输，这就意味着系统的有效范围取决于天线的高度。该系统应符合国际标准，以确保船舶可以与其他来自世界各地的船舶或者 AIS 基站进行通信。

AIS 的目的就是识别船舶以及其航行特征，协助目标追踪，提供信息借以帮助避免碰撞，最终达到减少船舶向岸上基站的口头强制性报告。与雷达系统相比，AIS 的优点在于可以迅速提供周围船只精确和详细的信息，并且不受波浪和雨滴杂乱回波的影响。而且，由于强制执行的 AIS 增补了雷达信息，因此提高了海事界的航行安全性。相关研究引用风险模型评估了 AIS 提高的航行安全性，评估了当与其他船只可能碰撞时，领航员的及时反应能力。即使领航员没有及时做出反应，使用 AIS 也可以将事故概率降低为不足原来的 1/2，整体风险可以降低 55%。

国际海事组织（IMO）的规定要求所有超过 300t 的船舶（渔船除外）都要安装 AIS 应答机。通过这些数据，海事部门可以很好地完善船舶交通管理，同时也为风电场的安全带来明显的好处。对于存在潜在撞击危险的船舶，海岸警卫队将提出警告，进而及时采取措施。AIS 及海岸警卫队将 AIS 应用在船舶交通管理上，使得船舶与海上风电场的碰撞概率大大降低。而且，如果风电场运营商也优化使用了 AIS，那么 AIS 会更好地发挥作用。现在，人们普遍认为，只有海事部门（如海岸警卫队）应积极使用 AIS 数据库。然而，IMO 的要求不包括渔船，由于渔船会因风电场范围内日渐增加的鱼群而进入风电场捕捞，因此渔船必须被视为一种潜在的危险。

另一种提高风电场安全性的办法就是通过使用沿岸专用的定向 GSM－天线特别分布或是海上风电场专用的 GSM－基站来扩展 GSM－网络，这样在风电场上就可以使用移动电话交流。对潜在碰撞提供方便迅速地预警，可以提高风电场和运营商的安全性。

第三节 海上风电水上部分运行及维护阶段的风险管理方法

由于海上风电水上部分运行及维护阶段项目的复杂性，为确保项目实施，必须要具备有效的风险管理意识，确保在运行及维护中有足够的冗余和规划中的灵活性。

海上风电水上部分运行及维护阶段风险管理的关键因素有：

（1）采用系统化的方法来处理风险管理。例如：委派称职的风险控制经理进行风险管理；向资深员工了解学习风险管理的经验教训；设计风险报告，回顾施工方法说明。

（2）确保足够的团队专业能力对风险进行正确评估。例如：拥有或培养经验丰富的员工；召开内部风险交流会议；和专家就风险的挑战进行开会讨论。

（3）预警及评估风险。要尽可能地降低风险；有效分配风险；确保合同执行到位；通过保险进行风险转移；剩余风险的管理决策。

一、风险管理技术措施

（1）在勘察设计阶段，对项目建设环境进行细致、深入的勘察和论证，项目选址过程中详细调查水文气象、海上交通、军事设施、海床冲淤及自然灾害频率等信息，以准确预判运行维护过程中潜在的风险。

（2）选择风电设备机组时，对机组性能进行调研，依托招投标的竞争性机制，选定更具优越性能的风机，以减少运行维护过程中风电设备的损坏频率，主要考虑抗台风能力、资源可利用率、度电成本等。

（3）严格落实安全技术措施，如聘用海上作业经验丰富的施工人员、落实安全文明施工费、定期进行应急预案演练等。

（4）选用施工能力合格的海上船舶及起重装备，运行维护中的施工作业严格执行安全规范。

（5）对专项技术组织研讨，制定专项质量控制方案和施工方案，如钢结构防腐、基础灌浆等，施工过程中加强质量监督，确保材料设备质量和施工质量满足设计要求。

（6）调整作业方式，优化运维方案，尽可能缩短海上的作业时间，降低施工难度、节省费用、降低风险概率。

（7）以科学严谨的态度管理技术咨询服务，如电能质量评估、风功率预测、扇区管理优化、风机运行监测、预防性试验服务等。

（8）根据海上风电场台风多发、雷电多发的具体情况，可在设计和制造阶段对设备进行防台风专项措施，比如在风机叶片上加装防雷帽等。

二、风险储备措施

风险的不确定性使风险储备措施成为必须，储备就是提前准备某些资源，以便在风险发生之后可以及时利用，这是主动接受风险的常用措施。风险储备通常包括管理储备和应急储备，管理储备着重预防项目预算中不可测、不可控风险，使用机会不高，不参与项目绩效考评；应急储备针对项目中可以预见的风险，是包含在成本基准或绩效测量计划中的一部分预算，用于被接受的、已识别的、已制定应对措施的风险，包括时间、生产资料、资金、人才等资源的储备，如海上风电项目的基础施工因为地质条件出现未预见问题而发生的额外费用、银行贷款的利率调整使贷款成本上升、行政审批手续办理迟缓导致项目进度拖延、海上船舶数量有限需要申请替代资源、风场运维人员稀缺需及时培训补充等。通常按照经验数据及项目的实际情况来确定储备额度，体现在风险管理计划的相应部分。

三、风险转移措施

以整体目标为核心，各相关干系人可以根据自身情况选择有利于自己的风险转移方式。例如，如果买方具备承包人所不具备的某种能力，可将部分工作通过发包合同转移给买方，风险压力也就随时转移；对于成本核算比较模糊的工程，卖方可以要求签订成本补偿合同可把成本风险转移给买方；对于费用核算明确的工程项目，买方可要求使用总价合同形式将风险转移给承包人；海上风电场可以通过运营期相关保险的投保，将项目风险的费用损失转移给保险公司。所以，风险转移是风险主体把风险影响连同应对责任一并转移到第三方的应对策略，当然这种转移需考虑项目特点和各方的建设任务，从整体角度看，是要将风险管理责任转移到更具风险承受能力、更合适承担风险的一方，达到各方主体共同承担风险的最优化状态。采用风险转移是应向风险承担方支付保险费，通常是专业的保险公司。风险转移对处理风险经济损失的效果很明显。风险转移可采用多种形式，如保险投保、保证书、合同、协议等。如果考虑风险的轻重缓急，风险转移可派生出规避、减轻、缓解等策略，不同程度的降低风险压力。

保险作为风险管理的重要组成部分，在项目立项阶段提前介入，有利于充分了解项目各主体不同阶段的风险并进行风险排查，制定适合的保险方案，通过适合的保险产品进行风险转移。这样主动积极的风险管理理念不仅仅是对财务安全的保障，更是能真正实现风险管理前置和全过程管理。按习惯做法，海上风电项目应向保险公司投保财产一切保险等相关险种，同时更多地使用固定总价的承包方式将风险管理压力转移到承包方。

四、风险监控措施

风险监控范围包括风险管理计划中的工作和变更调整后的工作，是在整个项目生命周期中实施风险应对计划、跟踪已识别风险、监督次生风险、识别新风险、以及评估风险措施有效性的过程。风险监控工作应做到以下几点：

（1）建立健全风险管理团队。人是管理的核心，优秀的团队是实现风险管理目标的直接保障。风险不可预测，不能完全用客观量化衡量和管控，所以风险管理需要细致的工作态度和坚决的责任心来支撑。

（2）根据风险条件变化及时更新风险管理活动，包括管理计划的渐进明晰、风险类别的调整、风险储备金的调整等。

（3）及时了解相关政策变动，保证项目有适应变化的充足空间，特别是电价制定、电网运行要求、银行财税政策等对项目影响较大的信息。

（4）投资人在协调各方协作关系时应建立底线思维，以法律诉讼事件为底线，以合作共赢为目标，在国家法律法规的范围内，维护法治、公平、合作的建设氛围。

（5）针对沿海地域台风、雷暴雨等恶劣天气多发的特点，制定相应的预警机制，虽不能左右恶劣天气的发生，但可降低损失程度。

由于海上风电场分布广阔、海上气候环境恶劣，风电场运行巡检工作困难，按照陆上风电场运行管理模式来运营管理海上风电场是不现实的。全面整合各个风机状态监测，综合多参数信息对多个关键部件进行全面的状态监测和故障诊断，提供风电机组的全面故障诊断，是降低海上风电场运营维护成本的关键所在。海上风电机组辅助监控系统，简称“风机辅控系统”，应用远程通信技术、传感技术、视频技术、网络技术、控制技术、遥测技术、遥视技术，实现风机动力设备、环境、安防的统一监控，提高了设备、系统维护的及时性和准确数据的存储和处理，使风电场智能化监控和故障早期预警成为可能。

根据生产运营管理的需求，风机辅控系统整合风机状态监测系统（含振动在线状态监测系统、风机基础监测系统、螺栓载荷在线监测系统、桨叶状态监测系统、发电机绝缘电阻自动监测系统、雷电远程检测系统、齿轮箱润滑油质在线监测系统、箱变运行状态监测系统）、视频监控系统、风机 IP 电话系统、扩展功能等。根据间隔层、前置层和站控层，风机辅控系统纵向贯通调度、生产等站控层，横向联通风机内各自动化设备。通过对主轴承、齿轮箱、发电机、叶片、塔筒、风机基础等的全面状态监测，实现了基于电气及机械特征量的风机故障诊断和基于多参数信息融合的关键部件故障诊断。从而将大量维护转变为预防性，实现风电场智能化的监控和故障预警。

海上风电机组辅控系统结构示意如图 9－5 所示。

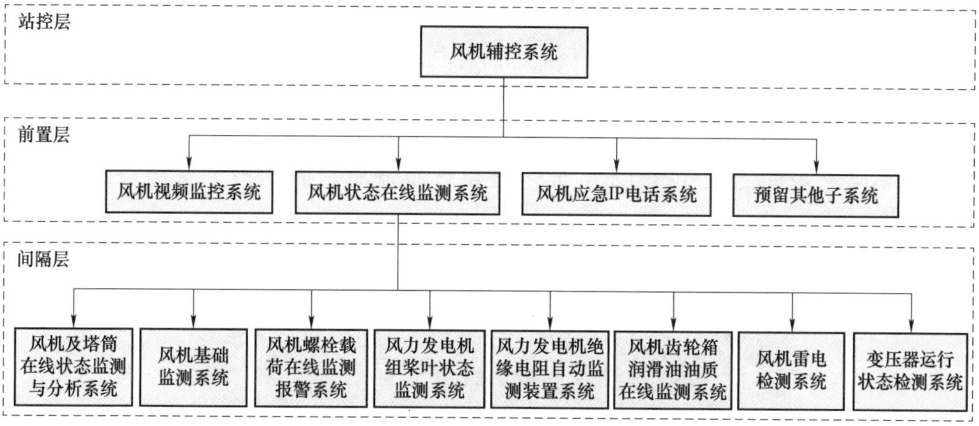

图 9－5 海上风电机组辅控系统结构示意图

五、人才培养和技术创新措施

近几年国内风力发电取得突飞猛进的发展，但成熟的人才系统还需较长的时间才能形成，从开发、设计、建设到运营的各阶段专业人才均很缺乏，人才培养机制也需要加强。目前大多数企业只能使用类似专业人才，而且，风电企业招聘的职位大多都是技术应用岗位，往往需要不止一个专业的技能，比如说技术支持工程师、风电设备调试工程师、风资源工程师等，求职者要具备专业性很强的知识组合，包括气象、发电、风资源、管理等知识领域。另外，风电项目都处于偏远地域，工作生活的不便利又增加了吸引人才的难度。为此，应加强以下方面措施：

（1）在社会资源紧缺的环境下，风电企业要自行建立人才库，形成稳定的核心竞争力。可从国外引进人才、加强对年轻员工的培训、派遣技术骨干到科研院所进行专业培训；完善激励制度，营造素质、技术、管理等综合能力提升的积极氛围。

（2）国家应鼓励更多的国内科研院校设置风力发电的相关专业，引进国外技术力量，规模化培养国内技术人才，形成人才供需的长效机制。

（3）在行业和企业两个层次鼓励技术创新，成立创新基地，重视技术研发，把人才培养和技术创新统一起来，科学技术是第一生产力，科技创新在中国的风电事业中还有很大的发挥空间。

（4）改善和提高技术人才的待遇，奖励技术创新，让技术人才真正感受到尊重和重视，让技术知识和创新才能最大限度地激发出来。

第四节　海上风电水下部分运行及维护阶段的风险管理方法

一、海上风电水下部分风险管理的内容

目前海上风电运维阶段的风险管理研究多集中于水上部分，如海上风机状态监测与健康诊断、海上风机运维策略优化研究、海上风电场运维后勤管理优化研究等。如图 9－6 所示为国内某海上风电场风电运维船执行运维任务。基于可靠性为中心（RCM，Reliability Centered Maintenance）和基于 FMEA（Failure Mode and Effects Analysis）的检维修策略逐渐成为海上风电场水上部分风险管理策略的主流，其主要风险管理措施主要借鉴陆地模式，分为常规巡检、日常故障消缺、定期维护 3 个部分，主要依靠相对密集的定期巡检维修计划，配合近年逐步发展兴起的海上风电在线监控系统

图 9－6　国内某海上风电场风电运维船执行运维任务

达到提高风机利用率、降低故障风险的目的，即采用预防性维护和事后修复相结合的运维策略。但海上风电场的运维由于其独特的地理条件，陆地风电模式并不能很好地满足海上风电运维特别是海上风电水下部分运维的需求。

海上风电场水下部分运维管理与水上部分的运维管理存在较大的区别，水下部分的运维管理更类似于石油天然气领域海洋平台的运维策略，与当前脱胎于陆地风电模式的水上部分运维策略截然不同，由于当前国内海上风电的客观发展条件，大多数风电运维厂家不具备相关的海洋工程领域运营经验，我国目前海上风电场运维尤其是水下部分的运维风险管理面临更多的挑战。

海上风电水下部分的运维，诸如风险管理策略、检维护周期、检维修手段和工具等领域，均具备海洋工程领域的特点。

二、基于风险的海上风电水下结构完整性运维管理解决方案

海上风电水下部分的运维管理流程和策略应当根据检测和检测数据来收集、分析和制定相应的风险管理方案。本节关注的重点是在海上风电水下结构投入运营期间，如何对于影响和威胁风电水下结构有效服役的过度退化和损伤进行检测、监测、识别和缓解，无论这些结构退化或损伤是累积的，还是某个意外事件导致的。按照海上风电结构正常服役的要求，这些过度的退化和损伤都应在其发展的初期得以有效识别和解决。

基于风险的检验 RBI（Risk Based Inspection）是目前广泛应用于海洋工程领域的检验计划方法，由于海上风电水下结构部分与海洋石油天然气行业存在极大的相似性，可同样应用于海上风电的水下结构运维风险管理。该方法最早由必维船级社 BV（Bureau Veritas）在海洋平台上应用，以追求结构安全性和经济性为理念，在对海洋工程结构固有的或潜在的危险进行科学分析的基础上，给出风险排序，找出薄弱环节，以确保结构本质安全和减少使用费用为目标，建立一种优化检验的方法。该方法尤其适合于海上升压站水下结构、多桩式风机基础结构、导管架式风机基础结构、浮式风机基础结构等多种海上风电结构形式。

RBI 检测策略的核心思想是依据风险大小来制定检验计划，从而保证在风险可接受的程度下尽可能地降低运营期间的风险管理成本。RBI 方法主要有以下特点：

（1）将检测和维修的主要精力集中于高风险的区域或结构上，在低风险部分投入适当的检维修力量。

（2）可以量化检测结果。

（3）检测策略的最终目的是取得风险与投入的平衡。

（4）当缺少数据或数据存在很大的不确定性时，仍可为海上风电结构提供足够的决策支持。

三、海上风电水下部分结构完整性管理实施

在海洋工程领域，常应用如 API RP2SIM、ISO19902 等系列规范，用于海洋工程结构物的完整性管理及风险检验计划。海上风电的水下部分运维风险管理同样可基于上述规范，并参考目前国内外相关的成功实践经验。海上风电水下部分的完整性管理应当是

一个保证其从设计、安装直至退役的目的适应性过程，是一个持续改进的过程。这个流程包括数据、评估、策略和程序 4 个主要因素，如图 9－7 所示。

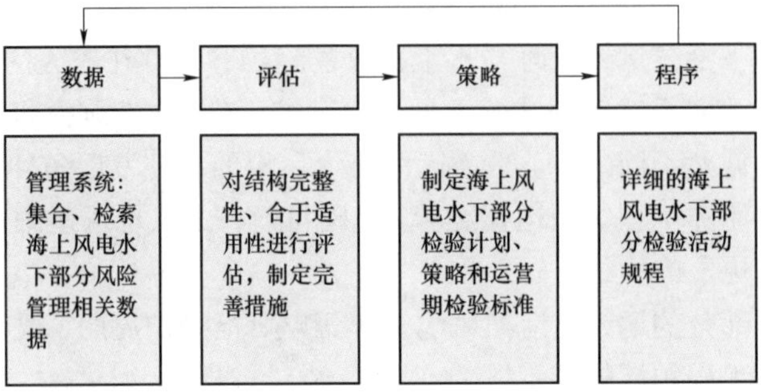

图 9－7　海上风电水下部分结构完整性管理流程图

（一）数据

海上风电水下部分运维阶段的风险管理策略适用程度取决于其所采用的评估方法和数据的准确程度。在海上风电投入使用后直至退役后的整个运维周期内，各类风电水下部分的原始设计数据、制造安装数据、在役检验结果、工程评价情况、结构评估情况、加固、改造、修复、作业事故等共同构成了海上风电水下部分运维数据的基础。

只有通过对海上风电机组水下部分的各类数据进行分析、找出完工与设计、完工与现状出现的偏差和偏差出现的原因，以及当前出现的缺陷和退化状态，才能为制定科学合理的海上风电水下部分运营风险管理措施提供可靠的依据。因此，最大量地获取完整及准确的海上风机相关资料数据是制定符合实际的水下结构完整性管理检验策略的基本条件。所需的基本资料和数据如下：

（1）设计资料。

（2）完工资料。

（3）检测和监测资料。

（4）结构评估资料。

（5）现状资料。

设计与完工资料收集完成后，需要对比海上风机完工资料是否与设计资料的要求一致，借此分析该风机完工结构与设计要求的偏离程度，重点关注如结构施工变更数据、重量重心变更、涂层和牺牲阳极数据等。某些数据的变更可能导致完工数据与设计要求出现较大的偏离，如钢桩入泥深度的变更：受打桩条件限制，发生拒锤，无法达到设计深度，将可能导致风机基础钢桩承载力显著减小，进而影响风机结构和设备重量承载能力、横向荷载抵抗能力。通过资料的对比分析，可以建立符合风机实际状况的分析模型，并以此为依据为后续分析工作提供基础。如图 9－8 所示为海上风电三级评估策略。

（二）评估

海上风电水下部分运维阶段的评估提出了其结构目的适应性的要求，并指导制定合理的监测、监测和维修的整改策略。

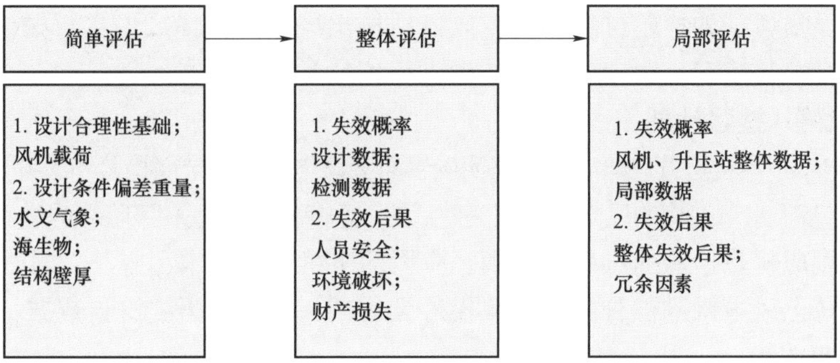

图 9-8　海上风电三级评估策略

海上风电水下部分的完整性管理评估目前仍处于探索阶段，业内尚无统一明确的风险可接受准则，加之风险可接受水平一般由风电运营方决定，建议对海上风电的水下部分风险管理实行渐进式的考虑，即从风机桩基础的简单评估到极限强度评估。

1. 风险矩阵

参考目前海洋工程领域较为成熟的工程应用经验，如 API RP2SIM、ISO19902 等系列规范，可以将海上风电水下部分结构的所有风险（局部风险、整体风险）归纳至 5×5 的矩阵（见图 9-9），不同的风险等级采用对应的颜色表示：从Ⅰ级（深绿色）到Ⅴ级（红色）共 5 级表示。

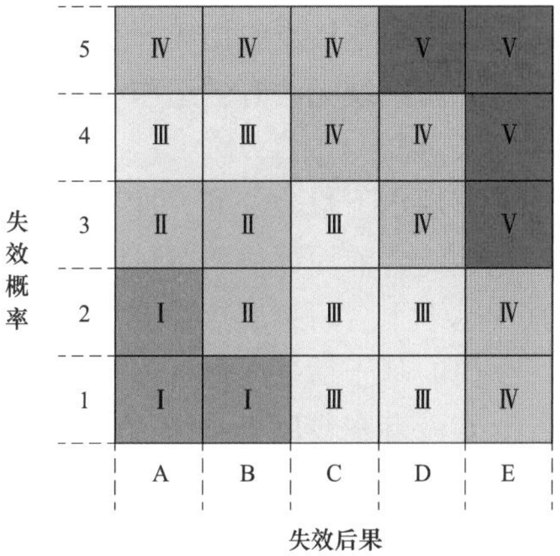

图 9-9　风险矩阵

2. 失效概率

海上风电水下结构的失效概率可按以下方法划分：

L1：稀有；L2：不太可能；L3：可能；L4：很可能；L5：几乎确定

3. 失效后果

海上风电水下结构的失效后果可按以下方法划分：

A：可忽略；B：较小；C：中等；D：较大；E：严重

4. 风险等级

风险等级按如下方法划分：

Ⅰ：很低；Ⅱ：低；Ⅲ：中；Ⅳ：高；Ⅴ：很高

对于海上风电水下结构而言，如果存在以下条件之一或多项情况，即应开展对现有水下结构的运维风险进行重新评估：

（1）设备增加：如在运营期间，新增的部分设备引起水下机构承载力的变化，这种情况在海上升压站较为常见。

（2）结构载荷不一致：如新组合的环境/作业载荷明显超过了原设计标准，则应对风机结构进行评估。如果这些载荷的累计变动总量超过了 10%，则可认为是显著增加，建议对风机结构进行重新校核计算。

（3）明显损坏：如检验过程中发现风机结构出现明显损坏或退化，如锚击、碰撞、形变、过度腐蚀等情况，则应对风机结构进行评估。

（三）策略：检验计划

海上风电水下结构运营风险管理策略明确了海上风电结构的全面检验和缓解措施的理念，其策略的制定基于水下结构的风险等级和失效后果，包括检验计划和风险缓解措施两个方面。

检验计划应明确检验的频率和范围、应用的工机具、技术和方法。同时，检验计划还应当覆盖海上风电水下部分的整个服役寿命周期，并根据历史检验数据、评估结果等数据进行定期更新。

海上风电水下部分的检验计划应包括水下部分常规检验和特殊检验。

1. 水下部分常规检验

海上风电水下部分的常规检验应对可能影响风机、海上升压站、海底电缆等结构完整性和性能的任何缺陷、退化情况和异常等进行识别、测量和记录。包括焊缝、构件的过度腐蚀，连接点的损坏，凹槽、穿孔、起拱等各形式的机械损伤等。水下部分的异常包括防腐系统无法有效运作、冲刷、海床的不稳定性、危险或有害残骸以及海生物的过度生长等。

常规水下检验分Ⅱ、Ⅲ、Ⅳ级进行，分类的方式引用 API RP 2SIM。每级检验的间隔周期结合前面评估所得风险等级确定，在缺乏基于风险的结构完整性策略的情况下，采用基于平台后果严重性的检验间隔周期。

（1）基于后果严重性的检验。

在没有在役风机结构、海上升压站结构检验策略的情况下，应该采用基于后果严重性的检验。检验的间隔周期和内容要求引用 API RP 2SIM，暴露等级的确定可参见 API RP 2A－WSD。

（2）基于风险的检验。

1）检验间隔。

基于海洋石油工程行业较为成熟的应用经验，海上风电水下部分基于风险的检验间隔建议按照表 9－3 中交通灯系统指定，交通灯颜色与结构风险等级相关联。

表 9－3　　基于风险的检验间隔：交通灯系统

交通灯颜色	风险等级	检验间隔
●	很高	要求及时关注 →缓解/风险降低
●	高	需要集中检验 →检验间隔=3 年
●	中	需要具体检验 →检验间隔=5 年
●	低	常规检验 →检验间隔=10 年
●	很低	不需要Ⅲ级检验 →检验间隔=10 年

在首次检验完成后，下次检验年度将按下式确定：

$$T_{i+1} = T_i + \text{检验间隔}$$

式中　T_{i+1}——第 i+1 次检验年份；

T_i——风机基础或升压站基础安装年份或最近一次水下检验年度；

检验间隔——第 i 次检验评估后计算所得的间隔年度。

2）检验范围。

a. 整体检验：

风机、升压站整体检验可对应 API RP 2SIM Ⅱ级检验，范围应涵盖：整体外观；损伤调查；碎片调查；海生物调查；冲刷调查；阳极调查；阴极电位；电缆护管/J 型管。

b. 局部检验：

风机、升压站局部检验可对应 API RP 2SIM Ⅲ、Ⅳ级检验，覆盖的范围应包括：Ⅲ级检验：外观腐蚀检验；构件充水探测/预选位置的详细外观检验；焊接/节点详细外观检验。

当风机、升压站Ⅲ级检验显示，水下可能存在损伤时，需进行Ⅳ级检验，范围应包括：壁厚测量；焊缝/节点 NDT。

3）检验比例。

风机、升压站水下结构的检验比例建议根据不同的基础结构型式、风险大小进行区分，从风险发生后果和风险发生可能性两个方面进行考虑，对于单桩式基础，应着重考虑风险发生后果的影响。除此以外，在海上风电场服役生命周期内，还应考虑历次检验发现对检验比例的调整。

2. 特殊检验

海上风电的特殊检验是常规检验的补充，一般下列事件发生时需要进行特殊水下检验：事件后检验，如碰撞事故等；评估检验；加固、改造或修复；退役检验；延期服役检验。

3. 策略：风险缓解措施

对海上风电水下部分而言，风险缓解措施包括但不限于阳极块补充、防冲刷加固、结构加固增强、改造、修复等各类缓解结构退化的措施。

4. 程序

风电水下部分运维阶段风险管理最终需落实到制定检验、监控和预防性维护上面，在此过程中，对运维过程中发现的各类缺陷和不符合项应制定对应的风险降低举措，并根据缺陷特征、维护检验间隔和预期效果确定合适的时间间隔。综上所述，海上风电的水下部分运维风险管理是一个循环改进的闭环，策略的执行需要不断根据执行效果进行评估和反馈，并在各类数据结果的基础上进行改进，以更好适应在役海上风电设施的实际需求。

海上风电风险管理程序是海上风电完整性管理策略的实施过程和反馈，本部分工作需描述执行海上风电水下部分结构完整性管理中各项任务的详细步骤并予以实施，如水下检测计划、在线监测计划、预防性维护计划等。

海上风电的水下检测计划包括但不限于以下内容：① 在风险评估的基础上建立检验计划；② 确定检验手段和周期；③ 确定检验点并周期性多次检验；④ 明确管理策略所要求的检验资源成本；⑤ 明确管理流程所要求的检验资源成本；⑥ 整合其他类似的风电结构的需求和检验资源总体计划；⑦ 整合操作者及承包商的需求与进度安排；⑧ 作为合格服役评价或其他主要检验的基础；⑨ 满足相关监管机构的需求；⑩ 整合适合的检验技术。

海上风电水下部分在线监测计划则应包括：① 根据风机基础、升压站基础型式选择合适的在线监测技术；② 在线监测需满足对结构退化、损伤初始阶段监测的需求；③ 监测数据的采集间隔和报警值的科学确定；④ 对结构退化趋势和速率的分析。

海上风电水下部分的预防性维护计划需包含以下内容：① 预防性维护的区域和方法；② 船只、人员、工机具的技术要求；③ 维护的周期和日常维护的基本要求；④ 应急维护的技术要求。

第三篇

保 险 篇

第十章

海上风电保险概述

第一节　海上风电保险的发展

一、海上风电保险的概念

海上风电保险的概念，目前国内还未给出准确定义，参照国外文献、国内工程保险概念与海上风电项目的风险特点与保险实践，本书将海上风电保险定义为投保人通过与保险公司签订保险合同，针对海上风电项目在设计、建设、运行及维护阶段中可能发生的因自然灾害、意外事故而造成的物质损失和依法应对第三者的人身伤亡、疾病或财产损失承担的经济赔偿责任及产生的相关费用提供保障的一种综合型保险。

二、欧洲海上风电保险的发展

国外海上风电成熟度比较高，具备专门针对海上风电的安装和运营而开发出的一套保单。从整个体系来讲，金融为欧洲整个海上风电发展提供了巨大的支持，同时也承担了巨大的风险，保险市场面对大体量的海上风电投资、开通、运营的项目金额，压力也越来越大。在海上风电项目发展过程中，由于投资金额越来越大，金融机构对于保险的要求越来越高，加之在过去施工过程中发生了许多重大损失，致使欧洲海上风电保单在结构设计过程中，业主对于保单的保障责任范围需求越来越广。

关于保险管理流程，欧洲海上风电保险的安排往往需要更早期的介入。在项目立项开始，从合作风险管理，从风险识别，然后到整个保险方案的设计，再到运营，需要有一个全生命周期的公司提供服务，保险公司希望通过前期工作的介入，帮助业主和承包商降低一些不可预见费用的损失，而且良好的风险管理的状态可以降低保费。

从承保能力看，欧洲承保能力原有经验来自承保海上石油钻井平台的经验，一个石油钻井平台价值是 10 亿～20 亿美金，所以欧洲承保能力比较足。中国承保能力也越来越强，但对于海上风电存在两个问题，一是保险公司不接受海上风电承保，二是一个项目通常有 5～7 家保险公司参与共保险，面临的保险索赔将会非常复杂。从承保费率来讲，国内费率比较低，欧洲因为很成熟，所以费率很高，但是欧洲也有一些免赔额。保险公司逐步认识到海上风电保险所要承担的巨大责任后，现在保险公司也开始增加一些相对免赔额，一般设为 5%～10%。

在成熟的欧洲保险市场，海上风电项目的承保一般都要求附加海事检验人条款。海事检验人可以视为海上风电的“专业监理”，是伴随海上风电工程顺利完工的重要和必要角色，在海上风电起源地欧洲，保险公司需要看到海事检验人为该海上风电项目背书，方可提供保险保障——海事检验人拥有完整的操作规范和海事检验流程，他们用自己的商誉担保为海上风电项目提供“健康证书”。在欧洲，海上风电已趋于成熟，海事检验人的角色已经从常规的海事检验延伸到为开发商提供项目前期的咨询、项目管理、尽职调查、生产和维修的顾问服务。

项目风控方面，欧美国家的海上风险项目投资方通常将项目风险以合约的方式分阶段分解、释放，产业链多方共担，风险管理前置；国内项目开发风险主要由业主承担，风险敞口大，管理手段滞后，未来盈利能力的确定性不高。由于海上风电项目尤其是建设期涉及许多主体，包括投资者、工程承包商、货运承运人、供货商、监管机构等，并且这些主体可能来自不同国家，国际性和复杂性都很高。保险作为项目风险管理的重要组成部分，在项目立项阶段提前介入，有利于充分了解项目各主体不同阶段的风险并进行风险排查，制定适合的保险方案，通过适合的保险产品进行风险转移。这样主动积极的风险管理理念不仅仅是对财务安全的保障，真正实现风险管理前置和全过程管理。

三、我国海上风电保险的发展

在国内，相对于海上风电的迅速发展，海上风电的保险明显滞后于这个行业的发展。这有国家法律及政策方面的原因，也有海上风电风险性和保险公司市场竞争不充分的因素。目前参与海上风电承保的保险公司基本参照陆上风电保险种类制定海上风电险种，主要有运输险、建筑工程一切险、财产险、机损险、第三责任险及施工船机的保险等。被保险人包括业主方、承包商、分包商、供应商、设计方、顾问等。业主单位投保险种包括建筑安装工程一切险及第三者责任险、相关的责任和意外伤害保险。总、分包商投保险种包括施工设备、施工机具及船舶保险、相关的责任和人员意外伤害保险。

国内目前的海上风电项目主要采用陆上安装的保险方案，但这些保险方案不适用于海上风电的特点，因为海上风电除了更换部件以外，还会产生大量其他成本，包括海事的成本。如果没有考虑到这些方面，从江苏省沿海地区发生的海上事故来看，业主和保险公司争议非常大。未来由于民营资本的介入，更多会依赖于项目本身的融资能力，而去跟金融市场进行交流，这时候金融市场对于项目风险的管理会越来越高，随之保单也会愈加完善。

关于海上风电的损失，根据中国再保险集团的统计数据，海上风电 50%的损失来自电缆，陆上风电 50%的损失来自机器设备的损坏。中国未来可能越来越多的海上风电项目因为机器的损坏，导致的损失也非常大。从程度来讲，40.3%的电缆损失会带来 83.2%的保险公司的赔偿，因为海底电缆不是坏了切掉一段就可以，会导致整个电缆的更换。中国保险原则是损失补偿原则，也就是说中国保险公司认为海缆断了 1m 就赔这 1m，欧洲就不一样，局部损坏所有的损失都是保险公司承担，由此看来，我国海上风电保险需要一些保障的量身定制。

目前国内的海上风电项目，大部分都有保险经纪公司参与，少数由业主直接进行保险招标。保险经纪公司的职责主要是制定保险方案，进行保险招标，主导保险竞争性谈判，挑选具备海上风电承保资质、偿付能力充足、保险服务信誉好的保险公司作为首席承保公司和从共方，组建共保体，安排保险出单，保费支付，发生保险事故时的保险理赔，以及风险查勘、防灾防损等一系列的服务。

中国有自己的特点，不同的地理位置让中国拥有不同的海域、有充足稳定的风力资源、有足够长的海岸线和水深较浅的大陆架，和欧洲相比，这些都是无可比拟的优势。然而台风、地震等在欧洲（英国和德国为主）比较少见，在中国却很常见，所以每个海上风电项目必须要考虑这些自然灾害。从另一个角度来说，海上风电项目的健康顾问的经验和保险的保障就显得尤为重要，有没有一个全面的保险方案，不仅对项目的风险管理大有裨益，最终也会反映到项目回报和资产负债表。

我国可以借鉴欧洲成熟市场的海上风电保险管理经验，充分发挥保险经纪人的作用，完善海事检验人体系，分析国内海上风电项目实际风险管理需求，做好项目风控，实现风险管理前置和全过程管理，研究适合的保险产品和条款，并且要加强和国际再保市场的沟通和联系。

第二节　海上风电保险的种类

针对海上风电项目，国内保险公司提供了多种保险产品。建设期主要是建筑安装工程一切险（附带第三责任险）、设备运输险，运营期主要是财产一切险和机器损坏险，另外设备厂商可能会购买的产品质量保证保险。

一、海上风电建筑、安装工程一切险

建筑、安装工程一切险承保海上风电项目在建设、安装过程中因自然灾害或意外事故而引起的一切物质损失，以及被保险人依法应承担的第三者人身伤亡或财产损失的民事损害赔偿责任，该险种通常附加第三者责任险。目前，由于国内海上风险项目较少，损失数据不足，项目风险较大，导致该险种费率较高。近几年，该险种费率一般都在 6‰左右（抢修工程例外）。

该险种主要预防在建设期可能出现的极端气象灾害对在建海上风电场及临时堆场的设施、设备造成的损坏。目前，由于前期国内海上风电项目较少，保险公司对海上风电项目的风险评估过高，导致保险费率居高不下。近几年，海上风电建安险费率一般都在 6‰左右（抢修工程例外）。当然，费率也受到免赔额、赔偿限额、海域自然条件、施工单位经验等因素的影响。

二、海上风电运输险

海上风电运输险是以运输途中的风机机组及其附件作为保险标的，保险人对由自然灾害和意外事故造成的货物损失负责赔偿责任的保险。海上风电有别于陆上风电，运输模式包含陆路、水路，水域涉及内河和近海。运输过程中可能会发生设备刮擦、落水、进水等风险。运输险一般由设备运输单位直接购买。

目前，国内海上风电项目设备运输一切险保单主要由原陆路货物运输险、国内水路运输险及海洋运输险衍生融合而来。根据每一运输工具的最高保额、免赔额、运输路径风险、运输载具状况等，以保险标的金额为基数进行计费，保险费率为1.5‰～5‰不等。

三、财产一切险

财产一切险承保由于自然灾害或意外事故造成保险标的直接物质损坏或灭失的损失。根据海上风电场所处的海域环境、风电机组基础型式、风电机组可靠性、免赔额等因素确定，保险费率在0.6‰～0.9‰之间。

四、机器损坏保险

海上风电场出质保后将其与财产险搭配投保。主要保险责任为：由风力发电设备设计不当；材料、材质或尺度之缺陷；制造、装配或安装之缺陷；操作不良、疏忽或怠工；物理性爆炸、电气短路、电弧或因离心作用所造成之撕裂等原因引起的意外事故造成的物质损坏或灭失。

考虑到国内海上风电机组的技术还不够成熟，保险公司在费率方面可能较为慎重。从目前的情况来看，海上风电机器损坏险费率可能远高于陆上风电，其实际费率可能在3‰～5‰之间。

五、风电产品质量保证保险

产品质量保证保险，是对风电设备供应商所生产成套风机因制造、销售或修理的产品本身的质量问题而造成的致使风电场遭受的如修理、重新购置等经济损失赔偿责任的保险。目前，由于对风电设备质量的担忧，保险公司对承保这一险种比较谨慎，所以这一保险保费高昂。除了装机容量较大的机型，国内鲜有风机厂商会购买产品质量保证保险。

第三节　海上风电保险的特点

一、承保的风险广泛而特殊

海上风电工程项目施工是一种动态的过程，作业面广、施工人员数量多，而且存在大量的交叉作业，各种风险因素错综复杂，风险程度比一般的财产保险要大；海上风电保险的保险标的大部分处于裸露状态，自身抵御风险的能力大大低于普通财产保险的保险标的。

海上风电场所处环境相比陆上风电场更为复杂、恶劣，这是海上风电风险较高的重要因素之一。水文方面，海水对风机基础会施加多种作用荷载，包括潮汐对风机基础施加的疲劳荷载、海冰与风机基础产生刚性碰撞等；海水由于含盐量高造成风机金属材料的电化学腐蚀；风暴潮使海水水位暴涨，从而影响风机顶部设施；海上船只偏离航道意外碰撞风机等。气象方面，热带气旋等极端天气因产生很大的瞬时风速，会对风电场设施的结构造成破坏；雷电可能会导致风电场电路故障、火灾等；地震、海啸等自然灾害也会对风电场造成严重的破坏。生物环境方面，鸟类飞行可能会撞击运行中的风机叶片，从而损坏风机；水生生物依附风机基础会有潜在风险。人为方面，海缆用于将风机产生的电能传输至陆上，途经区域如有锚区、捕捞作业区，操作不当可能导致海缆被相应工具损坏；海上风电技术含量高、危险性强，如果运维人员培训、管理不当，亦能造成巨大损失。与陆上风电场相比，海上风电场另一个特别突出的风险特征是风电机组的可达性较差，一旦机组出险，需要特殊维修船舶在适航条件下方可进行抢修，船舶本身也容易出现损失。为了承保广泛而又特殊的风险，海上风电保险方案提供的保障需要具有综合性。

二、被保险人的广泛性

普通财产保险的被保险人通常只有一个明确的被保险人，而海上风电工程项目的被保险人相对复杂，可以包括业主、主承包商、分包商、设备和材料供应商、勘察和设计商、技术顾问、监理人、投资者、贷款银行等，他们均可能对工程项目拥有保险利益，成为被保险人。海上风电工程险的被保险人之所以如此广泛，主要是因为工程建设项目往往涉及关系众多，且当事人对保险工程都各自有其所具有的相关保险利益。

三、保险期限的不确定性

一般普通财产保险的保险期限是相对固定的，通常是一年。而海上风电工程保险的保险期限一般是根据工期确定的，往往是几年，更特殊的甚至十几年。海上风电工程保险期限的起止点也很特殊，是根据保险双方签署的保险合同规定和工程的具体情况来确定的。为此，海上风电工程保险通常采用的是工期费率，而较少采用年度费率。

四、保险金额的变动性

在保险金额方面，与普通财产保险不同的是，海上风电工程保险中物质损失部分标的的实际价值在保险期限内是随着工程建设的进度不断增长的，财产保险的保险金额在保险期限内是相对固定不变的。可见，海上风电工程保险的保险金额在保险期限内是变动的，只有当工程完工时，保险金额才是最精确的。

五、相关数据缺乏，承保态度谨慎

自 2010 年我国第一个海上风电场——上海东海大桥 10 万 kW 海上风电场示范工程并网发电算起，我国海上风电的历史迄今不到 10 年。国内目前主要开工建设海上风电项目集中于江苏、福建沿海及环渤海地区，地域风险集中度高，我国海上风电项目保险又刚刚起步，由于缺乏长时间的风电设备运行和故障数据，保险公司难以对风电行业的风险概率、损失程度有准确的定位、量化和分级，阻碍了保险在风电领域的大规模应用，导致保险公司对于海上风电项目态度不一，总体比较谨慎，国内保险公司对于海上风电项目目前只能采取共保形式，同时再保面临压力。

第四节　海上风电保险的要素

一、承保要素

（一）风电设备是否经过权威机构认证

不仅是零部件认证，也要获得整机认证。设备一般应具有不少于累计 8000h 的运行记录。对于首次投运的海上风电场，如果除投保财产险以外还投保了机器损坏保险及营业中断保险，在定价上需更加小心谨慎，因为很多投运的机组是实际意义上的原型机，查勘报告中虽有提及某类型机组在国外已有长达数千小时的运营记录，但并没有提及针对国内海风环境对叶型进行专项变更设计，这都是潜在的额外风险。

（二）安装工程承包商是否具有必备的工作经验

多达 80%的海上风电赔案和电缆有关，主要发生在安装阶段，其中 50%是由于人工失误导致，因此电缆敷设承包商的经验十分重要。电缆敷设后，可能会由于变形超过自身最大弯曲半径，或因为填埋技术等原因，导致暴露在海水中造成损坏，影响电缆寿命。

（三）海底电缆的长度以及是否设有海上变电站

海底电缆的长度以及是否设有海上变电站对费率有显著影响。

（四）航道影响

按照欧洲的常用保单条款，如有船只与风塔发生碰撞，风电场的运营保单将优先赔付风电场的损失，此后可获得向肇事船舶追偿的权利，但整体追偿的法律程序烦琐，会给保险人带来不确定性。

（五）风塔是否具备必要的抗台风设计

由于欧洲的巨灾风险暴露比亚洲小，而且全球范围关于台风对于海上风电场影响的损失数据非常有限，因此需要风塔具备抗台风能力。

（六）免赔期设计是否合理

海上风电机组一旦因为意外事故导致停机，其修复时间较陆上风电更长，设计科学合理的免赔期是承保营业中断险的关键。由于原型机的大量使用，如果因为机器损坏导致的营业中断，分析致损机理并确定合理的修复方案可能就长达数月。

二、投保流程

（一）投保资料整理

保险经纪公司协助投保人定制保险方案并确定保险金额，投保人需按照保险公司要求，填写《基本情况调查表》《投保单》并提供其他相关资料。

（二）保险采购

在保险方案确定后，与投保人确认保险的采购模式，投保人可以选择公开招标、竞争性谈判、保险询价等 3 种保险采购模式，确定合适的保险供应商。

（三）出单及单据送达

保险公司指定服务机构人员将根据投保人提供的投保资料，进行相关投保手续办理及保险合同签署工作；保险公司出具完保单后，保单及发票等单据将在 10 个工作日内递交投保人，同时抄送电子版保单至经纪公司备案。

（四）支付方式选择

投保人可自行选择保费的支付方式，或直接支付给保险公司或由经纪公司代收代付。如由保险经纪代收代付，保险经纪公司则应在收到保费后 10 个工作日内由暂收保账户划转至保险公司指定账户。

（五）海上风电保险采购的主要渠道

国内海上风电投资基本都是以国有资金为主，保险的采购流程须合法、合规，主要是通过公开招标或者通过经纪公司邀标并展开竞争性谈判确定。

1. 公开招标

公开招标是指采购人、采购代理机构或保险经纪公司在国内公开招标采购平台发布招标公告，阐明项目概况及保险需求。有意向参与承保的保险公司通过公开渠道购买标书后编制标书参与投标。

公开招标的方式更加符合国家及企业的相关规定，流程更加公开透明。但对于保险采购而言，公开招标时若对投标人限制较多，可能造成流标；若招标无费率等限制，保险公司可能报出高费率，导致费用超过预算。

2. 竞争性谈判

竞争性谈判是指采购人、采购代理机构或保险经纪公司直接邀请多家保险供应商就采购事宜进行谈判的方式。

保险竞争性谈判将经过初次报价，多轮谈判，最终确定费率及承保份额。再通过保险经纪公司组织完成共保体组成及保险采购流程。

3. 保险询价

保险询价是指采购人、采购代理机构或保险经纪公司直接向多家保险供应商提供表达项目采购需求的保险询价文件，由各供应商进行保险报价。

在收到各家供应商的保险报价以及承保条件后，通过保险经纪公司进行分析汇总，形成详细询价报告，并择优推荐，经采购人同意后，组织完成共保体组成及保险采购流程。

三、被保险人范围

（一）业主

海上风力发电有限公司及其股东单位/母公司所有现存或今后可能组建或收购的附属/合资/子公司，包括与业主有利益关系的合伙人、联营人。

（二）承包商/供应商

所有指定的各级施工和采购和/或营运和维护承包商和/或分包商/或技术许可商；所有供应商和/或次供应商和/或卖主，和/或与工程项目有关的并在工地上活动和/或有利益关系的其他提供货物或服务的人，和/或他们现存的或将来会组建的分支机构。

（三）其他方

与业主签订和项目有关的协议和/或合同的设计师和/或咨询工程师和/或融资方和/或顾问和/或技术顾问和/或项目经理和/或任何个人或公司（包括但不限于供应商、卖主和制造商），但仅限于他们在工程现场的活动；保单保障以上被保险人各自的权利和利益，以各自利益为限。

四、保险标的

海上风电示范项目的设计、勘察、采购、供应、装卸、预制、交送、建筑、安装、检测、调试、试车、试运行、施工期运行和维护，包括但不限于项目的永久工程以及与项目相关的前期工程和/或相关工程和/或辅助工程和/或临时工程。

五、项目地点

建设地点包括但不限于永久工程所在地及为实施施工的专用施工水域、设备/材料预制构件基地、存储仓库、其他临时工程、临时建筑、临时设施所在地，以及所有场地之间的往返运输途中。

六、索赔流程

如图 10－1 所示为保险索赔流程图。

（一）出险报案

发生事故后，投保人妥善保护好现场；指定保险管理或索赔管理人员，在 24h 内向首席承保人报案，对于预计损失金额超过 100 万元的案件同时告知保险经纪公司。在发生火灾、盗抢、医疗急救等紧急情况下先拨打报警电话；然后认真填写保险公司提供的《出险通知书》，书面陈述事故原因、经过和估计损失等情况；最后索取报案号，建立索赔案件档案。

（二）抢险施救

事故发生后，投保人应采取一切必要紧急施救措施防止损失的进一步扩大并将损失减少到最低程度。施救费用作为发生损失后，被保险人为减少标的损失而采取必要措施产生的合理费用，属于保险赔偿范围。

（三）现场查勘

向保险公司报案后，配合保险公司查勘人员做好现场查勘的相关准备工作，积极协助进行现场查勘和事故调查，进一步明确事故经过、性质、原因及损失情况；若保险公司在接到报案后无法及时抵达事故现场，投保企业必须紧急处理事故的，可自行对事故现场进行科学取证（如拍照、录像、保留受损财产等）后，先行施救恢复生产。相关各方须对现场查勘的内容进行签字确认，包括受损项目、数量、损失程度、修复方式、预估损失金额及相关费用（含人身损害赔偿、施救费等）等。对于大额或可能存在争议的案件，保险经纪公司将协助投保人进行保险索赔工作，大额案件处理需要聘请保险公估或理算公司介入，应事先得到投保人（或经纪公司）签署的书面认可。

（四）准备索赔资料

根据保险公司出具的保险索赔资料清单，保险索赔管理人员组织搜集、整理保险事故相关资料。向保险公司报送的索赔资料应要求保险公司签收确认，若保险公司认为索赔材料不完整，投保人应要求保险公司提供一次性补充资料清单并按要求予以补充。保

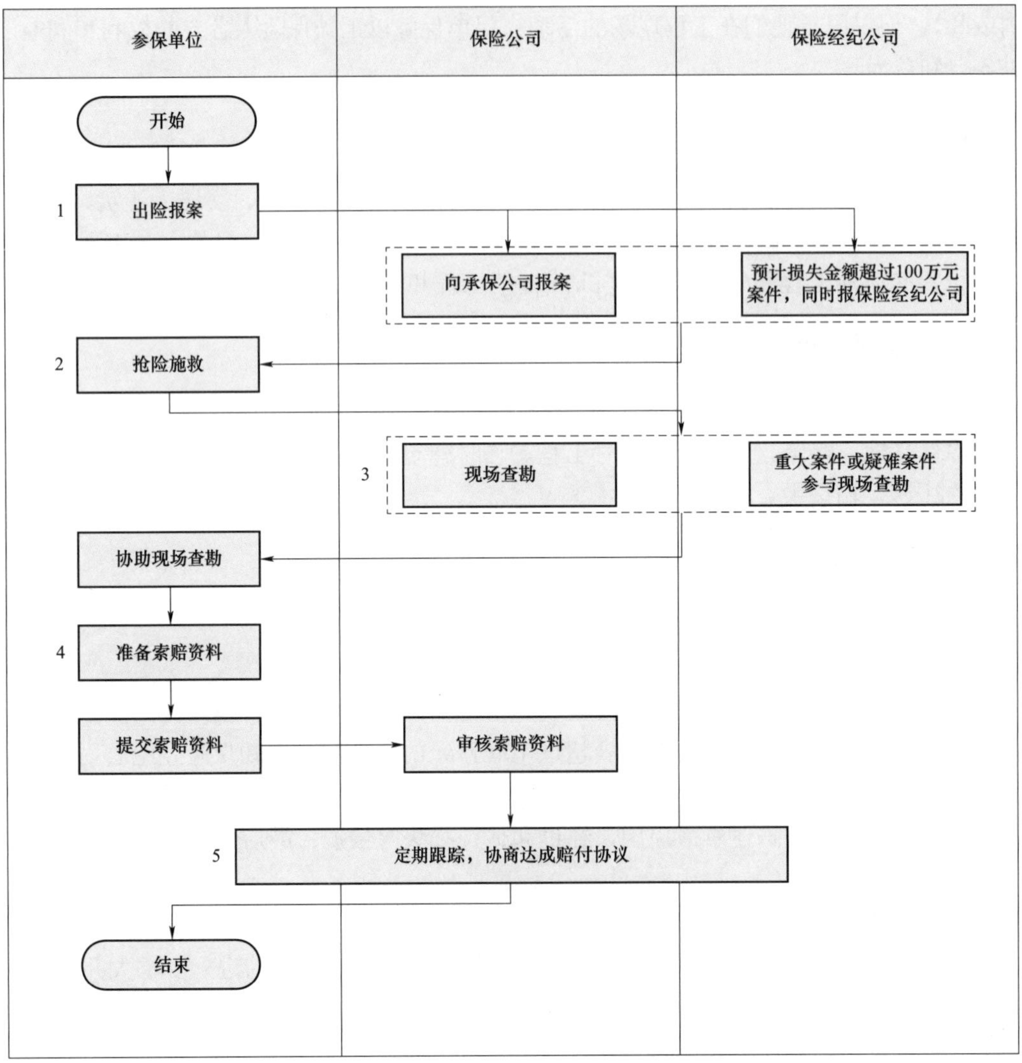

图 10－1　保险索赔流程图

险经纪公司客户经理将指导投保人进行索赔资料收集、整理和审核，协助投保人完成索赔资料的报送或提交工作。

（五）定期跟踪，协商达成赔付协议

加快核损理算进程，做好配合解释工作，要求保险公司尽快出具理赔处理意见。对保险公司出具的理赔处理意见，若无异议即可与保险公司达成赔付协议，明确保险赔款金额和支付时限；若对定损金额存有部分异议，可就无异议部分确认，以便启动预付赔款程序。保险经纪公司将根据投保人要求提供协赔服务，包括定期跟踪、促使各方达成赔付协议。

主要险种索赔资料清单如下：

1. 财产一切险

（1）出险通知书。

（2）索赔申请报告。

（3）事故证明材料（如火灾提供消防火因证明、自然灾害提供气象证明、盗抢险提供公安局证明、事故现场照片）。

（4）直接损失清单、各项施救、保护、整理费用清单及相关支持材料。

（5）保单正本复印件、资产负债表以及资产明细、固定资产卡片等相应的财务资料。

（6）各项维修合同、结算单、发票等相关材料。

（7）权益转让书及相关追偿文件（损失涉及其他责任方时）。

（8）对于特殊案件，经双方共同协商后，应提供其他需要的有关资料。

2. 机器损坏保险

（1）出险通知书。

（2）索赔报告。

（3）由设备厂家或维修单位出具的事故原因分析说明或专业机构鉴定报告。

（4）损失清单。

（5）保单正本复印件、资产负债表、资产分类账、明细账（房屋建筑、机器设备）；资产卡片（受损的标的）。

（6）修理合同、结算单及发票等。

（7）维修领用的材料、备件、配件的出入库单证。

（8）受损标的近期运行及维护记录。

（9）设备采购合同、技术服务合同等商务文件。

（10）权益转让书（涉及第三方责任时，签署权益转让书）。

（11）残值处理证明等。

3. 建筑、安装工程一切险

（1）出险通知书。

（2）保险单正本复印件。

（3）索赔报告及损失清单。

（4）损失标段工程合同（含工程量清单）。

（5）计量签证单及计价资料。

（6）施工方案及图纸等。

（7）修复方案。

（8）修复合同、预算及决算资料。

（9）检测费（含检测合同）。

（10）清理费用明细、施救费用依据（加班费、人工费、机械台班费等）。

（11）残值处理证明、气象证明等。

4. 公众责任保险

（1）出险通知书。

（2）损失清单。

（3）保单正本复印件、权益转让书。

（4）相关证明文件，包括：① 事故证明：政府主管部门事故调查报告、责任认定书或事故鉴定等；② 赔偿协议、仲裁裁决、法院调解书或判决书；③ 受害人身份证明；④ 死亡伤残证明：死亡证明和户口注销证明、残疾鉴定；⑤ 医疗证明：病历、诊断证明、住院证明、医疗费用清单、医疗费用收据原件；⑥ 财产损失证明；⑦ 相关费用单据；⑧ 有关经济合同。

保险经纪公司将督促保险公司按照约定支付方式、赔款金额和时限支付赔款。若损害或赔偿涉及第三方责任，在保险公司按合同约定支付赔款后，投保人须向保险公司签署权益转让书，并协助其向第三方进行追偿。

第十一章

海上风电设计阶段的保险运用

第一节 工程设计责任保险

建设工程领域的风险特征广泛而集中，主要体现在设计、施工、使用等各个环节。而在上述环节中所涉建筑主体，即业主、承包商、设计方，三方的风险承受能力各不相同，尤以设计方风险承受与风险赔偿能力最弱。工程设计人（包括单位和个人）从事建设工程设计工作，为工程的建设人提供设计成果，如果由于其疏忽或过失使设计本身存在瑕疵，就可能导致工程毁损或报废，给工程建设人造成经济损失，并可能造成其他人的人身伤亡或财产损失。在这种情况下，工程设计人就负有经济赔偿责任。可见，工程设计人从事设计工作是有风险的，而且工程设计责任事故的损失十分巨大，超出其经济承受能力，往往绝大部分损失都由业主承受，严重影响建筑市场秩序的公平与稳定。因此，21 世纪初，工程设计责任保险应运而生并快速在建设工程领域普及，工程设计人可以通过建设工程设计责任保险，将这种责任风险转移给保险人。

建设工程设计责任险的出现，一方面使得工程设计方的赔偿能力得到保障，有助于完善建筑市场中不同责任主体之间的风险分担及保障机制；另一方面，投保需通过保险公司的审查，信誉好、设计质量可靠、设计水平高的设计单位才可能获得投保资格，这既降低了可能出现的设计风险，又提高了工程项目设计的入口门槛，避免低价设计中标带来的工程质量隐患。

具体到海上风电项目，其控制系统故障、控制策略设计失误、零部件功能性缺陷等设计问题，都会导致机组在应对自然灾害时的主动防控措施失效，进而在自然灾害还未达到设计极限时即引发机组事故。防台策略中，对偏航系统和变桨系统的控制程序如果出现设计失误，或者控制系统故障，或者偏航系统故障导致无法机组头部无法转向下风向，或者变桨系统故障导致顺桨操作无法完成，任何一项都有可能导致台风过境海上风场时叶片受损甚至飞车倒塌，所以在设计期开展风险管理是性价比最佳的方案，此时的实施方案成本最低、效果最好，工程设计保险应需而生。

一、概念

建设工程设计责任保险是指以建设工程设计人因设计上的疏忽或过失而引发工程质量事故造成损失或费用应承担的经济赔偿责任为保险标的的职业责任保险。即在设计责任保险的保险期限与保险责任范围内，由于工程设计人员的疏忽或过失，造成的工程质量事故，保险公司承担相应损失或费用的经济赔偿责任。它是我国开办最早的职业保险险种之一。

二、保险标的

建设工程设计责任保险以建设工程设计人因设计上的疏忽或过失而引发工程质量事故造成损失或费用应承担的经济赔偿责任为保险标的。

三、保险责任

（一）物质及第三者责任损失

由于设计的疏忽或过失引发的工程质量事故造成的被保险人承担经济赔偿责任的损失，包括建设工程本身的物质损失以及第三者的人身伤亡和财产损失。

（二）事先约定的诉讼费

事先经保险人书面同意的诉讼费用，包括被保险人和委托人（工程的建设人）在法院进行诉讼或抗辩而支出的费用，被保险人向有关责任方进行追偿而产生的诉讼费用等。

（三）必要的合理费用

必要的合理费用包括为了缩小或减少对委托人（工程的建设人）遭受经济损失的赔偿责任所支出的费用。

需要注意的是，第二项诉讼费用与第一项赔偿费用的每次索赔赔偿金额不得超过保险合同明细表中列明的每次索赔赔偿限额。

四、责任免除

（1）下列原因造成的损失、费用和责任，保险人不负责赔偿：

1）被保险人及其代表的故意行为。

2）战争、敌对行为、军事行为、武装冲突、罢工、骚乱、暴动、盗窃、抢劫。

3）政府有关当局的行政行为或执法行为。

4）核反应、核子辐射和放射性污染。

5）地震、雷击、暴雨、洪水等自然灾害。

6）火灾、爆炸。

（2）下列原因造成的损失、费用和责任，保险人也不负责赔偿：

1）委托人提供的账册、文件或其他资料的损毁、灭失、盗窃、抢劫、丢失。

2）他人冒用被保险人或与被保险人签订劳动合同的人员的名义设计的工程。

3）被保险人将工程设计任务转让、委托给其他单位或个人完成的。

4）被保险人承接超越国家规定的资质等级许可范围的工程设计业务。

5）被保险人的注册人员超越国家规定的执业范围执行业务。

6）未按国家规定的建设程序进行工程设计。

7）委托人提供的工程测量图、地质勘察等资料存在错误。

（3）被保险人的下列损失、费用和责任，保险人不负责赔偿：

1）由于设计错误引起的停产、减产等间接经济损失。

2）因被保险人延误交付设计文件所致的任何后果损失。

3）被保险人在该险种单明细表中列明的追溯期起始日之前执行工程设计业务所致的赔偿责任。

4）未与被保险人签订劳动合同的人员签名出具的施工图纸引起的任何索赔。

5）被保险人或其雇员的人身伤亡及其所有或管理的财产的损失。

6）被保险人对委托人的精神损害。

7）罚款、罚金、惩罚性赔款或违约金。

8）因勘察而引起的任何索赔。

9）被保险人与他人签订协议所约定的责任，但依照法律规定应由被保险人承担的不在此列。

10）直接或间接由于计算机 2000 年问题引起的损失。

11）该险种单明细表或有关条款中规定的应由被保险人自行负担的每次索赔免赔额。

（4）其他不属于保险责任范围的一切损失、费用和责任，保险人不负责赔偿。

五、赔偿限额与免赔额

责任限额包括每次事故责任限额（赔偿限额）、每人人身伤亡责任限额（赔偿限额）、累计责任限额（赔偿限额），由投保人与保险人协商确定，并在保险合同中载明。

每次事故免赔额（率）由投保人与保险人在签订保险合同时协商确定，并在保险合同中载明。

六、赔偿处理

（1）建设工程发生损失后，应由政府建设行政主管部门按照国家有关建设工程质量事故调查处理的规定做出鉴定结果。

（2）发生保险责任事故时，未经保险人书面同意，被保险人或其代表自行对索赔方做出的任何承诺、拒绝、出价、约定、付款或赔偿，保险人均不承担责任。必要时，保险人可以被保险人的名义对诉讼进行抗辩或处理有关索赔事宜。

（3）保险人对被保险人每次索赔的赔偿金额以法院或政府有关部门依法裁定的或经双方当事人及保险人协商确定的应由被保险人偿付的金额为准，但不得超过该险种单明细表中列明的每次索赔赔偿限额及所含人身伤亡每人赔偿限额。在保险期限内，保险人对被保险人多次索赔的累计赔偿金额不得超过该险种单明细表中列明的累计赔偿限额。

（4）保险人根据规定，对每次索赔中被保险人为缩小或减少对委托人的经济赔偿责任所支付的必要的、合理的费用及事先经保险人书面同意支付的诉讼费用予以赔偿。

（5）被保险人向保险人申请赔偿时，应提交保险单正本、《建设工程设计合同》和设计文件正本、发图单、工程设计人员与被保险人签订的劳动合同、索赔报告、事故证明或鉴定书、损失清单、裁决书及其他必要的证明损失性质、原因和程度的单证材料。

第二节 合同履约保证保险

一、概念

合同保证保险，是指承保因被保证人不履行各种合同义务而造成权利人的经济损失的一种保证保险。它主要是适应投资人对建设工程要求承包人如期履约而兴办起来的，最普遍的业务是建筑工程承包合同的保证保险。合同履约保证保险便是其中一种，承保工程所有人因承包人不能按时、按质、按量交付工程而遭受的损失。

国内海上风电施工经验的欠缺为项目人员安全、设备安全、施工质量、工期保障等带来风险，对海上风电基础、机组、升压站、换流站、海缆等的安全性、健康性、可靠性产生不断累积的不良影响。在工程建设合同中设立工程合同履约保证保险，其实质是对于承包商工程合同履约的担保，当承包商由于种种原因出现履约危机时，保险人则会协助承包商克服危机，目的是为了确保工程能够顺利进行。

对于施工企业，履约保证保险的引入不仅使企业在工程担保业务上多一种选择，并且通过保险公司的参与，为传统僵化的工程担保市场（目前国内工程担保市场业务基本由银行保函垄断，而担保公司因其行业普遍的资信和能力问题而不易被业主接受）带来竞争，促使担保业务向更有利于施工企业、更加服务于施工企业的方向转变。

对业主和投资人，由于保险公司出具保函相较于银行没有过多的财产和现金抵押要求，因此，保险公司在提供履约保证保险的过程中侧重对投保人的资格审查，并据此决定是否承保。而银行由于有财产和存款的抵押存在，所以并不侧重于资格审查。在保险公司提供了履约保证保险之后，还将主动监控被保险人的合同执行过程，在必要的时候甚至会介入合同的执行，支持协助承包商继续履行施工合同，避免权利人的经济损失。

二、保险责任

合同保证保险根据工程承包合同的内容来确定保险责任，一般仅以承包人对工程所有人承担的经济责任为限。

（一）投标保证

根据《中华人民共和国招标投标法》及《中华人民共和国招标投标法实施条例》的规定，在保险期间内，投保人在向被保险人招标建设工程投标的过程中，因下列情形之一给被保险人造成经济损失的，被保险人可向保险人提出索赔，保险人依据保险合同的约定，在投标保证保险责任范围和投标保证保险金额内扣除保险合同约定的免赔金额后，负责向被保险人赔偿。

（1）投标截止后投保人未经被保险人同意或者违反《建设工程招标文件》撤销投标文件。

（2）投保人与其他投标人相互串通投标。

（3）投保人存在弄虚作假行为。

（4）中标后未按《建设工程招标文件》的要求签署《建设工程施工合同》。

（5）《建设工程招标文件》规定的其他有关投标实质性违约情形。

（二）履约保证

根据《中华人民共和国合同法》和有关法律、法规，以及《建设工程招标文件》、《建设工程施工合同》，在保险期间内，投保人在《建设工程施工合同》的履约过程中，因下列情形之一给被保险人造成经济损失的，被保险人可向保险人提出索赔，保险人依据保险合同的约定，在履约保证保险范围和履约保证保险金额内扣除保险合同约定的免赔金额后，负责向被保险人赔偿。

（1）投保人违反《建设工程施工合同》约定进行转包或违法分包的。

（2）投保人违反《建设工程施工合同》约定采购和使用不合格的材料和工程设备的。

（3）投保人原因导致工程质量不符合《建设工程施工合同》要求的。

（4）投保人违反《建设工程施工合同》中有关材料与设备专用要求的约定，未经被保险人批准，私自将已按照《建设工程施工合同》约定进入施工现场的材料或设备撤离施工现场的。

（5）因投保人原因未能按《建设工程施工合同》施工进度计划及时完成《建设工程施工合同》约定工作，造成工期延误的。

（6）投保人违反《建设工程施工合同》中关于人员管理义务的规定的。

（7）投保人违反《建设工程施工合同》中关于安全管理规章制度的规定的。

（8）投保人无正当理由明确表示或者无正当理由以其行为表明不履行《建设工程施工合同》主要义务的。

（9）投保人未能按照《建设工程施工合同》约定履行其他有关履约实质性主要义务的。

（三）支付保证

在保险期间内，投保人在《建设工程施工合同》的履约过程中，因下列情形之一导致供应商、分包人或者职工根据相关法律、人力资源和社会保障局有关文书和其他有效法律文书（法院判决或仲裁机构裁决）要求被保险人直接予以支付，且被保险人依法应承担相应的支付责任时，被保险人可向保险人提出索赔，保险人依据保险合同的约定，在支付保证保险责任范围和支付保证保险金额内扣除保险合同约定的免赔金额后，负责向被保险人赔偿。

（1）投保人未及时支付供应商或分包人材料款、工程款、劳务款等费用。

（2）未及时支付职工工资。此处职工是指依据《中华人民共和国劳动法》《中华人民共和国劳动合同法》与投保人建立劳动关系的人员，劳务派遣人员除外。

三、责任免除

（1）出现下列任一情形时，保险人不承担赔偿保险金的责任：

1）投保人与被保险人订立的《建设工程施工合同》或交易基础不成立、不生效、无效、被撤销、被解除的。

2）被保险人明知或应该知道投保人违反《建设工程施工合同》约定或法律法规的规定进行转包或违法分包的。

3）投保人或其雇员与被保险人或其雇员采用欺诈、恶意串通、贿赂或变相贿赂等手段串通投标、订立《建设工程施工合同》。

4）投保人或其雇员与被保险人或其雇员恶意串通违反《建设工程施工合同》的约定，损害保险人利益的。

5）被保险人未履行《建设工程招标文件》或《建设工程施工合同》条款规定义务的。

6）投保人与被保险人变更《建设工程施工合同》、被保险人变更《建设工程招标文件》，未经保险人书面同意或确认的，损害保险人利益的。

（2）下列原因造成的损失、费用和责任，保险人不负责赔偿：

1）战争、敌对行动、军事行为、武装冲突、罢工、骚乱、暴动、恐怖活动或恐怖袭击。

2）核辐射、核爆炸、核污染及其他放射性污染。

3）大气污染、土地污染、水污染及其他各种污染。

4）政府征用、行政行为或司法行为。

5）洪水、台风、地震、海啸等自然灾害及次生灾害。

（3）下列损失、费用和责任，保险人不负责赔偿：

1）被保险人根据《建设工程施工合同》《建设工程招标文件》应该承担的责任，以及为收集证据、确认、证明投保人违反《建设工程施工合同》《建设工程招标文件》约定，造成损失所产生的任何费用。

2）被保险人与投保人就《建设工程施工合同》《建设工程招标文件》产生纠纷所致的任何法律费用，包括但不限于诉讼或仲裁费、财产保全或证据保全费、强制执行费、评估费、拍卖费、鉴定费、律师费、差旅费、调查取证费等。

3）因不可抗力导致《建设工程施工合同》无法履行，由投保人和被保险人商定或确定的利益分配、费用承担、损失分担等，以及因此产生的一切损失。

4）《工程材料供应合同》中供应价超过实际供应时点当地政府相关主管部门指导价（若无指导价，则参考一般市场价）的部分。

5）《工程材料供应合同》中约定的相关违约金、滞纳金、利息等。

6）按保险合同中载明的免赔率（额）计算的免赔额。

7）被保险人以外的第三人的任何损失。

8）各类间接损失，包括但不限于延期竣工或延期交付建筑物导致被保险人对于建筑物使用的经济损失或被第三方索赔等。

9）被保险人未按照《建设工程施工合同》的约定履行，提前超额支付的工程进度款。

10）罚款、罚金及惩罚性赔偿。

11）精神损害赔偿。

12）不可归责于投保人的情形。

13）其他不属于该险种责任范围内的损失、费用和责任。

四、保险金额

保险金额以投保人与被保险人签订的《建设工程施工合同》以及《建设工程招标文件》的有关要求为基础，通过投保人与保险人协商确定总保险金额和投标保证、履约保证、支付保证的分项保险金额，并在保险合同中载明。总保险金额为各分项保险金额之和。

五、保险期间

以《建设工程招标文件》《建设工程施工合同》为基础，以保险单载明的起讫日期为准。

六、赔偿处理

（1）被保险人向保险人提出索赔申请前，应按《建设工程施工合同》的约定向投保人或其担保人（如有）启动诉讼或仲裁索赔程序，产生的费用由被保险人承担，保险人根据司法机关（或仲裁机构）认定的被保险人损失金额在保险单列明的总保险金额和分项保险金额内负责赔偿。但保险人和投保人、被保险人达成赔偿协议的除外。

（2）被保险人向投保人或其担保人（如有）索赔所得价款应当抵消保险人赔偿责任。

（3）发生保险事故时，如果被保险人的损失在有相同保障的其他保险合同或类似合同项下也能够获得赔偿，则保险人按照保险合同的保险金额与其他保险合同或类似合同及保险合同的保险金额总和的比例承担赔偿责任。

（4）应由其他保险人或担保人承担的赔偿金额，该险种人不负责垫付。若被保险人未如实告知导致保险人多支付的赔偿金额，保险人有权向被保险人追回多支付的部分。

（5）发生保险责任范围内的损失，保险人自向被保险人赔偿保险金之日起，在赔偿金额范围内代位行使被保险人对投保人或其担保人（如有）请求赔偿的权利，被保险人应当向保险人提供必要的文件和所知道的有关情况，积极协助保险人向投保人或其担保人（如有）进行追偿。

（6）被保险人已经从投保人或其担保人（如有）处取得赔偿的，保险人赔偿保险金时，应相应扣减被保险人已从投保人或其担保人（如有）处取得的赔偿金额。

（7）保险事故发生后，在保险人未赔偿保险金之前，被保险人放弃对投保人或其担保人（如有）请求赔偿权利的，保险人不承担赔偿责任；保险人向被保险人赔偿保险金后，被保险人未经保险人同意放弃对投保人或其担保人（如有）请求赔偿权利的，该行为无效；由于被保险人故意或者因重大过失致使保险人不能行使代位请求赔偿的权利的，保险人可以扣减或者要求返还相应的保险金。

第十二章

海上风电建设阶段的保险运用

海上风电建设期的工期较长，整个过程工序复杂，涉及勘查设计、风电机组的运输与安装、海缆敷设、海上升压站安装等。主要风险包括自然灾害风险、勘测设计风险、交通运输风险、现场施工风险等。

自然灾害风险主要包括台风、风暴潮、寒潮、团雾、雷电等，可能会导致施工船只倾覆、基础损坏；勘测技术风险包括勘测设计、设备选型、施工工艺等。变换的海浪、洋流、海风、高热、高湿度、高盐空气都可能对项目造成影响，防火、防腐蚀、避让航路甚至海洋生态保护等，都是风险因素。

第一节　建筑、安装工程一切险及第三者责任保险

工程建设过程中可能遇到各种风险，复杂多样的潜在风险因素决定了其转移各类损失及赔偿风险的需求。因此，为工程建设提供专门保障的工程保险在工程损失转移方面发挥着极其重要的作用。随着保险市场的不断发展，已初步形成了为工程建设提供较为全面的保险保障险种体系。

一、概念

建筑工程一切险、安装工程一切险都属于工程保险，是对各种建筑或安装工程项目提供全面保险保障的险种，既对建筑或安装期间工程本身、施工设施和各种大型机器设备等项目所遭受的损失提供保险保障，也对因工程造成的第三者人身伤亡、疾病或财产损失依法承担赔偿责任。具体至海上风电项目，安装工程一切险承保海上风电项目在建造过程中因自然灾害或意外事故而引起的损失。该险种主要预防在建设期可能出现的极端气象灾害对在建海上风电场及临时堆场的设施、设备造成的损坏。目前，由于国内海上风电项目较少，保险公司对海上风电项目的风险评估过高，导致保险费率居高不下。近几年，海上风电建安险费率一般都在6‰左右（抢修工程例外）。费率还受到免赔额、赔偿限额、海域自然条件、施工单位经验等因素的影响。

二、保险责任

（一）保障工程范围

1. 设备及安装工程

（1）发电场设备及安装工程、风电机组（含机组配套变）、塔筒（架）、集电海缆线路。

（2）升压变电站设备及安装工程：① 海上升压站：主变压器系统、配电装置设备系统、变电站用电系统、电力电缆及母线；② 陆上集控中心：配电装置设备系统、无功补偿系统、电力电缆及母线。

（3）登陆海缆工程。

（4）控制保护设备及安装工程：① 海上升压站：监控系统、直流系统、通信系统、远程自动控制及电量计量系统，陆上集控中心；② 监控系统、通信系统。

（5）其他设备及安装工程：采暖通风及空调系统、照明系统、消防及给排水系统、安全监测设备、风电功率预测系统设备、海洋观测设备、气象设备。

2. 建筑工程

（1）发电场工程：风电机组基础工程（单桩基础）、海缆穿堤工程。

（2）升压变电站工程：海上升压站工程、陆上升电站工程。

（3）房屋建筑工程：生产建筑工程、室外工程。

3. 其他工程

包括环境保护工程、水土保持工程、劳动安全与工业卫生工程、安全监测工程等。

（二）保障责任

建筑（安装）工程一切险的保障责任由两大部分组成，分别是工程项下的物质损失和第三者赔偿责任。

1. 物质损失部分

物质损失部分的保障责任是指在保险期间内，保险合同明细表中分项列明的保险财产在列明的工地范围内，因遭受保险合同责任免除以外的任何自然灾害和意外事故所造成的物质损坏或灭失，保险公司按照保险合同的规定予以赔偿。此外，对于保险合同列明的因发生上述损失所产生的有关费用，保险公司也负责赔偿，例如为防止或减少保险标的的损失所支付的必要的、合理的费用等。

其中，自然灾害是指地震、海啸、雷击、暴雨、洪水、暴风、龙卷风、冰雹、台风、飓风、沙尘暴、暴雪、冰凌、突发性滑坡、崩塌、泥石流、地面突然下陷下沉及其他人力不可抗拒的破坏力强大的自然现象。

意外事故是指不可预料的以及被保险人无法控制并造成物质损失或人身伤亡的突发性事件，包括火灾和爆炸。

2. 第三者赔偿责任部分

第三者赔偿责任部分是指在保险期间内，因发生与保险合同所承保工程直接相关的意外事故引起工地内及邻近区域的第三者人身伤亡、疾病或财产损失，依法应由被保险人承担的经济赔偿责任，保险人按照保险合同约定负责赔偿。

另外，保险事故发生后，被保险人因保险事故而被提起仲裁或者诉讼的，对应由被保险人支付的仲裁或诉讼费用以及其他必要的、合理的费用，经保险人书面同意，保险人也按照保险合同约定负责赔偿。

三、责任免除

（一）物质损失项下的除外责任

该部分的除外责任主要是对物质损失保险责任的限定，即发生下述情况的损失，保险公司不负责赔偿：

（1）由于设计错误引起的损失和费用，即对存在设计错误的标的的损失和由其造成的其他标的的损失均不负责赔偿；安装工程一切险中因设计错误、铸造或原材料缺陷或工艺不善引起的保险财产本身的损失以及为换置、修理或矫正这些缺点错误所支付的费用不予赔偿。

（2）由于自然磨损、内在或潜在缺陷、物质本身变化、自燃、自热、氧化、锈蚀、渗漏、鼠咬、虫蛀、大气（气候或气温）变化、正常水位变化或其他渐变原因造成的保险财产自身的损失和费用。

（3）建筑工程一切险中对因原材料缺陷或工艺不善引起的保险财产本身的损失以及为换置、修理或矫正这些缺点错误所支付的费用不予赔偿：安装工程一切险中对由于超负荷、超电压、碰线、电弧、漏电、短路、大气放电及其他电气原因造成电气设备或电气用具本身的损失不予赔偿。

（4）由于非外力引起的机械或电气装置的本身损失，或施工用机具、设备、机械装置失灵造成的本身损失。

（5）维修保养或正常检修的费用。

（6）档案、文件、账簿、票据、现金、各种有价证券、图表资料及包装物料的损失。

（7）盘点时发现的短缺。

（8）领有公共运输行驶执照的，或已由其他保险予以保障的车辆、船舶和飞机的损失。

（9）除非另有约定，在保险工程开始以前已经存在或形成的位于工地范围内或其周围的属于被保险人的财产的损失。

（10）除非另有约定，在保险合同保险期间终止以前，保险财产中已由工程所有人签发完工验收证书或验收合格或实际占有或使用或接收部分的损失。

（二）第三者责任项下的除外责任

该部分的除外责任主要是对第三者责任部分的保险责任的限定，即发生下述情况引发的第三者赔偿责任，保险公司不负责赔偿：

（1）由于震动、移动或减弱支撑而造成的任何财产、土地、建筑物的损失及由此造成的任何人身伤害和物质损失。

（2）领有公共运输行驶执照的车辆、船舶、航空器造成的事故。

（3）保险合同物质损失项下或本应在该项下予以负责的损失及各种费用。

（4）工程所有人、承包人或其他关系方或其所雇用的在工地现场从事与工程有关工作的职员、工人及上述人员的家庭成员的人身伤亡或疾病。

（5）工程所有人、承包人或其他关系方或其所雇用的职员、工人所有的或由上述人员所照管、控制的财产发生的损失。

（6）被保险人应该承担的合同责任，但无合同存在时仍然应由被保险人承担的法律责任不在此限。

（三）通用的责任免除

该部分的除外责任通用于对物质损失和第三者责任部分的保险责任的限定，即发生下述情况引发的物质损失和第三者赔偿责任，保险公司均不负责赔偿：

（1）战争、类似战争行为、敌对行为、武装冲突、恐怖活动、谋反、政变。

（2）行政行为或司法行为。

（3）罢工、暴动、民众骚乱。

（4）被保险人及其代表的故意行为或重大过失行为。

（5）核裂变、核聚变、核武器、核材料、核辐射、核爆炸、核污染及其他放射性污染。

（6）大气污染、土地污染、水污染及其他各种污染。

（7）工程部分停工或全部停工引起的任何损失、费用和责任。

（8）罚金、延误、丧失合同及其他后果损失。

（9）保险合同中载明的免赔额或按保险合同中载明的免赔率计算的免赔额。

四、被保险人与投保人

（一）被保险人

凡在工程施工期间对工程承担风险责任的有关各方，即具有保险利益的各方均可作为该险种的被保险人。建筑（安装）工程一切险的被保险人包括以下几方面：

1. 业主

项目公司名称（有限公司）及其股东单位/母公司所有现存或今后可能组建或收购的附属/合资/子公司，包括与业主有利益关系的合伙人、联营人。

2. 承包商/供应商

所有指定的各级施工和采购和/或营运和维护承包商和/或分包商/或技术许可商；所有供应商和/或次供应商和/或卖主，和/或与工程项目有关的并在工地上活动和/或有利益关系的其他提供货物或服务的人，和/或他们现存的或将来会组建的分支机构。

3. 其他方

与业主签订和项目有关的协议和/或合同的设计师和/或咨询工程师和/或融资方和/或顾问和/或技术顾问和/或项目经理和/或任何个人或公司（包括但不限于供应商、卖主和制造商），但仅限于他们在工程现场的活动；保单保障以上被保险人各自的权利和利益，以各自利益为限。

（二）投保人

建筑（安装）工程一切险的投保人负责办理保险投保手续、代表自己和其他被保险人交纳保险费，且将其他被保险人利益包括在内，并在保险单上清楚地列明。可根据建筑（安装）工程承包方式的不同来灵活选择投保人。

（1）全部承包方式。业主将工程全部承包给某一施工单位。该施工单位作为承包商负责设计、供料、施工等全部工程环节，最后将完工的工程交给业主。在这种承包方式中，由于承包商承担了工程的主要风险责任，可以由承包商作为投保人。

（2）部分承包方式。业主负责设计并提供部分建筑材料，承包商负责施工并提供部分建筑材料，双方都负责承担部分风险责任，可以由业主或承包商任何一方作为投保人。

（3）分段承包方式。业主将一项工程分成几个阶段或几部分，分别由几个承包商承保。承包商之间相互独立，没有合同关系。在这种情况下，一般由业主作为投保人。

（4）承包商只提供劳务的承包方式。在这种方式下，由业主负责设计、提供建筑材料和工程技术指导，承包商只提供施工劳务，对工程本身不承担风险责任，这时应由业主作为投保人。

综上所述，在保险的通常实务操作中，对于全部承包方式，应由承包商负责投保整个工程，同时把有关利益方列于共同被保险人。而对于非全部承包方式，如部分承包、分段承包和只提供劳务承包等方式，最好由业主投保，这更有利于保障业主及其他被保险人的保险权益，避免各承包商分别投保可能带来的重复投保或漏保现象，甚至影响整体统一投保的索赔效力。也正因如此，国际采用业主安排工程项目的保险正成为一种发展趋势。

五、保险期间

建筑（安装）工程一切险的保险期限一般包括建筑安装期限、试车期限（需扩展）和保证期限（需扩展）。

普通财产保险的保险期限一般为 12 个月，但建筑（安装）工程一切险与其不同，原则上是根据工期加以确定，并在保单明细表中于以列明，而保险人实际承担保险责任的时间应根据具体情况确定。但在任何情况下，建筑安装期保险期限的起始终止均不得早于/迟于保险单明细表中列明的建筑安装期保险期限。

（1）对于保险责任的开始时间，可由以下 3 个时间点确定：

1）被保险人的施工队伍进入工地，工程破土动工。

2）用于保险工程的材料、设备运抵工地，由承运人交付给被保险人。

3）由投保人与保险人商定的保险单生效日。

如果保险单载明日期晚于开工日期时，以保险单为准。如果开工日期晚于保险单载明的开始生效日期时，以开工日为准。

（2）对于保险责任的终止时间，可由以下 3 个时间点确定：

1）业主或指定的代表签发工程完工证书或工程验收合格日。

2）业主实际占有、使用或接收工程项目日。

3）投保人与保险人约定的保险期限终止日。

保险期限终止后，若投保工程仍未完工，被保险人应在保险单终止日之前向保险人提出书面申请，保险人出具批单对原约定的保险期限予以展延后，该保险方可继续有效。

（3）试车期的确定。

试车期是对于试车期和考核期的统称，主要针对安装工程，它是指机器设备在安装完毕后、投入生产性使用前，为了保证正式运行的可靠性、准确性及工作指标所进行的试运转期间。

保险合同中试车期的期限一般是紧临在建筑安装期之后的一个明确的期限，该期限应根据安装工程项目的具体情况而定，但一般不超过 3 个月。

（4）保证期的确定。

保证期是指根据工程合同规定，承包商对于所承建的工程项目在工程验收并交付使用之后的预定期限内，如果建筑物或机器设备存在缺陷，甚至造成损失的，承包商对这些缺陷和损失应承担修复或赔偿责任。

工程保险保证期的起点是一个相对不确定的时间点，它一般仅仅是规定一个期限，如 12 个月或 24 个月的保证期。保证期的开始时间一般是以工程所有人对部分或全部工程签发完工验收证书或验收合格，或工程所有人实际占有或使用或接收该部分或全部工程时起算，以先发生者为准。

工程保险保证期是根据工程合同中的有关规定确定的，并受保险单明细表列明的保证期保险期限的限制，即工程合同规定的保证期超过保险单明细表列明的保证期保险期限的，以保险单的规定为准。如果工程合同中规定的保证期低于保险单的规定的，以工程合同的规定为准。

六、保险金额

保险人在保险合同中对于保险金额的确定是根据保险标的的不同而不同，可分为物质损失部分的保险金额、第三者责任部分的赔偿限额和费用损失部分的赔偿限额。

（一）物质损失部分的保险全额

建筑（安装）工程一切险的保险金额为保险建筑工程完工时的总价值，包括原材料费用、设备费用、建造费、安装费、运输费、保险费、关税、其他税项和费用，以及由工程所有人提供的原材料和设备的费用。

建筑（安装）工程总价值根据工程的承包方式的不同有两种主要形式：① 工程承包人以总承包的方式承包工程，即“交钥匙”工程，这种工程项目的总价值即以工程总承包价确定；② 工程承包人负责工程项目的主要部分，但工程的部分原材料和设备由业主提供，这种工程项目的总价值则由工程承包价与业主提供的原材料和设备的价值之和确定。

在保险工程造价中包括的各项费用因涨价或升值原因而超出原保险工程造价时，投保人必须尽快书面形式通知保险人，保险人据此调整保险金额。

（二）第三者责任部分的赔偿限额

第三者责任赔偿限额常用的确定方式有以下几种：

（1）每次事故赔偿限额，其中，对人身伤亡和财产损失再制定分项限额。

（2）累计赔偿限额，即约定保险期间保险人应承担的最高的赔偿限额。

在工程保险实务中，可以使用上述任意一种方式，或者使用两者结合的方式，这要根据投保人的要求而定，并在保险单明细表中明确载明。

七、受保工程地点

工程所在地场地，包括但不限于永久工程所在地及为实施施工的专用施工水域、材料预制构件基地、存储仓库、其他临时工程、临时建筑、临时设施所在地，以及所有场地之间的往返运输途中。

八、赔偿处理

（1）保险事故发生时，被保险人对保险标的不具有保险利益的，不得向保险人请求赔偿保险金。

（2）保险标的遭受损失后，如果有残余价值，应由双方协商处理。

（3）若协商残值归被保险人所有，应在赔偿金额中扣减残值。

（4）保险事故发生时，如果存在重复保险，保险人按照保险合同的相应保险金额与其他保险合同及保险合同相应保险金额总和的比例承担赔偿责任。

（5）其他保险人应承担的赔偿金额，保险人不负责垫付。若被保险人未如实告知导致保险人多支付赔偿金的，保险人有权向被保险人追回多支付的部分。

（6）发生保险责任范围内的损失，应由有关责任方负责赔偿的，保险人自向被保险人赔偿保险金之日起，在赔偿金额范围内代位行使被保险人对有关责任方请求赔偿的权利，被保险人应当向保险人提供必要的文件和所知道的有关情况。

（7）被保险人已经从有关责任方取得赔偿的，保险人赔偿保险金时，可以相应扣减被保险人已从有关责任方取得的赔偿金额。

（8）保险事故发生后，在保险人未赔偿保险金之前，被保险人放弃对有关责任方请求赔偿权利的，保险人不承担赔偿责任；保险人向被保险人赔偿保险金后，被保险人未经保险人同意放弃对有关责任方请求赔偿权利的，该行为无效；由于被保险人故意或者因重大过失致使保险人不能行使代位请求赔偿的权利的，保险人可以扣减或者要求返还相应的保险金。

九、常见附加条款

（一）适用于物质损失部分的附加条款

1. 清除残骸费用扩展条款

保险人负责赔偿被保险人因保险合同承保的风险造成保险财产损失而发生的清除、拆除及支撑受损财产的费用，但不得超过保险合同明细表中列明的赔偿限额。

2. 专业费用特别条款

保险人负责赔偿被保险人因保险合同项下承保风险造成被保险工程损失后，在重置过程中发生的必要的设计师、检验师及工程咨询人费用，但被保险人为了准备索赔，或估损所发生的任何费用除外。上述赔偿费用应以损失当时适用的有关行业管理部门制订的收费标准为准，但不得超过保险合同明细表中列明的赔偿限额。

3. 特别费用扩展条款

鉴于被保险人已缴付了附加的保险费，保险合同扩展承保下列特别费用，即：加班费、夜班费、节假日加班费以及快运费（不包括空运费）。但该特别费用须与保险合同项下予以赔偿的保险财产的损失有关。且本条款项下特别费用的最高赔偿金额在保险期间内不超过合同约定限额。若保险财产的保额不足，本条款项下特别费用的赔偿金额按比例减少。

4. 空运费扩展条款

鉴于被保险人已缴付了附加的保险费，保险合同扩展承保空运费。但该空运费须与保险合同项下予以赔偿的保险财产的损失有关。且本条款项下的空运费的最高赔偿金额在保险期间内不得超过合同约定限额。若保险财产的保额不足，本条款项下空运费的赔偿金额按比例减少。

5. 工程图纸、文件特别条款

保险人负责赔偿被保险人因保险合同项下承保风险造成工程图纸及文件的损失而产生的重新绘制、重新制作的费用。

6. 设计师风险扩展条款

鉴于被保险人已缴付了附加的保险费，保险合同扩展承保被保险财产因设计错误或原材料缺陷或工艺不善原因引起意外事故并导致其他保险财产的损失而发生的重置、修理及矫正费用，但由于上述原因导致的保险财产本身的损失除外。

7. 扩展责任保证期扩展条款

鉴于被保险人已缴付了附加的保险费，保险合同扩展承保合同约定的保证期内因被保险的承包人为履行工程合同在进行维修保养的过程中所造成的保险工程的损失，以及在完工证书签出前的建筑或安装期内由于施工原因导致保证期内发生的保险工程的损失。

8. 罢工、暴乱及民众骚动扩展条款

鉴于被保险人已缴付了附加的保险费，保险合同扩展承保由于罢工、暴乱及民众骚动引起的损失。

9. 运输险、工程险责任分摊条款

（1）一旦原材料及设备运抵工地，被保险人应立即检验其运输途中可能发生的损失，若裸装货物损失明显，被保险人应在运输险保险合同下提出索赔。

（2）若包装的货物未立即开箱，需放置一段时间，则被保险人应观察检验外包装是否有货损迹象。若货损迹象明显，被保险人应在运输险保险合同下提出索赔。

（3）若货物外包装无货损迹象，并且货物仍处于包装状态，直至货物开箱时才发现损失，该损失将视作发生在运输期间，除非从损失的性质上有明显的证据表明损失确系发生在运输保险终止后。

（4）若无明显证据确定损失的发生时间，则该损失将由运输保险及保险各分摊50%。

10. 公共当局条款

经双方同意，因保险事故造成保险标的损失，在重建或修复时，由于必须执行公共当局的有关法律、法令、法规产生的额外费用，保险人按照保险合同的约定负责赔偿。

11. 自动恢复保额特别条款

在保险人对保险财产的损失予以赔偿后，原保险金额自动恢复。但被保险人应按日比例补交自损失发生之日起至保险终止之日止恢复保险金额部分的保险费。否则，本条款无效。

12. 工程完工部分扩展条款

鉴于被保险人已缴付了附加的保险费，保险合同扩展承保保险合同明细表中物质损失项下被保险财产在保险期间内施工过程中造成已交付使用的部分的损失。

13. 电气设备损坏条款

保险合同扩展承保电气设备在安装和调试等过程中因超负荷、超电压、碰线、电弧、漏电、短路、大气放电及其他电气原因造成电气设备或电气用具本身的损失。

14. 埋管查漏费用特别条款

保险人在保险合同项下负责赔偿被保险人下列项目：① 流体静力试验后的查漏费用（包括特殊设备的租用费、运输费和操作费)；② 为查寻及修补漏点而产生的必要的土方工程费用。

15. 内陆运输扩展条款

鉴于被保险人已缴付了附加的保险费，保险人负责赔偿被保险人的保险财产在中华人民共和国境内供货地点到保险合同中列明的工地除水运和空运以外的内陆运输途中因自然灾害或意外事故引起的损失。但被保险财产在运输时必须有合格的包装及装载。如被保险人为被保险财产办理了相关货物运输保险，则该损失应优先在货物运输保险项下索赔。

16. 赔偿基础条款

保险合同第一部分的赔偿应根据保险合同的条款和条件，赔付被保险人修理、重置或更换受损财产（包括额外营运测试、试运行，或额外可靠性测试或此保障范围内的损失所需要的额外性能测试的费用）所需的全部费用。

17. 滑坡责任特别条款

保险人负责赔偿由于危岩、孤石、岩体裂隙、雨水浸润、挖掘或爆破引起的局部山体滑坡所造成的损失和被保险人清除滑坡土石方的费用，其中清理土石方费用列入明细表保险项目中的清理残骸费用中计算。

18. 安装试车条款

保险合同扩展承保本工程项目中安装工程部分在安装试车过程中因超负荷、超电压、碰线、电弧、漏电、短路、大气放电等电气或机械故障原因而造成保险标的本身及其他被保险财产的损失。

19. 地下炸弹特别条款

保险合同总除外责任中“战争、类似战争行为、敌对行为、恐怖行动、谋杀、政变”不适用于工程开工前就已在地下或水下埋藏的炸弹、地雷、鱼雷、弹药及其他军火引起的损失。

（二）适用于第三者责任部分的附加条款

1. 急救费用条款

保险合同扩展被保险人因保险合同明细表中列明的施工场地及其邻近区域内发生意外事故造成第三者人身伤亡时应支付的合理急救和救护车的费用。

2. 意外污染责任特别条款

保险人对被保险人在设计和施工中采取了必要的安全防范措施的前提下造成环境污染而导致损失及清理费用，承担赔偿责任及第三者人身伤亡及/或财产损失。在本条款中，安全防范意味着在保险期内的任何时候，被保险人对可能造成污染的物品采取了符合国家安全要求的保管措施。

3. 交叉责任扩展条款

鉴于被保险人已缴付了附加的保险费，保险合同第三者责任项下的保障范围将适用于保险合同明细表列明的所有被保险人，就如同每一被保险人均持有一份独立的保险合同。

4. 工地访问条款

工程访问者、参观者、检查者，或参加奠基、揭幕典礼或类似典礼的，或任何其他没有直接参与工程建造的（含技术顾问等），但经工程所有人以及工程总承包商同意在保险合同列明工地范围内活动的人员，皆属于保险合同“第三者责任险”所指的第三者范畴。

5. 震动、移动或减弱支撑特别条款

鉴于被保险人已缴付了附加的保险费，保险合同第三者责任项下扩展承保由于震动、移动或减弱支撑而造成的第三者财产损失和人身伤亡责任，赔偿限额为总保险金额的 5%。

6. 地上建筑开裂责任条款

因被保险工程施工而造成的第三方建筑物的开裂，依法应负赔偿责任而受到索赔时，保险人对被保险人所负第三者建筑物的开裂赔偿责任为修复至其基本恢复受损前状态的费用为准。

7. 地下电缆、管道及设施特别条款

保险人负责赔偿被保险人对原有的地下电缆、管道或其他地下设施造成的损失。

8. 契约责任扩展条款

保险人负责赔偿被保险人因契约责任而应承担的，对任何第三者人身伤亡及财产损失赔偿责任，但不得超过保险单第三者责任项下规定的赔偿限额。被保险人必须将有关契约向保险人申报，并得到保险人的书面认可。

（三）适用于物质损失和第三者责任部分的附加条款

1. 错误与遗漏条款

经双方同意，投保人、被保险人因过失而延迟、错误或遗漏向保险人告知或通知保险标的所占用的场地或价值的变更、保险标的危险程度增加或其他重要事项，被保险人在保险合同项下的权益不受影响。但投保人、被保险人一旦发现其延迟、错误或遗漏，应立即通知保险人上述事项，并支付从风险增加之日起至保险期间届满之日止期间可能的额外保险费，否则保险人不承担保险责任。

2. 预付赔款条款

当发生保险事故后，保险责任明确但又未及时结案的，保险人按被保险人要求预先支付赔款于被保险人，其比例为已确认损失赔偿金额的50%。待最终结案之后，按实际赔偿总数，多退少补。

3. 共同被保险人条款

所有组成共同被保险人的各方当事人在保险合同下的权益应被认为如同各方当事人拥有独立保险合同下的权利一样，每一被保险人在保险合同下的正当权益不因其他被保险人的欺诈、错误告知、隐瞒或违反保险合同条件等违法或过错行为而受损害。但保险人对所有共同被保险人所承担的全部赔偿责任不超过保险合同中列明的保险金额或赔偿限额，以及批单或扩展条款中规定的分项限额。

4. 建筑、安装期限延长条款

如被保险工程不能按期完工，延期在3个月以内的，保险合同的保险期间自动随工期延长，保险人不加收保险费，对于延期在3个月以上的部分时间，被保险人缴纳保险合同项下按日比例计算的保险费，保险期间可以继续延长。但对于延长期超过12个月以上部分，双方可以协商新的承保条件另行承保。

5. 指定公估人条款

经双方同意，当发生保险责任范围内的损失，需聘请公估人时，应从合同约定的公估人中选取提供保险公估服务，公估费用由保险人承担。

6. 不使失效条款

经双方同意，在投保人、被保险人完全不知情的情况下，保险合同不因保险标的所占用场地或价值的变更、保险标的危险程度的增加或其他重要事项的变化而失效。但投保人、被保险人一旦知道该情况，应立即通知保险人，并支付从风险增加之日起至保险期间届满之日止期间可能的额外保险费，否则保险人不承担保险责任。

7. 场外装配扩展条款

保险合同扩展承保保险财产在场外、临近现场区域装配、修理期间因保险合同承保风险发生导致的物质损失和损坏。

8. 制造商风险扩展条款

因设计错误、铸造或原材料缺陷或工艺不善原因造成保险财产的损失，保险人负责赔偿。

9. 时间调整条款

保险合同项下被保险财产因在连续72h内遭受暴风雨、台风、洪水或地震所致损失应视为一单独事件，并因此构成一次意外事故而扣除规定的免赔额。被保险人可自行决定72h期限的起始时间，但若在连续数个72h期限时间内发生损失，任何两个或两个以上72h期限不得重叠。

10. 停工损失扩展条款

保险合同扩展承保被保险工程全部或部分停工期间发生保险合同项下的保险责任

范围内的事故导致的损失。但仅限于连续停工不超过3个月的工程部分。

11. 恶意破坏扩展条款

保险人负责赔偿由于第三者恶意破坏行为造成的被保险财产的损失。发生本附加条款项下的损失后，被保险人应立即向公安机关报案。

12. 地下/水下文物责任扩展特别条款

保单负责被保险人如在施工过程中遭遇地下/水下文物，应承担的文物管理部门要求的维护、照管等费用，并相应顺延保险建设期。

13. 被保险人控制财产扩展条款

保单物质损失部分项下扩展承保工地内现有财产或被保险人所有、照看、照管或控制的工地内财产由于保险合同项下承保的风险所造成的损失或损坏。

14. 试车期电力意外中断条款

保险合同扩展承保试车期间因任何外来原因导致的电力意外中断造成保险财产直接的物质损失或损坏。

15. 前期工程扩展条款

保单明细表中所载的被保财产包括保单开始前就已经完工或已开始的临时和永久工程，该工程的价值已经包含在保险金额中。但是保单不承保在保单生效前被保险人已知的或应当知道的损失。

16. 增值条款

如本项目发生全损或推定全损事故，保险人同意按照发生事故时的项目重置价以及各分项费用赔偿限额合计赔偿，其重置价及各项费用不受保险金额及扩展条款限额的限制，但合计赔偿金额不超过保险金额的120%。

17. 灭火费用条款

保单保险范围扩展至涵盖所有的消防费用，例如补充消防用具的费用以及由于此类消防用具的损失或损坏所发生的费用，且凡保险人涉及此类费用的责任均应仅限于在保单范围内或项目地点灾情紧迫的情况下，在项目地点或项目地点附近实施救火，或者扑救马上威胁到被保险财产火灾期间所引起的必要且合理的费用。

18. 其他利益条款

如果任一被保险人和其他方签订合同，根据此协议被保险人被要求保障其他方在被保险财产中的权益，保险人应认为此利益自动存在，无须得到保险人出具批单以表示同意。

19. 施救费用条款

保单负责赔偿被保险财产由于恶劣天气及其他承保风险所直接造成的物质损坏或即将导致物质损失的情况下，被保险人及其服务商、代理人可能进行施救或进行防御、保护、恢复被保险标的（包括但不限于支撑受损工程、封堵、排水、临时加固、打捞等）的费用。此外，为了降低保单项下的损失可能发生的合理费用也可以获得赔偿。

20. 索赔准备费用条款

保单扩展承保由被保险人为索赔准备、谈判和结算该保单下的赔偿费用而支付的任何合理的专业费用和由被保险人必须引发的保单下的其他一些合理的索赔准备、谈判和结算费用，而且该费用不能在其他地方收回。

21. 检测、重新测试、试验条款

若保单项下承保的被保险财产损失风险造成保险财产损失而导致需要进行任何检测、查漏、重新测试、试验或需对修理过程中或修理、修复后发生损失的财产进行重新测试和试验，保险人将负责承担这些测试和/或重新试验的费用。

22. 海缆检查费用条款

保险人在保险单项下负责赔偿被保险人下列项目：① 海缆发生保险事故后的检查费用（包括特殊设备的租用费、运输费和操作费）；② 为查寻及修补而产生必要的工程费用。

23. 等待费用条款

保单负责赔偿由于保单下所承保的事故发生后被保险人为了使有关参与修理工作的船舶、船只、设备避免恶劣天气，包括被命名的台风而发生的等待费用。

24. 额外工作条款

如果被保险财产的安置或定位错误，并且是由于恶劣天气及其他承保风险直接造成，保单将赔偿被保险人所必需的定位、再定位、下沉、浸没和固定被保险财产而发生的费用。

25. 海上取消费用条款

保险人应对恶劣天气及其他承保风险产生的事故（即使低于免赔额）直接引起的与工程有关的合同下的海上船舶（包括但不限于重型起重船舶、钻井机、井架船、拖船、驳船、供给船）和安装设备的取消费用，以及为完工而发生的雇佣海上船舶和工程设备的其他费用承担赔付责任。

26. 沉降备忘录条款

被保险财产发生保单责任项下的意外事故造成超出原设计沉降值的沉降引起的被保险财产物质损失由保险人负责赔偿。但由于原设计范围内的地基沉降导致的该被保险财产本身的沉降所造成的损失，保险人不负责赔偿。

27. 碰撞事故特别条款

保险人负责赔偿：① 因施工船舶主机失灵、误操作或因对潮流风浪特点不熟悉、缺乏经验而产生碰撞造成被保险财产的损失；② 非机动船舶在抛锚、起锚、作业、拖带过程中产生的碰撞造成被保险财产的损失；③ 外来船舶航行或避风过程中发生的碰撞造成被保险财产的损失。

28. 车辆装卸责任条款

承保被保险人因其拥有或租赁的车辆在保单承保的地址内进行与工程建设有关的装卸过程中发生意外事故造成第三者人身伤亡或财产损失时应负的赔偿责任。

29. 养殖类特别条款

保单扩展承保被保险人在本工程施工期间对养殖类海洋生物造成损失或损坏而应负的赔偿责任。

30. 社会活动责任条款

保险合同扩展承保，在保险期间内，被保险人及其代表在保险合同所涉地点举行活动时（包括但不限于论证会、招标会、答疑会、开工典礼、竣工仪式等），因发生与业务有关的意外事故导致人身伤害或财产损失时，被保险人应负的赔偿责任。

第二节 船舶保险

海上风电建设阶段在短时间内、在狭小的海上施工区域内集中聚集了大量施工作业船舶和施工作业人员来进行具有潜在高风险的作业，其中，施工船舶机具设备风险包括：

（1）船舶结构破损。因船舶使用维护不当或船舶事故等原因，导致船舶结构发生破损，将严重影响船舶在各种作业条件下的安全，甚至发生船舶倾覆、沉没等重大海上事故。

（2）船舶稳性不满足要求。船舶稳性受设计原因及操作原因共同影响，一般而言由操作错误造成船舶稳性不满足要求为主要原因。船舶海损等同样也会导致船舶稳性降低，船舶稳性不满足要求容易导致船舶倾覆或沉没等重大船舶事故。

（3）船舶搁浅或触礁。对于海上风电项目主起重船而言，发生搁浅及触礁的可能性较小。但是一旦发生，后果非常严重。

（4）船舶走锚。起重船主要依靠绞锚移动，容易发生船舶走锚风险。一旦发生走锚，船舶无法进行正常移船，同时有可能损害海底管缆、井口等设施。

（5）船舶设备损坏。船舶通信、导航设备、锅炉、发电机、起重设备、打桩设备等发生损坏，将严重影响船舶航行安全及作业安全。

为了有效分摊在海上风电项目建设时期由于船舶机具设备出现以上风险而造成的损失，投保船舶保险成为建设期风险管理中的必要一环。

一、概念

船舶保险是以各种类型的船舶为保险标的的保险。其中，船舶是指能漂浮和航行于海洋、江河及其他可通航水域的任何形状的物体，并能自由地、有控制地将货物或旅客从一个港口运往另一个港口的浮动物体。从通常定义上来讲，船舶是浮于水面上的物体；船舶是供航行使用的；船舶是机具，是一定的构成物。船舶保险的种类主要有国内船舶保险和远洋船舶保险两大类。承保的船舶以民用船舶为主。

二、保险责任

我国目前的船舶保险分为全损险和一切险两个险别。全损险只承保船舶因保险合同约定的原因导致的全部损失，一切险承保船舶的全部损失和部分损失。在此分别介绍全损险和一切险的保险责任。一切险项下的保险责任包括全损险的保险责任、碰撞责任、施救费用、共同海损和救助。

（一）全损险的保险责任

全损险承保被保险船舶因遭受保险范围内的风险而造成的全部损失，包括实际全损和推定全损。船舶保险承保的风险采用列明方式。船舶保险全损险承保由于下列原因所造成的被保险船舶的全部损失：

（1）海上风险。海上风险一般是指由海上自然灾害和意外事故构成的海上灾难。包括地震、火山爆发、雷电或其他自然灾害；搁浅、碰撞、触碰任何固定或浮动物体或其他物体，或其他海上灾害。

（2）火灾或爆炸。按传统的海上保险的规定，火灾或爆炸与海洋没有必然联系，因此，单列为海上保险的一项保险责任。

（3）来自船外的暴力盗窃或海盗行为。

（4）抛弃货物。在被保险船舶遭遇海上风险时，为了船舶安全，抛弃货物所引起的船灭失或损坏，例如因抛弃货物使船舶失去稳定性而倾覆沉没，或者抛弃船上装载的易燃，易爆货物时，可能引起船舶受损，并构成实际全损或推定全损。

（5）核装置或核反应堆发生的故障或意外事故。这些核装置或核反应堆是指船舶航行所使用的核动力，是非军事用的，与核武器无关。这是为了适应现代科技的需要，扩展承保的一项风险。

（6）船员疏忽行为所致的损失。我国船舶保险条款规定，该保险还承保由于下列原因所造成的被保险船舶的全部损失：

1）装卸或移动货物或燃料时发生的意外事故。

2）船舶机件或船壳的潜在缺陷。

3）船长、船员有意损害被保险人利益的行为。

4）船长、船员和引水员、修船人员及租船人的疏忽行为。

5）任何政府当局为防止或减轻因承保风险造成被保险船舶损坏引起的污染所采取的行动，但这种损失原因应不是由于被保险人、船东或管理人未恪尽职责所致的。

（二）一切险的保险责任

一切险除承担全损险的保险责任外，还负责这些风险给船舶造成的部分损失，以及下列责任和费用：

1. 碰撞责任

船舶碰撞是指船舶在水上与其他船舶或物体猛烈接触而发生的意外事故。按照国际惯例，船舶与其他船舶相撞称为碰撞；船舶与船舶以外的其他任何固定或浮动物体接触称为触碰。船舶因碰撞或触碰所致的损失是船舶保险承保的基本风险之一。

我国船舶保险碰撞责任条款规定：船舶一切险负责因被保险船舶与其他船舶碰撞或碰任何固定的浮动物体或其他物体而引起被保险人应负的法律赔偿责任。但碰撞责任不包括下列责任：

（1）人身伤亡或疾病。

（2）被保险船舶本船所载的货物或财产或其他承保的责任。

（3）清除障碍物、残骸、货物或任何其他物品的费用。

（4）任何财产或物体所造成的污染或玷污（包括预防措施或清除的费用），但与被保险船舶发生碰撞的他船或其所载财产遭受的污染或玷污不在此限。

（5）任何固定的、浮动的物体以及其他物体的延迟或丧失使用的间接损失和费用。

2. 共同海损和救助

共同海损是指在同一航程中，船舶和船上所载货物遭遇共同危险时，为了共同安全，故意而合理地采取措施所直接造成的特殊牺牲和支付的特殊费用。这种牺牲和费用应由同一航程中的船货等利害关系方按各自的获救价值进行分摊。船舶保险上的分摊则为被保险船舶应当分摊的那一部分，而非全部。

救助是指被保险船舶遭受承保风险的袭击，单凭本身力量无法解脱其困境、只好请求第三者或第三者自愿前来提供帮助，解脱其所处危险的行为，由此而引起的费用称为救助费用。如果船舶遭受承保风险袭击，船上有关利益方均遭受海损威胁，则该项救助费用应列入共同海损费用，由各利益方按照获救价值的比例分推，通常列入共同海损费用，否则，不能在该条款项下赔付。除油轮救助外，国际上通行的救助合同均以“无效果、无报酬”的原则计算救助报酬。

我国船舶保险条款规定：被保险船舶若发生共同海损牺牲，被保险人可获得这种损失的全部赔偿，而无须先行使向其他各方索取分推额的权利。该规定在核定共同海损和救助费用时，如保险金额低于约定价值或低于共同海损或施救费用的分推价值，保险人的赔偿责任要按船舶的保险金额在分推价值中所占的比例计算。

3. 施救费用

为了保险标的的单方利益，由被保险人或其代理人、雇佣人等对受损标的采取各种抢救、防护措施所产生的费用。施救条款规定，被保险人在保险标的发生承保风险时，要像没有将船保过险那样谨慎，采取各种防止或减少保险标的进一步受损的措施。我国船舶一切险条款规定：由于承保风险造成船舶损失或船舶处于危险之中，被保险人为防止或减少根据船舶一切险可以得到赔偿的损失而付出的合理费用，保险人应予以赔付。施救费用是一种单独费用。因此，它是船舶保险其他条款规定的赔偿责任以外的一项约定，保险人对施救费用的赔偿金额不受船舶本身损失、碰撞责任、共同海损分摊和救助等赔偿金额的限制，但不得超过船舶的保险金额。

三、责任免除

（1）由于被保险船舶开航时不具备适航条件所造成的损失。

（2）由于被保险人及其代表的疏忽或故意行为所造成的损失。

（3）被保险人克尽职责应予发现的被保险船舶的正常磨损、锈蚀、腐烂或保养不周，或材料缺陷包括不良状态部件的更换或修理。

（4）船舶战争、罢工险条款承保和除外的责任范围。

四、免赔额

（1）承保风险所致的部分损失赔偿，每次事故要扣除保险单规定的免赔额（不包括碰撞责任、救助、共损、施救的索赔）。

（2）恶劣气候造成两个连接港口之间单独航程的损失索赔应视为一次意外事故，但不适用于船舶的全损索赔以及船舶搁浅后专为检验船底引起的合理费用。

五、赔偿处理

（1）被保险事故或损失发生后，被保险人在两年内未向保险人提供有关索赔单证时，保险不予赔偿。

（2）全损。

1）被保险船舶发生完全毁损或者严重损坏不能恢复原状，或者被保险人不可避免地丧失该船舶，作为实际全损，按保险金额赔偿。

2）被保险船舶在预计到达目的港日期，超过两个月尚未得到它的行踪消息视为实际全损，按保险金额赔偿。

3）当被保险船舶恢复、修理救助的费用或者这些费用的总和超过保险价值时，在向保险人发出委付通知后，可视为推定全损，不论保险人是否接受委付，按保险金额赔偿。如保险人接受了委付，保险标的属保险人所有。

（3）部分损失。

1）保险项下海损的索赔，以新换旧均不扣减。

2）保险人对船底的除锈或喷漆的索赔不予负责，除非与海损修理直接有关。

3）船东为使船舶适航做必要的修理或通常进入干船坞时，被保险船舶也需就所承保的损坏进坞修理，进出船坞的使用时间费用应平均分摊。

如船舶仅为保险所承保的损坏必须进坞修理时，被保险人于船舶在坞期间进行检验或其他修理工作，只要被保险人的修理工作不曾延长被保险船舶在坞时间或增加任何其他船坞的使用费用，保险人不得扣减其应支付的船坞使用费用。

（4）被保险人为获取和提供资料和文件所花费的时间和劳务，以及被保险人委派或以其名义行事的任何经理、代理人、管理或代理公司等的佣金和费用，保险均不给予补偿，除非经保险人同意。

（5）凡保险金额低于约定价值或低于共同海损或救助费用的分摊金额时，保险人对保险承保损失和费用的赔偿，按保险金额在约定价值或分摊金额所占的比例计算。

（6）被保险船舶与同一船东所有，或由同一管理机构经营的船舶之间发生碰撞或接受救助，应视为第三方船舶一样，保险予以负责。

第三节 施工机具保险

海上风电项目在建设期涉及各种施工机具，由于项目施工地点涉及海陆作业，所以面临的风险更为复杂。首先，在起重、打桩作业过程中，存在吊物坠落，起重机、打桩锤设备故障，索具损坏、断裂、连接错误而引起的作业风险；其次，在拖航作业中，存在因拖轮故障致使拖轮失去动力，主拖缆断裂或索具断裂导致失控漂移，各种助航仪器和通信设备损坏危及拖航作业的安全的风险；另外，在铺缆作业时，存在铺设端头密封帽水中密封不满足要求，渗水导致电缆绝缘损坏、老化的风险，以上风险的发生很大可能会影响作业进度，进而造成损失，需要保险予以风险分摊。

一、概念

施工机具设备是指配置在施工场地，作为施工用的机具设备，如吊车、叉车、压路机、搅拌机等。建筑工程的施工机具一般为承包人所有，不包括在承包工程合同价格之内，应列入施工机具设备项目下投保。

施工机具保险是承保施工机具在保单明细表中列明的建筑期或安装期间和施工场地内，由于列明的自然灾害和意外事故造成的损失的一类工程保险险种。

二、保险责任

施工机具由于以下原因造成的损失，保险公司可按照保险合同约定予以赔偿。

（一）列明的自然灾害

施工机具保险将以下人力不可抗拒的破坏力强大的自然现象导致的损失列为保险责任，主要包括：雷击、洪水、暴风、龙卷风、暴雨、地震、海啸、地面突然塌陷、突发性滑坡、崖崩、泥石流、雪灾、雹灾。

（二）列明的意外事故

施工机具保险同样将以下不可预料及被保险人无法控制并造成损失的突发性事件也纳入保险保障范围，包括：火灾、爆炸；空中运行物体的坠落；升降机、行车、吊车、脚手架的倒塌；碰撞、倾覆；操作人员的疏忽、过失。

三、责任免除

（1）出现下列任一情形时，保险人不负责赔偿：

1）不具有国家相关部门颁发的合法有效的操作资格证书的人员使用保险标的，或盗用、伪造、涂改、转借作业人员证件使用保险标的。

2）操作人员饮酒、吸毒或服用国家管制的精神药品或麻醉药品的。

3）操作人员未经被保险人同意或允许而操作保险标的的。

4）被保险人或其代表、保险标的的承租方或保险标的操作人员利用保险标的从事违法活动的。

5）保险标的未按照有关规定参加检验或检测不合格，被保险人伪造检验报告、检测结果或超期未检仍使用的。

（2）下列原因造成的损失、费用，保险人不负责赔偿：

1）被保险人或其代表、保险标的承租方或保险标的操作人员的故意行为、重大过失行为、违反工程机械设备的操作规程行为或违反施工作业的安全规程行为。

2）战争、敌对行动、军事行为、武装冲突、罢工、骚乱、暴动、恐怖活动；行政行为或司法行为。

3）核辐射、核爆炸、核污染及其他放射性污染。

4）大气污染、土地污染、水污染及其他各种污染，但因保险合同责任范围内的事故造成的污染不在此限。

5）地震、海啸，以及由此引起的次生灾害。

6）碰撞；任何原因引起的保险标的倾覆。

7）盗窃、抢劫、抢夺。

8）自燃；人工直接供油、烘焙。

（3）下列损失、费用，保险人也不负责赔偿：

1）保险标的在保险单载明的使用区域外遭受的损失和费用。

2）保险标的在被拖带或吊装、吊卸、拖运（自保险标的在起运地装上首个运输工具时起至在目的地卸离最后一个运输工具时止的整个期间）过程中遭受的损失和费用；保险标的在竞赛、检测、修理、养护、被扣押、征用、没收期间遭受的损失；保险标的在改装期间及改装后遭受的损失。

3）因遭受保险事故而引起的各种间接损失。

4）吊升、举升的物体以及其他操作方式中被操作对象造成保险标的的自身损失。

5）发动机进水后导致的发动机损坏。

6）保险标的在未发生倾覆或洪水事故的情况下而陷入水中（或泥中）遭受的损失；保险标的在地下或隧洞作业过程中遭受的损失。

7）保险标的由于自身重量或因施工工地土质疏松导致保险标的陷入土地内造成的一切损失；作业中车体失去重心造成保险标的的损失。

8）保险标的造成的第三者损失。

9）与外部高压线、高压电缆接触造成保险标的的损失。

10）保险标的自身缺陷、保管不善导致的损毁；保险标的的氧化、腐蚀、锈损、自然磨损、自然损耗。

11）需经常更换的工具或配件，如打击锤、钻头、皮带、绳索、金属线、橡胶轮胎等的单独损坏；倒车镜单独损坏、车灯单独损坏、玻璃单独破碎、车身表面油漆单独划伤、车轮（包括轮胎及轮毂）单独损坏。

12）市场价格变动造成的贬值、修理后因价值降低引起的损失。

13）根据法律或契约规定应由供货方、制造人、安装人或修理人负责的损失和费用。

14）保险合同约定的应由被保险人自行承担的免赔额。

四、保险标的

单位所有的经国家有关部门检测合格、依法登记、具备有效运行证的工程机械设备或者个人所有的具有生产厂家出具的合格证的工程机械设备可作为保险标的，由其所有者或其他经济利害关系者向保险人投保该险种。

五、保险金额

建筑、安装施工机器、设备应以该机器、设备的重置价作为保险金额，该重置价是指重置同厂牌、同型号、同性能、同负载的或相类似的新机器、新设备所需的费用。

在保险实务操作中，投保该险种的建筑安装施工机器、设备必须在清单上列明名称、型号、类别、金额。但是，由于在工地使用的施工机具数量较大，而且是根据施工进度情况不断变化的，为了能够实时获得保险的保障，在投保时，投保人和保险人双方可按照保险期限内最大可能投入量约定的保险金额，保险人依据此保险金额预收保险费。在保险期限内被保险人根据施工机具实际投入情况向保险人定期申报，保险人在保险期限结束后根据被保险人申报的情况调整保险费，多退少补。

六、赔偿处理

（1）保险事故发生时，被保险人对保险标的不具有保险利益的，不得向保险人请求赔偿保险金。

（2）保险标的发生保险责任范围内的损失，保险人有权选择下列方式赔偿：

1）货币赔偿：保险人以支付保险金的方式赔偿。

2）实物赔偿：保险人以实物替换受损标的，该实物应具有保险标的出险前同等的类型、结构、状态和性能，或更好的状态、性能。

3）实际修复：保险人自行或委托他人修理修复受损标的。

（3）保险标的遭受损失后，如果有残余价值，应由双方协商处理。如折归被保险人，由双方协商确定其价值，并在保险赔款中扣除。

（4）保险标的发生保险责任范围内的损失，保险人按以下方式计算赔偿：

1）全部损失。全部损失是指发生保险事故后，保险标的实际全损已不可避免，或者为避免发生实际全损所需支付的费用超过保险标的的实际价值。

赔偿金额等于出险时保险标的的实际价值，但最高不超过该项受损财产的保险金额。

2）部分损失。保险金额等于或高于出险时的重置价值时，按实际损失计算赔偿；保险金额低于出险时的重置价值时，按保险金额与出险时的重置价值的比例乘以实际损失计算赔偿，最高不超过保险金额。

3）任何属于成对或成套的项目，若发生损失，保险人的赔偿责任不超过该受损项目在所属整对或整套项目的保险金额中所占的比例。

4）若保险合同所列标的不止一项时，应分项按照本条约定处理。

（5）保险标的的保险金额大于或等于其出险时的重置价值时，被保险人为防止或减少保险标的的损失所支付的必要的、合理的费用，在保险标的损失赔偿金额之外另行计算，最高不超过被施救保险标的的保险价值。

保险标的的保险金额小于其出险时的重置价值时，上述费用按被施救标的的保险金额与其出险时的重置价值的比例在保险标的损失赔偿金额之外另行计算，最高不超过被施救保险标的的保险金额。

被施救的财产中，含有保险合同未承保财产的，按被施救保险标的的保险价值与全部被施救财产价值的比例分摊施救费用。

（6）保险合同双方在保险合同中约定了免赔额的，每次事故赔偿金额为根据保险合同约定计算的金额扣除每次事故免赔额后的金额。

保险合同双方在保险合同中约定了免赔率的，每次事故赔偿金额为根据保险合同约定计算的金额扣除该金额与免赔率乘积后的金额。

第四节 货物运输保险

一、概念

货物运输保险是以各种运输物作为保险标的，承保在运输过程中可能遭受的自然灾害或意外事成造成的损失，由保险人承担赔偿责任的保险，属于财产保险的一种。海上风电运输险是以运输途中的风机机组及其附件作为保险标的，保险人对由自然灾害和意外事故造成的货物损失负责赔偿责任的保险。海上风电有别于陆上风电，运输模式包含陆路、水路，水域涉及内河和近海。运输过程中可能会发生设备刮擦、落水、进水等风险。运输险一般由设备运输单位直接购买。

二、主要险种

根据不同标准，可将货物运输保险分为不同种类。按照运输工具和运输方式不同，可以分为水上运输险、陆上运输险、航空运输险、邮包险、联运险；按照适用范围不同，可分为海洋货物运输险和国内货物运输险两大类。

（一）海洋货物运输保险

1. 平安险

平安险的保险责任包括：

（1）被保险货物在运输途中由于恶劣气候、雷电、海啸、地震、洪水这5类自然灾害造成整批货物的全部损失或推定全损，保险人负责赔偿。此外，其他的自然灾害造成被保险货物的损失保险人不负责赔偿。

（2）运输工具遭受搁浅、触礁、沉没、互撞、与流冰或其他物体碰撞以及失火、爆炸意外事故造成货物的全部或部分损失，保险人均负责赔偿。

（3）运输工具已经发生搁浅、触礁、沉没、焚毁意外事故的情况下，货物在此前后又在海上遭遇恶劣气候、雷电、海啸等自然灾害所造成被保险货物的部分损失，保险人负责赔偿。

（4）在装卸或转运被保险人货物时，由于一件或数件整件货物落海造成保险货物的全部或部分损失，保险人负责赔偿。

（5）被保险人对遭受承保责任内危险的货物采取抢救、防止或减少货损的措施而支付的合理费用，保险人负责赔偿，但以不超过该批被救货物的保险金额为限。

（6）运输工具遭遇海难后，在避难港由于卸货所引起的损失以及在中途港、避难港由于卸货、存仓以及运送货物所产生的特别费用，保险人负责赔偿。

（7）保险人只负责赔偿共同海损的牺牲和分摊部分的损失，而不是全部。当共同海损经审核成立时，被保险货物本身因共损造成的损失，保险人可先行赔付而不由被保险人向其他共损利益方索取分摊。保险人赔付共同海损内的损失以后，有权从船方、运输方等其他利益方摊回共损理算数额，但仅以已经赔付的数额为限。

（8）当运输契约订有“船舶互撞责任”条款时，则被保险人依据该条款规定应偿付给船方的分摊费用，保险人负责赔偿。但在不足额保险的情况下，保险人则按承保比例赔偿上述费用。

2. 水渍险

水渍险的责任范围大于平安险，它不但承保平安险的全部损失责任，还负责赔偿被保险货物由于恶劣气候、雷电、海啸、地震、洪水等5种自然灾害所造成的部分损失。

3. 一切险

一切险的责任范围并非是一切风险造成被保险货物损失保险人都负责赔偿，而是在平安险、水渍险责任范围基础上进一步扩展承保被保险货物在运输途中由于外来原因造成的损失。

外来风险并非一切风险，它是指由于自然灾害和意外事故以外的其他外来原因造成的风险，但不包括货物的自然损耗和本质缺陷，它不是必然发生的。如被保险货物的自然属性、内在缺陷引起的自然损耗，就不是外来原因致损，而属于必然损失。另外，外来风险也不是对一切外来因素引起的危险所致的损失，保险人都负责赔偿。因为，内因都是受到外因的影响才起变化的，如自燃现象就是由于物体本身受到外界气候、温度等因素的影响后发生的。

该险种外来原因包括以下11种附加险包含的责任范围：附加盗窃险、提货不着险、淡水雨淋险、短量险、混杂玷污险、渗漏险、碰损破碎险、串味险、受潮受热险、钩损锈损险、包装破裂险。另外，还有交货不到险、进口关税险、舱面货物险、拒收险、黄曲霉素险、出口货物到香港（包括九龙在内）或澳门存仓火险等险种扩展的责任。

（二）国内货物运输保险

国内货物运输保险是保险人承保货物在国内运输过程中，因自然灾害、意外事故造成的损失。国内货物运输保险分为水路货物运输保险、铁路货物运输保险、公路货物运输保险和航空运输保险，以及国内沿海货物舱面特约保险。

1. 国内水路货物运输保险

该险种承保国内江、河、湖泊和沿海经水路运输的货物，但蔬菜、水果、活牲畜、禽鱼类和其他动物不属于保险保障范围之内。该险种分为基本险和综合险。基本险承保货物在运输过程中因遭受自然灾害和意外事故造成的损失，综合险除承保基本险责任外还负责包装破裂、破碎、渗漏、盗窃和雨淋等风险。

该险种的保险价值为货物的实际价值，按货物的实际价值或货物的实际价值加运杂费确定。保险金额由投保人参照保险价值自行确定。

2. 国内铁路货物运输保险

承保保险标的为国内经铁路运输的货物，可分为基本险和综合险两种。基本险承保货物在运输过程中因遭受自然灾害和意外事故造成的损失，并承保在发生保险责任时，因施救和保护货物而造成货物的损失及所支付的直接合理的费用。综合险不但承保基本险责任外还负责包装破裂、破碎、渗漏、盗窃、提货不着和雨淋等造成的损失。

3. 国内公路货物运输保险

该险种承保经国内公路运输的货物。保险责任包括自然灾害和意外事故，还综合承保雨淋、破碎、渗漏，同时在发生保险事故时，因纷乱造成货物的散失以及因施救或保护货物所支付的直接合理的费用也属于保险赔偿范围。

4. 国内航空货物运输保险

该险种承保经国内航空运输的货物当发生自然灾害和意外事故时遭受的损失，还综合承保雨淋、破碎、渗漏、盗窃和提货不着等风险。

5. 国内沿海货物运输舱面特约保险

保障存放在舱面的货物被抛弃或者风浪冲击落水的风险。

第五节 施工人员意外保险

施工人员在海上住宿期间存在以下风险：① 人员触电风险。海上施工生活区配备220V 交流电，各种生活用电电器、电源插座、线缆在绝缘防护破损或不正确使用的条件下，潜在人员触电风险，造成人员伤亡事故。② 人员跌倒、滑倒风险。海上施工生活区人员在居住期间，有可能因为疏忽大意，或走道存水，或在冬季因为走道结冰等各种因素导致，人员跌倒、滑倒，造成人员伤害。③ 火灾风险。因为人员在生活区吸烟或因电器老化等原因，生活区极有可能发生火灾事故。由于生活区人员密集，各种可燃物及易燃物多，一旦发生火灾事故，将导致严重后果，甚至发生人员群死群伤，船舶损毁的重大事故。④ 四是食物中毒风险。海上本项目海上施工作业期间，海上作业居住人数多，人员密集，如果对食品卫生控制不严，将导致多人食物中毒的重大事故。

施工人员在转运期间存在以下风险：一是人员落水风险，在舷外作业时，人员通过船用跳板到达岸或另一船或桩基平台、牵引绳作业、营救作业、事故落水等；二是人员跌倒、滑倒扭伤等风险，甲板面存在积水、结冰、溢油等情况下，容易发生人员跌倒、滑倒、扭伤等事故，造成人员受伤。

施工人员在常规作业期间存在以下风险：一是高空舷外作业风险，在起重吊装，舷外操作等作业过程中从高处坠落造成伤残、死亡；二是高空落物风险，在起吊作业过程中，另外其他高空作业也可能发生高空落物风险，造成人员伤害；三是高空坠落风险，人员在高空作业过程中，发生高空坠落。

施工人员在项目建设阶段存在以上诸多风险，所以需要保险予以保障，从根本上保护员工权益，减轻企业负担，增强整体的抗风险能力。

一、概念

人身意外伤害保险是指在保险合同有效期内，被保险人由于外来的、突发的、非本意的、非疾病的客观事件（即意外事故）造成身体的伤害，并以此为直接原因致使被保险人死亡或残疾时，由保险人按合同约定向被保险人或受益人给付死亡保险金、残疾保险金或医疗保险金的一种保险。

建筑施工人员团体意外伤害保险的被保险人是年龄在 16～65 周岁、身体健康、能正常工作或正常劳动、在建筑工程施工现场从事管理和作业并与施工企业建立劳动关系的人员。

二、保险责任

在保险期间内，被保险人从事建筑施工及与建筑施工相关的工作，或在施工现场或施工期限内指定的生活区域内因遭受意外伤害，并因该意外伤害导致身故、残疾或烧伤的，保险人依照约定给付保险金。

三、责任免除

（1）因下列原因造成被保险人身故、伤残或医疗费用支出的，保险人不承担给付保险：

1）投保人的故意行为。

2）被保险人自致伤害或自杀，但被保险人自杀时为无民事行为能力人的除外。

3）因被保险人挑衅或故意行为而导致的打斗、被袭击或被谋杀。

4）被保险人妊娠、流产、分娩、疾病、药物过敏、中暑、猝死。

5）被保险人接受整容手术及其他内、外科手术。

6）被保险人未遵医嘱，私自服用、涂用、注射药物。

7）核爆炸、核辐射或核污染。

8）恐怖袭击。

9）被保险人犯罪或拒捕。

10）被保险人从事高风险运动或参加职业或半职业体育运动。

11）被保险人未取得对应的特种作业证书进行特种作业操作。特种作业的相关定义以国家安全生产监督管理总局发布的最新《特种作业人员安全技术培训考核管理办法》为准。

（2）被保险人在下列期间遭受伤害导致身故、伤残或医疗费用支出的，保险人也不承担给付保险金责任：

1）战争、军事行动、暴动或武装叛乱期间。

2）被保险人醉酒或毒品、管制药物的影响期间。

3）被保险人酒后驾车、无有效驾驶证驾驶或驾驶无有效行驶证的机动车期间。

（3）下列费用，保险人不负给付保险金责任：

1）保险单签发地社会医疗保险或其他公费医疗管理部门规定的自费项目和药品费用。

2）因椎间盘膨出和突出造成被保险人支出的医疗费用。

3）营养费、康复费、辅助器具费、整容费、美容费、修复手术费、牙齿整形费、牙齿修复费、镶牙费、护理费、交通费、伙食费、误工费、丧葬费。

发生上述第（1）、（2）条情形，被保险人身故的，保险人对该被保险人保险责任终止，并对投保人按日计算退还未满期净保费。

四、保险期间

建筑施工人员团体人身意外伤害保险的保险期限为 1 年或根据施工项目期限的长

短来确定。投保人选择按照施工建筑面积或按工程合同造价的一定比例计收保险费方式的，保险期间为自施工工程项目被批准正式开工并且投保人已缴付保险费的次日（或约定起保日）零时起至施工合同规定的工程竣工之日 24 时止。提前竣工的，保险责任自行终止。工程因故延长工期或停工的投保人应书面通知保险人，经保险人审核确认后，办理保险期间顺延手续，保险人自收到书面申请的次日零时起中止承担保险责任。该工程项目重新开工的，投保人应以书面形式通知保险人，保险人自收到该书面申请并审核同意的次日零时起开始继续承担保险责任。保险人累计承担保险责任的期间长度不得超过保险合同载明的保险期间长度。若保险期间届满工程未竣工需延长工期，延期不超过 1 年的，投保人可在保险期间届满前向保险人申请顺延保险合同保险期间，经保险人书面审核同意后，保险人继续承担保险责任；延期超过 1 年的，投保人需在保险期间届满前办理续保手续，并交纳相应保险费。

五、保险费

建筑施工人员团体人身意外伤害保险的保险费有 3 种方式计收，并由双方选定 1 种，在保险单中载明。

（一）按人数计收

保险费按被保险人人数计收的，按下列公式交纳保险费：

保险费 = 每人保险金额 × 基准年费率 × 保险年份数 × 被保险人人数 × 人数优惠系数 × 施工资质系数

保险期限届满后需办理续保手续的，仍按上式计算。

（二）按工程总造价计收

（1）保险费按建筑工程项目总造价计收的，按下列公式交纳保险费：

保险费 = 项目总造价 × 基准保险费率 ×（每一被保险人保险金额/10 000）× 施工资质系数

（2）保险期限届满后需办理续保手续的，按下列公式计算保险费：

保险费 = 项目总造价 × 基准保险费率 ×（每一被保险人保险金额/10 000）×（施工未完工期限/合同施工期限）× 施工资质系数

（三）按建筑施工总面积计收

（1）保险费按建筑施工总面积计收，按下列公式交纳保险费：

保险费 = 建筑施工总面积（平方米）× 每平方米保险费 ×（每一被保险人保险金额/10 000）× 施工资质系数

（2）保险期限届满后需办理续保手续的，按下列公式计算保险费：

保险费=建筑施工总面积（平方米）× 每平方米保费 ×（每一被保险人保险金额/10 000）×（施工未完工期限/合同施工期限）× 施工资质系数

六、保险金支付方式

当意外伤害事故发生时，意外伤害保险金的给付主要有两种情况，即死亡保险金给付和残疾保险金给付。死亡保险金按照合同中约定的金额（通常为保险金额，有时也按保险金额的一定比例）给付；残疾保险金按照保险金额与残疾程度百分比的乘积来给付。如果意外伤害保险合同中附加了意外伤害医疗保险时，则保险人将按照合同的约定，对被保险人因意外伤害造成的医疗费用支出进行补偿。

第六节 雇主责任保险

一、概念

我国目前开办的雇主责任保险，通过保障雇主对所聘员工的责任，即雇主通过投保此险种将其根据有关法律法规或雇佣合同对所聘员工所承担的损害赔偿责任转嫁给保险公司，进而有效保护雇主和雇员的利益。建筑施工企业雇主责任保险主要是针对经建设行政主管部门批准，取得相应资质证书并经工商行政管理部门登记注册，依法设立的建筑施工企业开办的一类雇主责任保险。本险种相较于施工人员意外伤害保险，保障范围增加了国家规定的职业性疾病。

二、保险责任

在我国，雇主责任保险多以雇主与其雇员的雇佣合同中规定的雇主的赔偿责任或国家法律法规的相关规定为保险责任。施工企业雇主责任保险属于工期保险责任，其基本保障范围包括以下几个方面：

（1）在该险种期间内，被保险人的雇员在保险合同明细表中列明的区域范围内，从事与被保险人建筑安装工程业务有关的工作时，因遭受意外事故或者患与业务有关的国家规定的职业性疾病致伤、残疾或死亡，依据中华人民共和国法律应由被保险人承担的医疗费用及经济赔偿责任，保险人依据保险合同的约定负责赔偿。

（2）对事先经保险人书面同意的仲裁或诉讼费用及律师费用，保险人也负责赔偿。

（3）在上述保险责任中，应注意以下几点：

1）我国法律中对雇员的概念没有明确界定，所以条款中所指“被保险人的雇员”，包括长期固定工、短期工、临时工、季节工和徒工等。而被保险人是指与雇员有直接雇佣合同关系，是经建设行政主管部门批准，取得相应资质证书并经工商行政管理部门登记注册，依法设立的建筑施工企业。它承担着对雇员在受雇期间遭受伤害的法律赔偿责任。

2）职业性疾病是指被保险人的雇员在从事与被保险人建筑安装工程业务有关的工作中，接触职业性有害因素引起的疾病。该险种所指的职业性疾病为政府有关部门明文规定的法定职业病。其他职业病或疾病，保险人不负责赔偿。

3）医疗费用的支出以员工遭受意外事故和职业性疾病而致伤、残为条件，在该项赔偿限额内进行赔偿。其他医疗费，除经特别约定，并支付附加保险费，保险人不负责赔偿。

4）应支出的有诉讼费用。包括律师费用、取证费用以及经法院判决应由被保险人代所聘用员工支付的诉讼费用。该费用必须用于处理保险责任范围内的索赔纠纷或诉讼案件，且是合理的诉诸法律而支出的额外费用。

5）该险种承保的对象是雇主对雇员依法应承担的经济赔偿责任，雇主自身包括企业董事会成员的人身伤亡不属于此险种的责任范围。

三、责任免除

（1）下列原因造成的损失、费用和责任，保险人不负责赔偿：

1）战争、敌对行动、军事行动、武装冲突、恐怖活动、罢工、骚乱、暴动；核反应、核子辐射、放射性污染等造成的损失，通常在各险种中都作为责任免除，其中部分风险经特别约定可作一定程度的扩展。

2）被保险人的故意行为。雇主责任险的被保险人应认真履行对所聘用员工应尽的义务，包括劳动保护措施等，由于其故意而造成的员工伤害的责任，应由其自己负责，此条作为除外责任的目的在于督促被保险人认真履行其职责。

3）国家机关的行政行为或执法行为。

4）地震、雷击、暴雨、洪水、台风等自然灾害。

5）被保险人的雇员的违法犯罪行为、自杀、自残、斗殴、酗酒、酒后或无证驾驶车船等。

（2）下列各项，保险人也不负责赔偿：

1）被保险人及其雇员所有或保管的财产的损失。

2）精神损害赔偿责任。

3）因保险责任事故造成的任何性质的间接损失。

4）罚款或惩罚性赔款。

5）被保险人雇员患职业性疾病以外的任何疾病、传染病及分娩、流产，以及因此而施行内外科手术所致的伤残或死亡。

6）本保险合同明细表中规定的免赔额。

7）其他不属于保险责任范围内的一切损失、费用和责任，保险人不负责赔偿。

四、保险期间

施工企业雇主责任保险的保险责任属于工期保险责任，一般来说，施工周期就是保险人承保的雇主责任保险的保险责任期限，保险人确定保期限时原则上是根据工期确定的，并在保险单中列明责任起止日。

五、保险费

雇主责任保险的保险费率，一般根据一定的风险归类确定不同行业或不同工种的不同费率标准，同一行业基本上采用同一费率，但对于某些工作性质比较复杂、工种较多的行业，则还须规定每一工种的适用费率。同时，还应当参考赔偿限额。

六、赔偿限额

目前我国法律对赔偿标准没有明确规定，而是由保险人根据雇佣合同的要求，以雇员若干个月（例如 12 个月或 24 个月或 36 个月）的工资、薪金总额（包括奖金、加班费及其他津贴等）来确定赔偿限额，或由被保险人和保险人共同协商确定赔偿限额。

如果法律中有关赔偿标准有明确规定，那么保险人应依法进行赔偿，而赔偿限额则是保险人能承担的最高赔偿限额。

在保险实务中，建筑施工企业雇主责任保险的赔偿限额分为以下几类进行赔偿，并明确载于保险合同。

（1）每人人身伤亡责任限额。对于每人人身伤亡，保险人的赔偿金额不超过该限额。对于死亡、永久丧失全部/部分工作能力的赔偿原则，是根据死亡或伤残的程度，按相应的每人人身伤亡责任限额的百分比进行赔偿。

（2）每次事故每人医疗费责任限额。对于每次事故每人医疗费，保险人的赔偿限额不超过该限额。保险人对于医疗费用的赔偿包括挂号费、治疗费、手术费、床位费、检查费、药费等。不承担护理费、伙食费、营养费、交通费、取暖费、空调费及安装假肢、假牙、假眼和残疾用具费用。除紧急抢救外，受伤雇员均应在县级以上医院或保险人指定的医院就诊。

（3）每人诉讼费用责任限额。对于每人诉讼费用，包括仲裁或诉讼费用及律师费用等，保险人赔偿金额以该限额为限进行赔偿。

（4）累计责任限额。在保险期限内，保险人的累计赔偿限额不超过该列明的累计赔偿限额。

第七节 安全生产责任保险

一、概念

安全生产责任保险是生产经营单位在发生生产安全事故以后对死亡、伤残者履行赔偿责任的保险，对维护社会安定和谐具有重要作用。安全生产责任保险相较于雇主责任保险，保障人群不仅包括工作人员，还包括第三者人员的人身伤害赔偿，并且还承担财产损失赔偿。

对于高危行业分布广泛、伤亡事故时有发生的地区，发展安全生产责任保险，用责任保险等经济手段加强和改善安全生产管理，是强化安全事故风险管理的重要措施，有利于增强安全生产意识，防范事故发生，促进地区安全生产形势稳定好转；有利于预防和化解社会矛盾，减轻各级政府在事故发生后的救助负担；有利于维护人民群众根本利益，促进经济健康运行，保持社会稳定。

二、保险责任

（一）主险责任

在保险期间内，被保险人的工作人员在中华人民共和国境内因下列情形导致伤残或死亡，依照中华人民共和国法律（简称为“依法”）应由被保险人承担的经济赔偿责任，保险人按照合同约定负责赔偿：

（1）工作时间在工作场所内，因工作原因受到安全生产事故伤害。

（2）工作时间前后在工作场所内，从事与履行其工作职责有关的预备性或者收尾性工作受到安全生产事故伤害。

（3）在工作时间和工作场所内，因履行工作职责受到暴力等意外伤害。

（4）因工外出期间，由于工作原因受到伤害或者发生事故下落不明。

（5）在上下班途中，受到交通及意外事故伤害。

（6）在工作时间和工作岗位，突发疾病死亡或者在48h之内经抢救无效死亡。

（7）根据法律、行政法规规定应当认定为安全生产事故的其他情形。

（二）附加第三者责任

在保险期间内，被保险人合法聘用的工作人员在被保险人的工作场所内，受雇从事保险单明细表所载明的被保险人的业务过程中，发生安全生产事故，造成第三者死亡，依法应由被保险人承担的经济赔偿责任，保险人按照附加险合同和主险合同的约定负责赔偿。

（三）附加施救及事故善后处理费用保险责任

在保险期间内，被保险人的工作人员因保险事故所致的伤残或死亡，被保险人因采取必要、合理的施救及事故善后处理措施而支出的下列费用，保险人按照附加险合同和主险合同的约定也负责赔偿：

（1）现场施救费用。

（2）参与事故处理人员的加班费、住宿费、交通费、餐费以及生活补助费。

（四）附加医疗费用保险责任

在保险期间内，被保险人的工作人员因保险事故所致的伤残或死亡，依照中华人民共和国法律应由被保险人承担的医疗费用，保险人按照本附加险合同和主险合同的约定负责赔偿。

三、责任免除

（1）出现下列任一情形时，保险人不负责赔偿：

1）被保险人被政府有关部门或安全生产监督管理部门责令停产整顿期间擅自从事生产发生的事故，或被政府有关部门关闭后擅自恢复生产发生的事故。

2）被保险人从事与保险合同载明的经营范围不符的任何活动发生的事故。

3）被保险人违法违规经营的。

（2）下列原因造成的损失、费用和责任，保险人不负责赔偿：

1）投保人、被保险人及其代表的故意行为或重大过失。

2）战争、敌对行动、军事行为、武装冲突、罢工、骚乱、暴动、恐怖袭击。

3）核辐射、核爆炸、核污染及其他放射性污染。

4）大气污染、土地污染、水污染及其他各种污染。

5）行政行为或司法行为。

6）地震、火山爆发、海啸、雷击、洪水、暴雨、台风、龙卷风、暴风、雪灾、雹灾、冰凌、泥石流、崖崩、地崩、突发性滑坡、地面突然下陷等自然灾害。

7）各种交通事故，但不包括场内机动车辆事故。

8）各种职业病、疾病、中暑、猝死等非意外事故。

9）其他不符合《生产安全事故报告和调查处理条例》（国务院令第493号）管辖的生产安全事故。

（3）下列损失、费用和责任，保险人不负责赔偿：

1）被保险人应该承担的合同责任，但无合同存在时仍应由被保险人承担的经济赔偿责任不在此限。

2）罚款、罚金及惩罚性赔偿。

3）精神损害赔偿。

4）间接损失。

5）投保人、被保险人在投保之前已经知道或可以合理预见的索赔情况。

6）未经有关监管部门验收或验收不合格的固定场所或设备发生火灾、爆炸、坍塌、泄漏、中毒、拥挤踩踏、坠落等意外事故造成的人身伤亡。

7）任何医疗费用支出。

8）财产损失。

9）保险合同中载明的免赔额。

（4）其他不属于保险责任范围内的损失、费用和责任，保险人不负责赔偿。

四、赔偿限额与保险费

赔偿限额包括人身伤害累计赔偿限额、医疗费用累计赔偿限额、第三者责任累计赔偿限额、附加施救及事故善后处理费用累计赔偿限额。

保险费根据被保险人营业性质及参保人数对应所选择不同的赔偿限额计收。

五、赔偿处理

（1）保险人的赔偿以下列方式之一确定的被保险人的赔偿责任为基础：

1）被保险人和向其提出损害赔偿请求的受害人协商并经保险人确认。

2）仲裁机构裁决。

3）人民法院判决。

4）保险人认可的其他方式。

（2）被保险人给第三者造成损害，被保险人未向该第三者赔偿的，保险人不得向被保险人赔偿保险金。

（3）发生保险责任范围内的生产安全事故，造成被保险人雇员人身伤亡的，对被保险人依法应承担的经济赔偿责任，保险人在保险单约定的赔偿限额内，依下列方式进行赔偿：

1）死亡赔偿金：按照工伤死亡赔偿标准确定，最高以保险单约定的每人人身伤亡赔偿限额为限。

2）残疾赔偿金：根据国家标准《劳动能力鉴定　职工工伤与职业病致残等级》（GB/T 16180—2014），按照工伤伤残赔偿标准确定残疾赔偿金，最高以保险单约定的每人人身伤亡赔偿限额为限。

3）被保险人不得就其单个雇员因同一保险事故同时申请伤残赔偿金和死亡赔偿金。

（4）发生保险责任范围内的生产安全事故，造成第三者人身伤亡的，对被保险人依法应承担的死亡赔偿金或残疾赔偿金，保险人在保险单约定的每人人身伤亡赔偿限额内负责赔偿。

（5）保险人根据不同情况，按照以下两种方式支付赔款：

1）被保险人已经支付赔款给雇员或第三者的，保险人对依法应由被保险人承担的赔偿责任进行赔偿。

2）被保险人及其代表在生产安全事故发生后逃逸的，或者在生产安全事故发生后，未在规定时间内主动承担赔偿责任，支付抢险、救灾及善后处理费用的，雇员或第三者可以直接向保险人提出索赔，保险人按本合同的约定将赔款支付给雇员或第三者。

第八节　合同履约保证保险

一、概念

合同履约保证保险是指保证保险人应工程合同一方（投标人、委托人、承包方、施工方）的要求向另一方（权利人、受益人、业主、招标人）做出书面承诺，保证如果被保证人无法完成其与权利人签订的合同中规定应由被保证人履行的义务，则由保证保险人代为履约或做出其他形式的补偿。

具体到工程建设阶段的合同履约保证保险是指，在保险期间内，投保人因自身原因未按照与被保险人签订的建设工程施工合同履行相关义务，导致工程竣工延误或工程质量不符合建设工程施工合同要求，给被保险人造成直接经济损失的，视为保险事故发生。保险人按照保险合同的约定，向被保险人承担赔偿责任。

二、保险责任

在保险期间内，投保人因自身原因未按照与被保险人签订的建设工程施工合同履行相关义务，导致工程竣工延误或工程质量不符合建设工程施工合同要求，给被保险人造成直接经济损失的，视为保险事故发生。保险人按照保险合同的约定，向被保险人承担赔偿责任。

三、责任免除

（1）下列原因造成的损失、费用和责任，保险人不负责赔偿：

1）战争、敌对行动、军事行为、武装冲突、罢工、骚乱、暴动、恐怖活动、谋反、政变。

2）核辐射、核爆炸、核污染及其他放射性污染。

3）大气污染、土地污染、水污染及其他各种污染。

4）洪水、地震、海啸及其他人力不可抗拒的自然灾害。

5）空中运行物体坠落，及火灾、爆炸等意外事故。

6）行政行为或司法行为。

7）被保险人及其代表的故意或犯罪行为。

（2）存在下列情况之一的，保险人不负责赔偿：

1）投保人与被保险人签订的建设工程施工合同或交易基础不成立、不生效、无效、被撤销或在保险事故发生前被解除的。

2）投保人或其雇员与被保险人或其雇员采用欺诈、串通、贿赂等手段订立建设工程施工合同，或恶意串通违反建设工程施工合同约定。

3）投保人与被保险人变更建设工程施工合同内容，而事先未征得保险人书面同意。

4）被保险人因自身原因未按照建设工程施工合同约定履行相关义务。

5）被保险人明知或应当知道投保人违反建设工程施工合同约定或法律法规的规定进行转包或违法分包。

（3）下列损失、费用和责任，保险人不负责赔偿：

1）投保人与被保险人签订的建设工程施工合同约定以外的任何损失和费用。

2）被保险人的任何间接损失以及被保险人以外的第三方的任何损失。

3）被保险人与投保人因建设工程竣工工期、施工质量以外的纠纷所致的任何损失或费用。

4）被保险人为收集、确认、证明投保人违反建设工程施工合同约定导致其损失所产生的法律费用及其他相关费用，以及诉讼、仲裁、执行阶段所发生的任何法律费用。

5）因建设工程设计错误、缺陷或设计变更导致的损失，以及根据建设工程施工合同，应由被保险人承担的责任及其相关费用。

6）建设工程施工合同中约定的或未在建设工程施工合同中约定的材料、人工价格超过实际发生时当地政府相关主管部门指导价（若无指导价，则参考一般市场价）的部分。

7）违约金、滞纳金、罚款、罚金及惩罚性赔偿。

8）保险合同中载明的免赔额或按保险合同中载明的免赔率计算的金额，两者以高者为准。

9）其他不属于该险种责任范围内的损失、费用和责任。

四、保险金额

保险金额以投保人与被保险人签订的建设工程施工合同为基础，由投保人与保险人协商确定，并在保险单中载明。保险人在保险期间内对被保险人的累计赔偿金额以保险金额为限。

五、保险期间

保险期间自建设工程施工合同生效之日起或保险单载明的保险起期之日起（二者以后发生者为准），至建设工程实际竣工之日或保险单载明的保险终期之日止（二者以先到者为准）。具体以保险单载明的起讫日期为准。

保险期间届满，工程建设项目无法竣工的，经投保人申请并经保险人、被保险人同意，保险期间根据投保人申请的期限予以延长，投保人应当按照保险人的要求缴纳保险期间延长部分对应的保险费。

六、赔偿处理

（1）保险人的赔偿以下列方式之一确定的被保险人损失为基础：

1）投保人、被保险人协商并经保险人确认。

2）仲裁机构裁决。

3）人民法院判决。

4）保险人认可的其他方式。

（2）发生保险责任范围内的损失，保险人依照本保险合同的约定，在保险单载明的赔偿限额内，对被保险人的实际损失扣除免赔额后予以赔偿。

（3）被保险人取得保险赔偿金的同时，应将其对投保人的权益以及根据相关合同拥有的权益转让给保险人，保险人有权向投保人进行追偿。被保险人应当向保险人提供必要的文件。

第九节　施工质量保证保险

一、概念

施工质量保证保险，是保险公司向工程项目发包人提供的保证工程项目施工承包人在缺陷责任期内履行工程质量缺陷修复义务的保险。作为工程质量保证金的替代形式，工程质量保证保险以承包人在缺陷责任期内对建设工程出现的缺陷履行维修义务为保险标的，因此也叫作保修保证保险。工程在缺陷责任期内，若发现工程质量与法律法规、标准规范或合同规定不符，而承包方由于自身原因不履行施工质量缺陷修复义务时，则由保险公司负责进行赔偿或维修以承担代偿责任。当然，保险公司赔偿或维修后，可依据质量责任依法向承包商进行追偿。

海上风电建设期参建单位较多，工艺复杂，监管困难，某些施工工艺会在后期某个时间点或者在某种诱因下集中爆发。例如，电缆头的制作工艺、质量不过关，后期可能会造成缆头过热、放电，导致爆炸、起火；承台基础及塔筒连接件焊接标准或工艺有问题，可能会导致钢结构在盐雾腐蚀和大风大浪的影响下出现疲劳断裂的现象，需要施工承包人对缺陷进行修复，所以需要相应的保险保障。

二、保险责任

在保险期间内，投保人未按照与被保险人签订的建设工程施工合同有关约定履行建设工程质量缺陷维修义务，给被保险人造成直接经济损失的，视为保险事故发生。保险人依据保险合同的约定，向被保险人承担赔偿责任。

三、责任免除

（1）下列原因造成的损失、费用和责任，保险人不负责赔偿：

1）战争、敌对行动、军事行为、武装冲突、罢工、骚乱、暴动、恐怖活动、谋反、政变。

2）核辐射、核爆炸、核污染及其他放射性污染。

3）大气污染、土地污染、水污染及其他各种污染。

4）洪水、地震、海啸及其他人力不可抗拒的自然灾害。

5）空中运行物体坠落，及火灾、爆炸等意外事故。

6）行政行为或司法行为。

7）被保险人及其代表的故意或犯罪行为。

（2）存在下列情况之一的，保险人不负责赔偿：

1）投保人与被保险人签订的建设工程施工合同或交易基础不成立、不生效、无效、被撤销或在保险事故发生前被解除的。

2）投保人或其雇员与被保险人或其雇员采用欺诈、串通、贿赂等手段订立建设工程施工合同，或恶意串通违反建设工程施工合同约定的。

3）投保人与被保险人变更建设工程施工合同，未经保险人书面同意确认的。

4）非投保人原因造成建设工程质量缺陷的。

5）被保险人明知或应该知道投保人违反建设工程施工合同约定或法律法规的规定进行转包或违法分包的。

6）被保险人或第三方在保险合同生效后未经保险人同意擅自改动工程项目结构、附属设施或设备位置的。

（3）下列损失、费用和责任，保险人不负责赔偿：

1）建设工程施工合同中有关质量缺陷维修约定以外的任何损失和费用。

2）投保人与被保险人因建设工程质量缺陷维修责任以外的纠纷所致的任何损失或费用。

3）被保险人为收集、确认、证明投保人违反建设工程质量缺陷维修约定导致其损失所产生的法律费用及其他相关费用，以及诉讼、仲裁、执行阶段所发生的任何法律费用。

4）因建设工程设计错误、缺陷或设计变更导致的损失。

5）建设工程施工合同中约定的或未在建设工程施工合同中约定的材料、人工价格超过实际发生时当地政府相关主管部门指导价（若无指导价，则参考一般市场价）的部分。

6）建筑设施在维护、维修、改建、安装及其他工程施工过程中发生意外事故导致的损失。

7）自然磨损、折旧、物质本身变化或其他渐变原因造成的损失和费用。

8）未在保险单中载明的建筑设施附属及配套设施的损失，如景观设施、绿化工程、公共照明设施等。

9）保险事故发生后，对建筑设施进行修复过程中，因功能改变或性能提高等原因产生的额外费用。

10）被保险人的任何间接损失以及被保险人以外的第三方的任何损失。

11）违约金、滞纳金、罚款、罚金及惩罚性赔偿。

12）保险合同中载明的免赔额或按保险合同中载明的免赔率计算的金额，两者以高者为准。

四、保险金额

保险金额以投保人与被保险人签订的建设工程施工合同的有关要求为基础，通过投保人与保险人协商确定，并在保险合同中载明。保险人在保险期间内对被保险人的累计赔偿金额以保险金额为限。

五、保险期间

保险期间与建设工程施工合同中约定的缺陷责任期一致，最长不超过两年，并在保险单中载明。缺陷责任期从工程通过竣工验收之日起计。由于投保人原因导致工程无法按规定期限进行竣工验收的，缺陷责任期从实际通过竣工验收之日起计。由于被保险人原因导致工程无法按规定期限进行竣工验收的，在投保人提交竣工验收报告 90 天后，工程自动进入缺陷责任期。

六、赔偿处理

（1）被保险人向保险人提出索赔申请前，应按建设工程施工合同的约定向投保人或其担保人（如有）启动索赔程序，产生的费用由被保险人承担。被保险人向投保人或其担保人（如有）索赔所得价款应用于抵消保险人赔偿责任。

（2）保险人的赔偿以下列方式之一确定的被保险人损失为基础：

1）投保人、被保险人之间协商并经保险人确认。

2）仲裁机构裁决。

3）人民法院判决。

4）保险人认可的其他方式。

（3）被保险人发生保险责任范围内的损失，保险人按以下方式计算赔偿金额：

$$赔偿金额=保险损失\times（1-免赔率）$$

或

$$赔偿金额=保险损失-免赔额$$

第十三章

海上风电运行及维护阶段的保险运用

国内海上风电保险始于 2008 年东海大桥海上风电的开工建设，目前已进入国内海上风电保险领域的主要是中国人保、中国太保、中国平安等中资大型保险公司，普遍采用联合体共保的形式，还会与国际再保签订分保协议，将其所承保的部分风险和责任向其他保险人进行保险。海上风电项目保险从建设到运营，涉及水险和能源险中的许多领域，运行及维护阶段的保险运用主要涉及财产一切险、机器损坏保险、营业中断保险、风电指数保险、船舶保险、公众责任保险、产品保证保险等。

第一节 财 产 一 切 险

一、概念

财产一切险是承保财产因自然灾害或意外事故以及由于突然不可预料的事故造成的损失，除保险条款规定的责任外，保险人均负责赔偿。财产一切险是在火险基础上发展起来的。火险承保火灾、雷电和爆炸等风险。财产保险由火险和承保地震、洪水等人力不可抗拒的自然灾害和意外事故等的火险附加险综合形成，但人为的偷窃、疏忽、他人的恶意行为等风险除外。财产一切险则承保了人力不可抗拒的风险和人为的风险，除保险条款列明的责任外都予负责。

海上风电运行及维护阶段的财产一切险，承保海上风电场在运行及维护阶段因雷击、台风、海啸等自然灾害或火灾、爆炸等意外事故造成保险标的直接物质损坏或灭失的风险。海上风电场所处的海域环境、风电机组基础型式、风电机组可靠性、免赔额等都是确定保险费率的因素。

二、保险标的

一般情况下，属于海上风电财产一切险保险标的财产有：风轮发电系统，包括涡轮吊舱、变速箱、发电机、叶片螺距控制器、制动器、液压系统、防雷系统、引擎偏航控制器、叶片、塔架、控制系统以及其他必要设备；输变电系统，包括断路器、输电线路、变电站；建筑物及其附属设施、场区道路、维修车间、仓库；物料、仓储品；在预置、安装、调试、维护过程中使用的临时结构；其他财产。

若未经合同双方特别约定，金银、珠宝、钻石、玉器、首饰、古币、古玩、古书、古画、邮票、字画、艺术品、稀有金属等珍贵财物；堤堰、水闸、铁路、道路、涵洞、隧道、桥梁、码头；矿井（坑）内的设备和物资；便携式通信装置、便携式计算机设备、便携式照相摄像器材以及其他便携式装置、设备；驳船、供应船或水运工具；尚未交付使用或验收的工程等，均不属于海上风电财产一切险险标的。

此外，土地、矿藏、水资源及其他自然资源；矿井、矿坑；货币、票证、有价证券以及有现金价值的磁卡、集成电路（IC）卡等卡类；文件、账册、图表、技术资料、计算机软件、计算机数据资料等无法鉴定价值的；枪支弹药、违章建筑、危险建筑、非法占用的财产；航空器、领取公共行驶执照的机动车辆；动物、植物、农作物；存放于露天或简易建筑物内的财产以及简易建筑等财产，也不属于海上风电财产一切险险标的。

三、保险责任

在保险期间内，由于下列原因造成保险标的的损失，保险人按照保险合同的约定负责赔偿：

（一）自然灾害

自然灾害是指因自然力发生的、人力不可抗拒的破坏力强大的自然现象，包括但不限于龙卷风、雷击、暴雨、暴雪、冰凌、冰雪、冰雹、冻雨。

（二）非机械或电气意外事故

非机械或电气意外事故是指除机械或电气意外事故之外的不可预料的且被保险人无法控制的突发性事件，包括但不限于火灾、爆炸、飞行物体坠落。

（三）机械或电气意外事故

机械或电气意外事故是因下列原因造成的不可预料的且被保险人无法控制的突发性事件：设计、制造或安装错误、铸造和原材料缺陷；经考核合格的操作人员的疏忽或过失行为；超负荷、超电压、碰线、电弧、漏电、短路、大气放电、感应电及其他电气原因；离心力引起的断裂。

保险标的发生制造商产品质量保证条款规定范围内的机械或电气意外事故，被保险人应根据相应条款规定向其索赔，但制造商拒绝承担责任或被保险人尽力索赔未果的，保险人在保险合同所载明的责任范围内进行赔偿。

（四）其他赔偿

除保险合同中“责任免除”部分以外的其他原因导致的损失。保险人按照保险合同的约定负责赔偿。保险事故发生后，被保险人为防止或减少保险标的的损失所支付的必要的、合理的费用，保险人按照保险合同的约定也负责赔偿。

四、责任免除

下列原因造成的任何损失、费用，保险人不负责赔偿：

（1）战争、类似战争行为、敌对行动、军事行动、武装冲突、罢工、骚乱、暴动政变、谋反、恐怖活动、恶意破坏。

（2）行政行为或司法行为。

（3）投保人、被保险人及其代表的故意或重大过失行为。

（4）核辐射、核裂变、核聚变、核污染及其他放射性污染。

（5）大气污染、土地污染、水污染及其他非放射性污染，但因保险事故造成的非放射性污染不在此。

（6）自然磨损、内在或潜在缺陷、物质本身变化、氧化、钙蚀、鼠咬、虫蛀、鸟啄、大气（气候或气温）变化、正常水位变化或其他渐变原因。

（7）泄漏、外溢。

（8）未经保险人认可的对机器设备的改造或改装，以及对建筑物的扩建、改建、维修、装修。

（9）地震、海啸及其次生灾害，台风、沙尘暴。

（10）盗抢、抢劫等原因造成的任何损失、费用，保险人不负责赔偿。

下列损失、费用，保险人也不负责赔偿：

（1）保险标的运行必然引起的后果。

（2）贬值、丧失市场价值或使用价值、停产、停业等各种间接损失。

（3）保险标的存在的原材料缺陷及设计、制造或安装缺陷，以及为矫正上述缺陷而发生的费用，但因上述缺陷造成机器设备发生突发的、不可预料的意外事故而导致的机器设备自身的损失不在此限。

（4）保险合同开始前被保险人已经知道或应该知道的缺陷造成的。

（5）易损易耗品的损失，但因保险合同责任范围内的事故导致的易损易耗品的损失不在此限。

（6）盘点时发现的短缺、损失或损坏。

（7）对保险标的进行维修保养过程中发现的任何损坏或损失。

（8）保险标的在安装过程中的调整、试车及试运行期间或对保险标的进行非常规试验所引起的损失。

（9）公共设施（包括但不限于气、水、电）供应中断造成的损失和费用。

（10）罚款、罚金及惩罚性赔偿。

（11）保险合同中载明的免赔额或按保险合同中载明的免赔率计算的免赔额。

五、保险价值、保险金额与免赔额（率）

保险标的的保险价值为出险时的重置价值。但对于以下几种情况，保险标的的保险价值以出险时的市场价值计算：

（1）被保险人没有合理的原因和理由而推迟、延误重置工作。

（2）被保险人没有对受损保险标的进行重置。

（3）发生失时，若存在重复保险且其他保险合同没有按重置价值承保。

其中，重置价值是指在相同地点使用同类或同质材料对受损保险标的进行替换或重建（简称“重置”），以使其达到全新状态而发生的费用，但不包括被保险人进行的任何变更、性能增加或改进所产生的额外费用，也不包括因在相同地点或使用同类或同质物料进行重置受到法律的限制或禁止而增加的额外费用。

保险金额由投保人参照保险价值自行确定，并在保险合同中载明。每次事故免赔额（率）由投保人与保险人在订立保险合同时协商确定，并在保险合同中载明。

六、保险期间

一般而言，海上风电财产一切险的保险期间为一年，具体以保险单载明的起讫时间为准。

七、投保人、被保险人义务

除一般保险合同都有的投保人、被保险人义务外，针对海上风电财产一切险，被保险人应当遵守国家有关消防、安全、生产操作等方面的相关法律、法规及规定，加强管理，采取合理的预防措施，尽力避免或减少责任事故的发生，维护保险标的的安全。被保险人应当聘用技术及技能合格的工人和技术人员，根据制造商提供的使用说明书中的要求对风轮发电系统等设备进行日常维护及保养，确保设备正常运转。

八、赔偿处理

保险标的发生保险责任范围内的损失，保险人有权选择：货币赔偿（保险人以支付保险金的方式赔偿）；实物赔偿（保险人以实物替换受损标的，该实物应具有保险标的出险前同等的类型、结构状态和性能）；实际修复（保险人自行或委托他人修理受损标的）等方式赔偿。对保险标的在修复或替换过程中，被保险人进行的任何变更、性能增加或改进所产生的额外费用，保险人不负责赔偿。

保险标的发生保险责任范围内的损失，保险人按以下方式计算赔偿：保险金额等于或高于保险价值时，按实际损失计算赔偿，最高不超过保险价值；保险金额低于保险价值时，按保险金额与保险价值的比例乘以实际损失计算赔偿，最高不超过保险金额；若保险合同所列标的不止一项时，应分项按照约定计算赔偿。

保险标的的保险金额大于或等于其保险价值时，被保险人为防止或减少保险标的的损失所支付的必要的、合理的费用，在保险标的损失赔偿金额之外另行计算，最高不超过被施救保险标的的保险价值。保险标的的保险金额小于其保险价值时，上述费用按被施救保险标的的保险金额与其保险价值的比例在保险标的损失赔偿金额之外另行计算，最高不超过被施救保险标的的保险金额。被施救的财产中，含有保险合同未承保财产的，按被施救保险标的的保险价值与全部被施救财产价值的比例分摊施救费用。

每次事故保险人的赔偿金额为约定计算的金额扣除每次事故免赔额后的金额，或者为约定计算的金额扣除该金额与免赔率乘积后的金额。

保险标的在连续 72h 内遭受暴雨、洪水或其他连续发生的自然灾害所致损失视为次单独事件，在计算赔偿时视为一次保险事故，并扣减一个相应的免赔额。被保险人可自行决定 72h 的起始时间，但若在连续数个 72h 时间内发生损失，任何两个或两个以上 72h 期限不得重叠。

保险事故发生时，如果存在重复保险，保险人按照保险合同的相应保险金额与其他保险合同及保险合同相应保险金额总和的比例承担赔偿责任。其他保险人应承担的赔偿金额，保险人不负责垫付。若被保险人未如实告知导致保险人多支付赔偿金的，保险人有权向被保险人追回多支付的部分。

由于设计错误、铸造或原材料缺陷、工艺不善等原因中同一原因造成相同类型或型号的机器设备的损失或损坏，保险人对每次事故扣除保险合同约定的免赔额后，按下列比例赔偿：第一次事故，100%；第二次事故，75%；第三次事故，50%；第四次事故，25%；第五次事故，0%。

第二节 机器损坏保险

一、概念

海上风电运行及维护阶段的机器损坏保险是以风力发电机等机器设备为保险标的，以设备损坏为赔偿前提，以机器设备的重置价值为承保基础，承担被保险机器在保险期限内工作、闲置或检修保养时，因除外责任之外的突然的、不可预料的意外事故造成的物质损失或灭失的一种保险。机器损坏保险是在传统财产保险的基础上发展而来的，就保险责任而言，二者存在互补性，机器损坏保险业务中，用于防损的费用比用于赔款的更多。

如果一台机器同时投保了财产一切险和机器损坏保险，就能获得完善的保障，因此机器损坏保险还可以作为财产一切险的附加险来承保。一般来说，海上风电项目的机器损坏保险和财产一切险会同时进行招投标。

考虑到国内海上风电机组的技术还不够成熟，保险公司在此险种的费率厘定方面可能较为慎重。从目前的情况来看，海上风电机器损坏保险费率可能远高于陆上风电。

二、保险标的

机器损坏保险承保各类安装完毕并已转入运行的海上风力发电机器设备。与火灾保险相比，机器损坏险承保的风险主要是保险标的本身固有的风险，即机器内部本身以及操作不当的损失。

三、保险责任

机器损坏保险中，保险公司对下列原因引起的意外事故造成的物质损坏或灭失负赔偿责任：

（1）设计、制造或安装错误、铸造和原材料缺陷。

（2）工人、技术人员操作失误、缺乏经验、技术不善、疏忽、过失、恶意行为。

（3）离心力引起的断裂。

（4）超负荷、超电压、碰线、电弧、漏电、短路、大气放电、感应电及其他电气原因。

（5）责任免除规定以外的其他原因。

在海上风电的运行及维护阶段，机器损坏保险的主要保险责任范围为：

（1）风力发电设备设计不当。

（2）材料、材质或尺度的缺陷。

（3）制造、装配或安装的缺陷。

（4）操作不良、疏忽或操作失误。

（5）物理性爆炸、电气短路、电弧或因离心作用所造成的撕裂等。

四、责任免除

机器损坏保险对于下列原因造成的损失、费用，保险人不负责赔偿：

（1）被保险人及其代表的故意行为或重大过失。

（2）被保险人及其代表已经知道或应该知道的保险机器及其附属设备在保险开始前已经存在的缺点或缺陷。

（3）战争、类似战争行为、敌对行为、武装冲突、恐怖活动、谋反、政变、罢工、暴动、民众骚乱。

（4）政府命令或任何公共当局没收、征用、销毁或毁坏。

（5）核裂变、核聚变、核武器、核材料、核辐射及放射性污染。

（6）机器设备运行必然引起的后果，如自然磨损、氧化、腐蚀、锈蚀、孔蚀、锅垢等物理性变化或化学反应。

（7）由于公共设施部门的限制性供应及故意行为或非意外事故引起的停电、停气、停水。

（8）火灾、爆炸。

（9）地震、海啸及其次生灾害。

（10）雷击、飓风、台风、龙卷风、暴风、暴雨、洪水、冰雹、地崩、山崩、雪崩、火山爆发、地面下陷下沉及其他自然灾害。

（11）飞机坠毁、飞机部件或飞机物体坠落。

（12）机动车碰撞。

（13）水箱、水管爆裂。

（14）事故发生后引起的各种间接损失或费用。

（15）各种传送带、缆绳、金属线、链条、轮胎、可调换或替代的钻头、钻杆、刀具、印刷滚筒、套筒、活动管道、玻璃、磁、陶及钢筛、网筛、毛毡制品、一切操作中的媒介物（如润滑油、燃料、催化剂等）及其他各种易损易耗品。

（16）根据法律或契约应由供货方、制造人、安装人或修理人负责的损失或费用。

（17）保险机器设备在修复或重置过程中发生的任何变更、性能增加或改进所产生的额外费用。

（18）保险合同中载明的免赔额或按保险合同中载明的免赔率计算的免赔额等损失或费用。

五、保险金额与免赔额（率）

机器损坏保险常根据保险机器新的重置价值承保，即重新换置同一厂牌或相类似的型号、规格、性能的新机器设备的价格，包括出厂价格、运保费、税款、可能支付的关税以及安装费用等。

在机器损坏保险中，对于保险机器的损失赔偿，还规定有免赔额，这一免赔额多为每次事故的免赔额。根据风险的不同，免赔额可以在保险金额的 1%～15%范围内浮动。由投保人与保险人在订立保险合同时协商确定，并在保险合同中载明。

六、费率与停工退费规定

同火灾保险相比，机器损坏保险的损失率和费率都相当高。机器损坏保险的费率由机器的类型、用途、以往损失记录以及其他因素，如被保险人的管理水平、技术水平、经验、安全措施和产品的可靠性及用途等共同确定。如果机器损坏保险承保的发电机或柴油机等设备连续停工超过 3 个月，则停工期间的保费按一定比例退还。

第三节　船　舶　保　险

海上风电运行及维护期的船舶保险主要保障勘察和维修的船舶。这些船舶由于功能较为特殊，设备比较专业，造价一般较高；一旦出险，维修技术难度较大，能够提供维修服务的船厂有限；雇佣或调度其他船舶替换出险船舶更是难上加难。由于建设海上风电站的海域必然风力较为充足，船舶往往暴露在较大的风浪中；加之海上交通日益繁忙，也大大增加了船舶出险的可能性。此外，船舶与已建成海上风机的碰撞也是不可忽略的风险。

船舶保险在海上风电运行及维护阶段与建设阶段涉及的内容大致相同，其保险标的、保险责任及责任免除、保险金额等具体内容，前面章节已有比较详细的介绍，本章节不再赘述。

第四节　营 业 中 断 保 险

一、概念

营业中断保险又称利润损失保险，或间接损失保险，是对物质财产遭受火灾责任范围内的损毁后，被保险人在一段时间内因停产、停业或经营受影响而损失的预期利润及必要的费用支出提供补偿的保险。该险种在不同国家的名称不同，我国称为利润损失保险或营业中断保险，它是财产一切险或机器损坏保险的附加险，被保险人具备有效的财产一切险或机器损坏保险保单是营业中断保险的必要条件。

海上风电的营业中断保险，承保在运行及维护阶段由于各种已承保的自然灾害或意外事故对风电场设备造成损毁导致风电场经营损失的风险。营业中断保险一般与财产一切险或机器损坏保险一同承保。

二、保险责任

在保险期间内，被保险人因物质损失保险合同主险条款所承保的风险造成营业所使用的物质财产遭受损失（简称“物质保险损失”），导致被保险人营业受到干扰或中断，由此产生的赔偿期间内的毛利润损失，保险人按照保险合同的约定负责赔偿。

保险合同所称赔偿期间是指自物质保险损失发生之日起，被保险人的营业结果因该物质保险损失而受到影响的期间，但该期间最长不得超过保险合同约定的最大赔偿期。

保险合同所称毛利润是指按照下述公式计算的金额：

毛利润＝营业利润＋约定的维持费用

毛利润＝约定的维持费用－营业亏损 × 约定的维持费用/全部的维持费用

除另有约定外，上述公式所用的会计措辞的含义与被保险人会计账表中的含义一致。

保险合同所称维持费用是指被保险人为维持正常的营业活动而发生的、不随被保险人营业收入的减少而成正比例减少的成本或费用。约定的维持费用由投保人自行确定，经保险人确认后在保险合同中载明。

发生合同约定的保险事故后，被保险人申请赔偿时，按照保险人的要求提供有关账表、账表审计结果或其他证据所付给被保险人聘请的注册会计师的合理的、必要的费用（简称“审计费用”），保险人在保险合同约定的赔偿限额内也负责赔偿。

三、责任免除

保险人不负责赔偿下列损失：

（1）投保人、被保险人的故意或重大过失行为产生或扩大的任何损失。

（2）由于物质损失保险合同主险条款责任范围以外的原因产生或扩大的损失。

（3）由于政府对受损财产的修建或修复的限制而产生或扩大的损失。

（4）恐怖主义活动产生或扩大的损失。

（5）保险合同载明的免赔额或保险合同约定的免赔期内的损失。

四、赔偿期

赔偿期是企业在保险有效期内遭受保险责任范围内的损失后，从企业利润损失开始形成到企业恢复正常的生产经营所需要的具体时间，即企业财产受损后为恢复生产或营业达到原有水平所需的一段时期，通常按照一个固定的时间长度来确定，或者以月为单位，或者以年为单位。保险人只赔偿被保险人在赔偿期内遭受的损失。

营业中断的赔偿期与直接损失的保险期限是两个不同的概念。由于营业中断保险属于财产保险的附加险，因此间接损失的赔偿期的起点必须在标准火灾保险单或企业财产保险单列明的保险期限之内，终点可以超出标准火灾保险单或企业财产保险单列明的保险期限之外。因此，在承保营业中断保险时，必须根据标准火灾保险单或企业财产保险单列明的保险标的发生最大限度的损失时，所需要的恢复或重置到损失发生前的状态的最长时间内，由保险人和投保人确定合理的赔偿期限。

五、保险金额

营业中断保险的保险金额通常由毛利润、工人工资、审计师费用或利息损失构成。

生产费用在直接损失发生后将暂时不再支出，在营业中断保险中没有保险利益，是计算营业中断保险的保险金额时必须扣除的部分，而固定费用则是在直接损失发生后为了企业的存在所必须支出的维持费用，在营业中断保险中具有保险利益，是计算营业中断保险的保险金额时必须考虑的部分。

为准确计算赔偿期的营业中断保险的保险金额，还必须先计算企业上一个会计年度的毛利润，用上年度的毛利润作为基础计算赔偿期可能形成的预期年毛利润。毛利润是净利润与固定费用（维持费用）之和，或营业额与生产费用之差。如果预计企业的经营状况将在上一年度的基础上进一步提高，同时考虑到通货膨胀的因素，企业的毛利润水平所体现的实际货币量将比上一年度增加，所以，按照上一个会计年度的损益表计算出来的预期年毛利润就可以作为保险公司承保营业中断保险时确定保险金额的依据。当然，预期年毛利润只是营业中断保险的保险标的最高可能实现的保险价值，投保人可以在预期年毛利润内确定营业中断保险的保险金额。如果间接损失的保险金额超过预期毛利润，超过的部分为超额保险，保险公司不承担这部分超出预期毛利润的保险金额的损失。

在实际工作中，营业中断保险的保险金额与赔偿期存在着密切联系。一般来说，赔偿期在 12 个月或 12 个月以内时，保险金额可以根据按照上一个会计年度的损益表计算出来的预期年毛利润直接进行计算。如果赔偿期超过 12 个月，保险金额就必须在按照上一个会计年度的损益表计算出来的预期年毛利润的基础上增加一定的保险金额。

在确定营业中断保险的保险金额时，还可以将工资部分从固定费用中扣除，单独承保，单独计算保险金额。

六、保险费与保险费率

由于营业中断保险是附属于财产保险单的附加或特约责任，因此营业中断保险的保险费率通常以承保的基础保单的基本费率为基础，再根据赔偿期的长短乘以规定的百分比。而且财产保险单附加或特约的保险责任越多，针对财产的直接损失所确定的总保险费率也就越高，利润损失的保险费率水平也就越高。因此，在确定营业中断保险的保险金额后，根据赔偿期的不同，将保险金额乘以财产保险单的总保险费率，便可得营业中断保险的保险费。

七、赔偿金额与免赔额

（一）赔偿金额的计算

由于营业中断保险的保险标的实际上是企业毛利润的损失，因此，其理赔计算主要围绕着毛利润损失的计算，即因营业收入减少而减少的毛利润、因营业费用增加而减少的毛利润、因压缩固定开支而减少的毛利润损失。

1. 营业额或销售额减少所形成的毛利润损失

企业发生财产的直接损失后，营业额或销售额会出现下降的局面，其最坏的结果是营业额或销售额为零。如果企业在损失发生后，还能够有一定的营业额或销售额，则这种在赔偿期实现的营业额或销售额与按照上一个会计年度的营业额或销售额计算出来的预期营业额或销售额之间的差额所形成的毛利润损失则是需要保险人根据保险合同予以赔偿的。其计算公式如下：

营业额减少所形成的毛利润损失=（预期营业额－赔偿期实现的营业额）×（上年度毛利润/上年度营业额）×100%

上列公式中，预期营业额为赔偿期应该实现的标准营业额加上生产发展或通货膨胀因素后所形成，即：

预期营业额＝赔偿期应该实现的标准营业额×（1＋X%）

这里的 X%就是由于生产发展或通货膨胀因素所增加的营业额比率，而公式中的（上年度毛利润/上年度营业额）×100%则为预期毛利润率。需要注意的是，这个毛利润率并非反映上一个会计年度的毛利润水平，而是根据预期毛利润确定的预测赔偿期毛利润水平的一个指标。

2. 营业费用增加所形成的毛利润损失

企业发生财产的直接损失后，被保险人为了恢复生产或解决临时性营业或销售的需要，可能需要发生因临时租用营业用房或其他与减少企业间接损失有关的费用开支，由于这部分费用是企业为了减少营业中断所造成的损失而形成的支出，保险人可以将其视为被保险人毛利润的损失，承担损失赔偿的责任。但这项费用以不超过其在赔偿期挽回的营业额所形成的利润为限。这是利润损失保险中的经济限度。其公式为：

经济限度≤因增加营业费用开支而产生的营业额×反映上年度毛利润水平的毛利润率

3. 压缩固定费用开支所形成的毛利润损失减少

在实际工作中，企业发生损失后，作为固定费用的水电费的支出由于生产的暂时中断往往出现减少的情况。因此，在计算营业中断保险的赔款时，可以扣减由于生产的中断实际减少的水电费用的支出部分。

4. 营业中断保险的赔偿金额计算公式

根据上面的分析，在实际处理营业中断保险的赔偿金额计算过程中，必须考虑 3 个最基本的因素，即营业额减少所造成的毛利润损失、营业费用增加所造成的毛利润损失和固定费用实际开支少于确定保险金额时的数额而出现的毛利润实际损失减少的情况。同时，与企业财产保险的理赔处理方式相同，如果营业中断保险的保险金额大于或等于预计的赔偿期毛利润，保险公司可按实际损失的毛利润计算；如果营业中断保险的保险金额小于预计的赔偿期毛利润，则可采取比例赔偿方式。因此，其计算公式如下：

营业中断保险赔偿金额=（营业额减少所造成的毛利润损失+营业费用增加所造成的毛利润损失－压缩固定费用支出所减少的毛利润损失）×保险金额/预计的赔偿期毛利润

（二）营业中断保险的免赔额

营业中断保险的免赔额计算方式有：按货币量计算和按时间计算。前者是保险业务中最普遍采用的规定损失金额的方式，后者是规定间接损失形成后的定天数为免赔时间。在营业中断保险中，无论采用何种免赔额的计算方式，均可选择绝对免赔额和相对免赔额的处理方式。

八、营业中断保险的特别附加条款

营业中断保险还可根据被保险人要求在增加支付保险费的基础上扩展以下责任范围：

（1）通道堵塞条款。该条款主要承保被保险财产的进口通道因附近其他建筑物受毁而堵塞，使原料或人员无法正常进入而造成被保险人停产所形成的利润损失。

（2）遗失债权证明文件条款。又称遗失欠款账册损失条款。该条款主要承保被保险人因营业中断保险责任范围内的风险造成债权证明文件（如账册资料）的灭失而无法正常地从债务人那里追回欠债所形成的损失。

（3）恢复保险金额条款。在保险期间发生间接损失、造成部分损失，在获得保险公司赔偿后，保险金额会因赔款而被冲减，被保险人可支付适当的保险费，补足保险金额。

（4）调整保险费条款。在保险合同有效期内，由于企业生产经营或市场变化等原因，导致毛利润少于保险金额，被保险人可根据审计师的证明，要求保险公司按比例退还保险费的差额，并冲减营业中断保险的保险金额。

（5）包括全部营业额条款，即在赔偿期限以内，如果为获得营业收入，被保险人或其代表在营业处所之外的地点提供服务所得到的或应得到的收入金额，在计算赔偿期限的营业额时应当包括在内。

（6）未保险的维持费用条款，即如果被保险人未投保维持费用或仅投保几项维持费用，则在损失赔偿中，增加的营业费用中可赔付的金额应按毛利润与毛利润加上未保险的维持费用的比例计算。

第五节 风电指数保险

一、概念

风电指数保险是承保海上风电场在保险期间因不利风力条件导致发电量低于约定的发电量触发点风险的保险。国内首例风电指数保险产品由永安财产保险股份有限公司成功开发。

二、保险责任

在保险期间内被保险人利用风力发电时，因遭遇异常风力资源导致当年风电指数低于保险合同约定的赔付触发点（简称“赔付触发点”）时，依据风电指数低于赔付触发点部分的上网电量，计算出被保险人保险期间内的风电指数模拟收入损失，保险人同意在保险期间结束时进行赔付，赔偿责任不超过保险合同规定的赔偿限额。

三、责任免除

下列原因造成的损失或费用，保险人不负责赔偿：

（1）投保人、被保险人或其代表的欺诈、故意行为。

（2）因战争或类似战争的行动（无论是否宣战）、罢工、民众骚乱、军事政变、暴动、谋反、革命、篡权、军事管制等。

（3）因任何恐怖主义行动直接或间接引起、导致或在恐怖行动期间发生的任何损失无论该损失是否同时还存在其他原因，也无论其发生的先后顺序。

（4）被保险人被政府机关征用或破坏，或由此直接或间接导致的任何损失。

（5）核能风险以及任何因核反应、核辐射或放射性污染直接或间接引起的损失，无论该损失是否同时还存在其他原因，也无论其发生的先后顺序。

下列各项损失，保险人也不承担赔偿责任：

（1）因电网调度、风机故障或维修等原因造成的上网电量损失。

（2）其他因风速异常以外的原因导致的上网电量损失。

（3）因为发电量减少导致的各种间接损失。

（4）保险合同中载明的免赔额（率）。

四、风速数据

保险涉及的风速数据采用保险合同约定的年平均风速作为承保及理赔的标准。风速数据用米/秒（m/s）表示。

五、赔偿限额与免赔额（率）

保险合同的赔偿限额由投保人与保险人在订立保险合同时协商确定，并在保险合同中载明。赔偿限额是保险人承担赔偿保险金责任的最高限额。

免赔额（免赔率）由投保人与保险人在订立保险合同时协商确定，并在保险合同中载明。

六、保险费

保险合同的保险费依据被保险人所处地理位置的历史风速波动特点、保险人和被保险人商定的赔付触发点、单位赔付金额和赔偿限额等因素协商确定，并在保险合同中载明。

七、保险人义务

除一般保险人义务外，针对风电指数保险，保险期间结束后，保险人应当在获得保险期间内相关风速数据后，向被保险人提供风速数据值、当年风电指数和风电指数模拟收入损失的计算值。

八、赔偿处理

保险的赔偿金额为被保险人风电指数模拟损失，并以保险合同赔偿限额为限。其中风电指数模拟损失是指：

（1）当风电指数等于或大于赔付触发点，则风电指数模拟损失等于零。

（2）当风电指数小于赔付触发点，则风电指数模拟损失等于下列数值的较小值：

1）依据保险合同的对应关系，用赔付触发点风速计算的电量数值减去当年风力发电指数对应的电量数值，乘以保险合同约定的单位赔付金额。

2）保险合同约定的赔偿限额。

被保险人请求赔偿时，应向保险人提供下列证明和资料：保险单正本：被保险人或其授权代表填具的索赔申请书；被保险人签署的损失声明书；如果保险合同约定采用被保险人的风电设备采集风速数据，被保险人还需提供保险期限内连续的风速数据；投保人、被保险人所能提供的与确认保险事故的性质、原因、损失程度等有关的其他证明和资料。

第六节　公 众 责 任 保 险

一、概念

公众责任保险又称普通责任保险或综合责任保险，它以被保险人的公众责任为承保对象，是责任保险中独立的、适用范围最为广泛的保险类别。所谓公众责任，是指致害人在公众活动场所的过错行为致使他人的人身或财产遭受损害，依法应由致害人承担的对受害人的经济赔偿责任。公众责任的构成，以在法律上负有经济赔偿责任为前提，其法律依据是各国的民法及各种有关的单行法规制度。海上风电场地处滩涂或者近海，离传统航道、捕鱼作业区都不远，过往船只若在风电场附近海域抛锚很有可能会出现第三者责任事故，因此需要通过投保公众责任保险来转嫁其责任。

二、保险责任

在保险期间内，被保险人在保险合同载明的场所内依法从事生产、经营等业务时，因该场所内发生的意外事故造成第三者人身伤亡或财产损失，依照中华人民共和国法律（不包括港、澳、台地区法律）应由被保险人承担的经济赔偿责任，保险人按照保险合同约定负责赔偿。

被保险人的下列费用，保险人按照保险合同约定也负责赔偿：发生保险责任事故后，被保险人因保险事故而被提起仲裁或者诉讼的，对应由被保险人支付的仲裁或者诉讼费用以及事先经保险人书面同意支付的其他必要的、合理的费用（简称“法律费用”）；发生保险责任事故后，被保险人为缩小或减少对第三者人身伤亡或财产损失的赔偿责任所支付的必要的、合理的费用（简称“施救费用”）。

三、责任免除

下列原因造成的损失、费用和责任，保险人不负责赔偿：

（1）投保人、被保险人及其代表的重大过失或故意行为。

（2）战争、敌对行动、事行为、武装冲突、罢工、骚乱、暴动、恐怖活动、盗窃、抢劫。

（3）行政行为或司法行为。

（4）核辐射、核爆炸、核污染及其他放射性污染。

（5）地震及其次生灾害、海啸及其次生灾害、雷击、暴雨、洪水、火山爆发、地下火、龙卷风、台风、暴风等自然灾害。

（6）烟熏、大气污染、土地污染、水污染及其他各种污染。

（7）锅炉爆炸、空中运行物体坠落。

属于其他险种保险责任范围的损失、费用和责任，保险人不负责赔偿：

（1）未载入保险合同而属于被保险人的或其所占有的或以其名义使用的任何车辆、各类船只、飞机、升降机、起重机、吊车或其他升降装置造成的损失。

（2）被保险人因改变、维修或装修建筑物造成第三者人身伤亡或财产损失的赔偿责任。

以下损失、费用和责任，保险人不负责赔偿：

（1）被保险人或其雇员的人身伤亡及其所有或管理的财产的损失。

（2）被保险人应该承担的合同责任，但无合同存在时仍然应由被保险人承担的经济赔偿责任不在此限。

（3）被保险人营业处所住宿的客人所携带物品的损失。

（4）罚款、罚金或惩罚性赔款。

（5）精神损害赔偿。

（6）间接损失。

（7）保险合同中载明的免赔额或按免赔率计算的免赔金额等。

四、责任限额与免赔额（率）

责任限额包括每次事故责任限额、每次事故每人人身伤亡责任限额、每次事故财产损失责任限额和累计责任限额，由投保人和保险人协商确定，并在保险合同中载明。

每次事故每人医疗费用免赔额（率）和每次事故财产损失免赔额（率）由投保人与保险人在签订保险合同时协商确定，并在保险合同中载明。

五、投保人、被保险人义务

被保险人请求赔偿时，应向保险人提供下列证明和资料：保险单正本；索赔申请、有关部门出具的与保险事故认定有关的证明和材料；涉及财产损失的，应提供财产损失清单、受损财产的损失程度和损失金额的证明材料；涉及医疗费用的，应提供二级以上（含二级）医院或者保险人认可的医疗机构诊断证明及病历、用药清单、医疗费用票据、检查报告；涉及伤残、死亡的，应提供保险人认可的医疗机构或司法鉴定机构出具的伤残程度证明、公安部门或保险人认可的医疗机构出具的死亡证明、销户证明；有关的法律文书（裁定书、裁决书、判决书、调解书等）或赔偿协议、被保险人已支付的赔偿凭证；投保人、被保险人所能提供的与确认保险事故的性质、原因、损失程度等有关的其他证明和资料。

六、赔偿处理

保险人的赔偿以下列方式之一确定的被保险人的赔偿责任为基础：被保险人和向其

提出损害赔偿请求的第三者协商并经保险人确认；仲裁机构裁决；人民法院判决；保险人认可的其他方式。

被保险人给第三者造成损害，被保险人未向该第三者赔偿的，保险人不负责向被保险人赔偿保险金。

发生保险责任范围内的损失，保险人按以下方式计算赔偿：

（1）对于每次事故造成的损失，保险人在每次事故责任限额内计算赔偿。其中，每次事故每人人身伤亡赔偿金额含医疗费用不得超过每次事故每人人身伤亡责任限额；每次事故的财产损失赔偿金额不得超过每次事故财产损失责任限额；每次事故的人身伤亡赔偿金额和财产损失赔偿金额之和不得超过每次事故责任限额。保险人按照国家基本医疗保险的标准核定医疗费用的赔偿金额。

（2）在依据上一项计算的基础上，保险人对每次事故每人医疗费用在扣除每次事故每人医疗费用免赔额或按免赔率计算的免赔金额后进行赔偿；保险人对每次事故财产损失在扣除该次事故财产损失免赔额或按免赔率计算的免赔金额后进行赔偿。

（3）在保险期间内，保险人对多次事故损失的累计赔偿金额不超过累计责任限额。

除合同另有约定外，对每次事故法律费用的赔偿金额，保险人在每次事故责任限额以外另行计算，但每次事故赔偿金额不超过每次事故责任限额的 5%。在保险期间内多次发生保险事故的，对法律费用的累计赔偿金额不超过累计责任限额的 10%。

第七节　产品保证保险

海上风电产品保证保险是对风电设备供应商所生产成套风机因制造、销售或修理产品本身的质量问题而造成的致使风电场遭受的如修理、重新购置等经济损失赔偿责任的保险。目前，由于对风电设备质量的担忧，保险公司对承保这一险种比较谨慎，所以这一保险保费高昂。

一、概念

产品保证保险也称产品质量保险或产品信誉保险，是以被保险人因制造或销售的产品丧失或不能达到合同规定的效能而应对买主承担赔偿责任为保险标的的保险。它与产品责任保险的业务性质有根本区别。不过在保险实务中，产品保证保险经常同产品责任保险综合承保，尤其在欧美国家，保险人一般同时开办产品责任保险和产品保证保险，制造商或销售商则同时投保产品责任保险和产品保证保险。

二、与产品责任保险的关系

产品保证保险与产品责任保险的关系在于，二者都与产品有关，但二者存在重大区别。

首先，险种性质不同。产品保证保险属于保证保险的范畴，产品责任保险属于责任保险的范畴。

其次，保险标的不同。产品保证保险是承保产品事故中产品本身的损失，产品责任保险承保的是产品责任事故造成他人财产损失或人身伤害依法应负的赔偿责任。

最后，保险责任不同。由于产品保证保险承保的是制造商、销售商或修理商因其制造、销售或修理的产品质量有内在缺陷而造成产品本身损失对用户所负有的经济赔偿责任，因而，其责任范围是产品自身的损失及其有关费用。而产品责任保险是以产品的生产者或销售者由于产品存在缺陷，造成使用者或其他人的人身伤害或财产损失，依法应承担的赔偿责任为保险标的的保险。其保险责任包括：在保险有效期内，被保险人生产、销售、分配或修理的产品在承保区域内发生事故，造成用户、消费者或其他任何人的人身伤害或财产损失，依法应由被保险人承担的损害赔偿责任；被保险人为产品事故所支付的诉讼、抗辩费用及其他经保险人事先同意支付的合理费用。

三、保险责任

由于产品保证保险承保的是制造商、销售商或修理商因其制造、销售或修理的产品质量有内在缺陷而造成产品本身损失对用户所负有的经济赔偿责任，因而，其责任范围是产品自身的损失及有关费用，这是产品责任保险不承保的责任。

产品保证保险的保险责任具体包括：

（1）赔偿用户更换或整修不合格或有质量缺陷产品的损失和费用。

（2）赔偿用户因产品质量不符合使用标准而丧失使用价值的损失及由此引起的额外费用，如运输公司因购买不合格汽车而造成的停业损失（包括利润和工资损失）以及为继续营业临时租用他人汽车而支付的租金等。

（3）被保险人根据法院判决或有关行政当局的命令，收回、更换或修理已投放市场的质量有严重缺陷产品造成用户的损失及费用。

四、责任免除

产品保证保险的责任免除包括：

（1）用户或他人故意行为或过失或欺诈引起的损失。

（2）用户不按产品说明书或技术操作规定使用产品或擅自拆卸产品而造成的产品本身损失。

（3）属于制造商、销售商或修理商保修范围内的损失。

（4）产品在运输途中因外部原因造成的损失或费用等。

（5）因制造或销售的产品的缺陷而致他人人身伤亡的医疗费用和住院、护理等其他费用或其他财产损失。

（6）经有关部门的鉴定不属上述质量问题造成的损失和费用。

（7）不属于该保险条款所列责任范围内的其他损失。

由于产品保证保险是一项十分复杂的业务，因此在经营中必须以投保企业信誉好、产品质量高为承保条件；同时，由于产品保证保险的风险一般不易估算和控制，故保险人通常采取与投保人共保的办法，由保险人和投保人各承担定比例（如 50%）的责任。

五、保险金额和保险费率

产品保证保险的保险金额一般以被保险人的购货发票金额或修理费收据金额来确定。前者如出厂价、批发价、零售价等，以何种价格确定，可以由保险双方根据产品所有权的转移方式及转移价格为依据。

在费率厘定方面，应以下列因素为依据综合考虑：产品制造者、销售者的技术水平和质量管理情况，这是确定费率的首要因素；产品的性能和用途；产品的数量和价格；产品的销售区域；保险人投保该类产品以往的损失记录。

六、赔偿处理

发生消费者对承保产品的索赔时，保险人按下列处理方式进行赔偿：

（1）因设计、制造等原因导致产品零部件、元器件失效或损坏时，赔偿该部件或元器件的重置价和修理费用。

（2）整件产品需要更换、退货时，其赔偿金额以产品出厂价格或销售价格为限，若出厂价格或销售价格高于产品购买地重置价，其赔偿金额以重置价为限。

（3）保险人负责赔偿因产品修理、更换、退货引起的鉴定费用、运输费用和交通费用，合计赔偿金额在同一赔案中不得超过保险责任项下赔偿金额的30%。

（4）更换或退回的产品残值作价在赔款中扣除后归被保险人所有。

消费者必须通过被保险人向保险人提出索赔，保险人在保单约定的赔偿限额内承担赔偿责任，超过赔偿限额的部分由被保险人负责赔偿，保险人不负赔偿责任。在保险人的赔款达到赔偿限额时，应当注销保险单；但是如果被保险人向保险人提供了合适的担保，保证保险人超过赔偿限额的赔款能够受到补偿，则保险人也可以继续在追加的担保额度内承担赔偿责任。

第十四章

海上风电再保险

第一节　再保险的概念与职能

再保险是保险人之间分散风险损失的一项经营活动。随着社会经济和科学技术的发展，社会财富日益增长，财产日益集中，保险金额和保险赔付金额越来越高，保险人承担的风险也越来越大。随着海上风电建设的不断推进，海上风电规模不断增加，开发投资金额巨大，而其项目具有开发建设周期长、专业涉及面广、技术难度大等特点，使得无论在建设期还是运维期内都面临着巨大、复杂的风险。为此，保险人在承保海上风电项目时必须通过再保险分散损失风险，从而稳定保险经营。再保险也已成为现代保险经营不可或缺的一项重要活动。本节主要阐述再保险的基本概念，再保险与原保险的联系与区别，以及再保险的职能、作用。

一、再保险的基本概念

再保险（Reinsurance）也称为分保，是原保险人在原保险合同的基础上，通过签订再保险合同，支付规定的分保费，将其承担的风险和责任的一部分转嫁给另一家或多家保险或再保险公司，以分散责任、保证其业务经营稳定性的保险。因此，再保险也可以通俗地理解为对保险人的保险。

对于再保险的定义可以从不同角度来看。从法律角度来看，我国《保险法》第 28 条规定："保险人将其承担的保险业务，以分保形式，部分转移给其他保险人的为再保险。"从业务角度来看，再保险是指保险人为了分散风险而将原承保的部分风险和责任向其他保险人进行保险的行为。

再保险业务交易中涉及很多相关的术语。在再保险合同中，转移风险责任的一方或分出保险业务的公司叫原保险人或分出公司（Ceding Company）、分出人，承受风险责任的一方或接受分保业务的公司叫再保险人或分入公司（Ceded Company）、分入人、接受公司、接受人。分出公司在分出风险责任的同时，把保险费的一部分交给分入公司，称为分保费（Reinsurance Premium）；分入公司根据分保费付给分出公司一定费用，用以支付分出公司为展业及管理等所产生的费用开支，叫作分保佣金（Reinsurance Commission）或再保险手续费。当再保险合同有盈余时，分入公司根据盈余状况付给分出公司的费用称为盈余佣金，也叫纯益手续费（Profit Commission）。分出公司根据自身偿付能力等因素所确定承担的责任限额叫自留额；经过分保转移出去由接受公司所承担的责任限额叫分保额。如果分入公司又将其接受的风险责任通过签订合同的方式再分摊给其他保险人，这种业务活动称为转分保（Retrocession）。

二、再保险与原保险的比较

（一）再保险与原保险的关系

再保险从原保险中独立出来，成为与原保险既有联系又有区别的保险业务。再保险的基础是原保险，再保险的产生，正是基于原保险人经营中分散风险的需要。因此，原保险和再保险是相辅相成的。两者的主要联系在于都是对风险责任的分散，原保险是对投保人的风险责任予以分散，是对风险的第一次转嫁；再保险是对保险人的风险责任予以分散，再保险是对风险进一步的转移和分散，是对风险的第二次转嫁。

再保险与原保险的主要区别在于：

（1）合同双方当事人不同。原保险合同的双方当事人是投保人和保险人；再保险合同的双方当事人都是保险人，即分出人与分入人，与原投保人无关。

（2）保险标的不同。原保险中的保险标的既可以是财产、利益、责任、信用，也可以是人的生命与身体；再保险中的保险标的只是原保险人对被保险人承保的合同责任的一部分或全部。

（3）保险合同的性质不同。原保险合同中的财产保险合同属于经济补偿性质，人身保险合同属于经济给付性质，再保险合同属于经济补偿性质。再保险人负责对原保险人所支付的赔款或保险金给予一定补偿。这里需要说明的是，由于标的不同，关于补偿原则的运用也不同。对原保险来说，补偿原则适用于财产保险业务，至于人身保险合同则不能遵循补偿的原则，因为人身保险合同是给付合同而不是补偿合同。对再保险来讲，因为根据再保险人合同的协议内容，再保险人对于原保险人承担的是各类保险金支付的责任，所以在再保险合同项下无论是人身险责任还是财产险责任，都遵循经济补偿的原则。也就是说，一切再保险合同都是补偿性合同。

（4）保险费支付方式不同。在原保险合同中，除了奖励性支付外，保险费是单向付费，即投保人向保险人支付保费；而在再保险合同中，原保险人需向再保险人支付分保费，再保险人有些情况下还需向原保险人支付分保佣金。

（二）再保险与共同保险的关系

共同保险与再保险均具有分散风险、扩大承保能力、稳定经营成果的功效，两者都有两个以上的保险人参与。但两者也有显著不同：

（1）承保方式不同。共同保险的承保方式是多个保险人直接承保标的物的一部分或全部；再保险则是一个保险人将自己承担的风险责任的一部分或全部分摊给其他保险人，其他保险人是间接承保的。

（2）分摊方式不同。共同保险是对承保风险进行一次性分摊，是对风险的横向分摊；再保险是对风险进行二次或更多次的分摊，是对风险的纵向分摊。

（3）与被保险人的关系不同。共同保险的保险人都与被保险人存在直接法律关系；而再保险接受人只与原保险人有直接法律关系，与被保险人没有直接法律关系。

三、再保险的职能

再保险之所以能产生和发展是与其所具有的功能和作用分不开的，这也是进行再保险的目的。其职能的具体表现为：

（一）分散风险

作为保险的一种具体形态，同直接保险一样，再保险的基本职能是分散风险。保险是一种经济机制，凭借这种机制，风险损失的冲击力得以分散。再保险也符合这一目的，它是原保险人能够借以分散风险的机制。如果一个保险公司将它所承担的大额业务全部由自己负责的话，那么一定会在财务上感觉不安全，所以就需要找到向其他保险人分散风险的方法，使得自己在遭受保险事故时不致负担过重。从分保接受人来讲，表面上是承受了别的风险，实际上他和原保险人接受投保人的风险一样，也需要根据大数法则，从业务性质、风险状况、分保方式等方面来考虑是否接受业务，以什么条件接受业务，所以说，再保险人只是在更大范围内来承保业务、再保险实际上是风险的进一步分散，而且有些大额业务，一个保险公司不仅无法自己承担，需要将其分保给许多家分散在世界各地的保险公司承担，而且这些家接受公司也往往需要进行转分保，以确保事故一旦发生时自身的财务稳定性。与直接保险相比，再保险对风险的分散具有独立性。

1. 再保险对固有的巨灾风险进行有效分散

保险企业是经营风险的特殊行业，欲求经营安全，必须将所承担的风险及时分散，同时将自留的风险责任均衡化。如果所有业务的保险金额基本上维持在保险人所需的标准，可认为其业务经营是安全、稳定的，无须办理再保险。但实际上，保险人所承保业务的保险金额往往大小不均，甚至差别很大。对于保额巨大的危险单位，虽然保费收入十分可观，但由于风险责任过于集中，承保此类业务极易将保险经营财务置于不稳定状态。为避免自己承保的业务遭受巨额损失，影响保险公司的正常经营，保险公司可以考虑放弃该项大额业务，或者仅承保一部分，将保险金额限制于一定额度之内。但在保险竞争日趋激烈的时代，放弃业务显然是不可取的，而限额承保又不能满足投保人的需要，往往可能失去承保机会。因此，最佳的选择是承保时结合考虑安排分保的因素。

当保险人承保的某项业务保额巨大，而标的又极少、风险非常集中时，保险人可将超过一定标准的责任分保出去，以确保业务的财政稳定性。接受业务的一方，可视自身情况将业务全部留下，或留下一合适标准的责任额后，将超过部分转分保出去。这样，一个固有的巨大风险，就通过分保、转分保，一次一次地被平均化，使风险在众多的保险人之间分散。损失发生时，庞大的再保险网络可迅速履行巨额赔款。例如，1986 年墨西哥发生地震，损失约 30 亿美元；1988 年 9 月，被称为世纪飓风的“吉尔伯”特号飓风，在短短的几天内横扫加勒比海和其他几个中美洲中部国家，造成经济损失达 80 亿美元，这些损失都通过再保险使保户及时得到了经济补偿。1990 年 10 月 2 日广州白云机场的撞机事件，赔款 9000 多万美元，也是依赖再保险才得以迅速赔偿的。再保险这种对固有巨大风险的平均分散功能，是直接保险所不具备的。

2. 再保险对特定区域内的风险进行有效分散

与固有巨大风险责任不同，有些风险责任是因积累而增大的，这些风险的特点是标的数量大，而单个标的的保险金额并不很大。显然，这类业务表面上看颇为符合大数法则和平均法则，但实际上这些标的同时发生损失的可能性很大，因而具有风险责任集中的特点。这种积累的风险责任是指由于大量同性质的标的集中在某一特定区域内，可能由同一事故引起大面积标的发生损失，造成风险责任累积增大。例如，海上风电场可能因台风、风暴，冰雹等突发性自然灾害的袭击，致使某一海域内的叶片全部受损。历史上有这样一个典型例子：1953 年年末至 1954 年年初，英国冬季奇寒，致使民用饮水水管大面积爆裂，每根引水管价值并不高，却造成保险公司的巨额赔款。对于这类积累的风险责任，通过再保险，可以将特定区域的风险向区域外转嫁，扩大风险分散面，达到风险分散的目的。显然，这种从地域空间角度来分散风险的功能是直接保险难以具备的。

3. 再保险对特定公司的累积风险进行有效分散

这种积累的风险责任，是由于公司的业务局限于少数几个险种，特别是集中于某一个险种时造成的。这种情况在专业保险公司较为常见。例如，某保险人过分拓展汽车险而陷入困境。英国的 Vehicle General 公司即属这一实例。该公司 1971 年年初倒闭，主要原因是涉及大量车主的赔款。如果说上述例子是由于主观上忽略了风险责任积累而导致了严重的后果，那么，有些先天性的业务偏颇，则更易造成风险责任的积累。例如，甲保险公司的股东，主要是航运界人士时，则其业务必偏重于船舶险；若其股东主要是纺织业者，则其业务必偏重于纺织工厂的火险。如果某保险公司设在港口，则因占地利之便，在货物运输方面可能有较突出业绩。对于这种由于公司业务性质造成的风险责任积累，再保险是唯一能将这种业务偏向冲淡而达到风险分散的有效方式，再保险对这种积累风险的分散，具有跨险种平衡分散的特点。

4. 再保险对某一时点的风险进行分散

再保险能使保险业务充分满足大数法则及平均法则的要求，确保保险经营的财政稳定性。然而，有时虽然财政稳定性良好，保险人仍要进行再保险。这是因为，对于单个保险人来说，从一段较长时间内看，财政稳定性是良好的，但就某一单位时间来说，所承担的风险责任却显得过于集中。在此情况下，通过再保险，保险人就能将其所承担的某一时点的风险，从纵向（即时间方面）及横向（即标的数量方面）两个方面进行双重分散。

（二）扩大承保能力

保险人的承保能力受很多条件的限制，尤其受资本金和公积金等因素制约。如果保险人承保量过大，超过他自己的实际承保能力，就会造成经营的不稳定，因而会影响到保险人的生存，对被保险人也会造成威胁，也就意味着可能得不到补偿。但如果不承保大额业务，则无法与其他保险公司竞争，甚至无法经营业务，也就无法符合大数法则所要求的大量同类风险的存在。因此，各国保险法都规定业务量与资本额的比例。

例如，我国《保险法》就规定保险人自留保费（即业务量）不能超过资本金加公积金总和的 4 倍，即 1 元资本可以经营 4 元的自留保费。可见，保险公司的承保能力受其资本和准备金等财务状况的限制，如果不办理再保险，保险公司就无力承保巨额风险。而且由于原保险公司业务量的计算不包括分保费，通过再保险，保险公司可以在不增加资本额的情况下增加业务量，扩大承保能力。

（三）控制责任，稳定经营

在保险经营过程中主要的支出是赔款，而赔款的多少取决于保险人对风险所承担的责任，再保险通过控制风险责任使保险经营得以稳定。具体做法分两个方面：

一是控制每一风险单位的责任。保险以大数法则为依据，大数法则要求每个风险单位的保险金额基本一致，但在实际业务中不可能做到这一点。通过再保险，保险人将超过自己承保能力的风险分保出去即可达到要求，即保险人规定每一风险单位自留额，对未来可能超过自留额的责任分保出去，这种控制通常也称为险位控制。

二是对累积责任的控制。对大数法则而言，每个风险单位是单独面对可能发生的损失，但在实际经营中常有累积责任的情况。累积责任一方面存在于一次巨灾事故当中；另一方面存在于一定时期以内。在一次巨灾事故中，如地震、台风等可能造成许多个风险单位的同时损失，那么，即使控制每一风险单位的责任，也可能由于责任的累积造成保险人的财务困境。为此，需对一次事故中的最高赔付进行限制，这种控制一般叫事故责任控制。另外，在一定时期以内的控制一般指控制一年内的赔款数量。

（四）降低营业费用，增加运用资金

由于保险人在提存未满期保费准备金时，根据保险法规定不能扣除营业费用，必须以保险资金另外支取营业费用。但通过再保险，不仅可以在分保费中扣存未满期保费准备金，还可以有分保佣金收入。这样，保险人由于办理分保，摊回了一部分营业费用。此外，办理分保需提取未满期保费准备金和未决赔款准备金，这部分资金从提取到支付有一段时间，保险人可在这段时间内加以运用，从而增加了保险人的资金运用总量。

（五）有利于拓展新业务

保险人在涉及新业务过程中，由于经验不足，往往十分谨慎，不利于新业务的迅速开展。再保险具有控制责任的特性，可以使保险人通过分保使自己的赔付率维持在某一水平之下，有助于拓展新业务的保险公司放下顾虑，积极运作，促使新业务得以发展。

第二节　再保险的形式

再保险具有多种形式，可以按责任限制、分保安排、再保险业务渠道和实施方式来划分。

一、按照再保险业务的责任限制分类

按照原保险人和再保险人之间分出和分入业务的责任划分和责任限制，可分为比例再保险和非比例再保险。凡是以保险金额为计算基础的再保险统称为比例再保险；而以赔款金额为计算基础的则称为非比例再保险。

（一）比例再保险

比例再保险是指原保险人与再保险人签订再保险合同，以保额为计算基础，按比例计算承担保险责任的再保险方式。其最大特点是保险人和再保险人按照比例分享保费，分担责任，并按照同一比例分担赔款。比例再保险可分为成数再保险、溢额再保险及成数和溢额混合再保险。

1. 成数再保险

成数再保险以保险金额为基础，并由缔约双方对某一险种业务的每一危险单位约定一个固定的百分比，分出公司将其所承保的业务的保额，按照合同所订明的比例，一部分自留，另一部分分给接受人，并按这同一比例分配保费、摊付赔款。一般来讲，针对每一风险单位或每张保单，双方会规定一个最高限额。在达个限额内分出人和分入人按成数分担责任，超过限额的部分须由分出公司另外安排分保或自己承担。

成数再保险是按固定比例分配责任、保费和赔款，分出人和分入人有共同利害关系，对某一笔业务来讲，分出公司有盈余或亏损，分入公司也相应有盈余或损。因此，这种方式有合伙性质，适用于新公司、小公司或大公司的新险种。其最大的优点是手续简单，可以节省有关的费用开支，缺点是分保费的支付较多。而且，这种方式还可以与其他再保险方式结合使用。

2. 溢额再保险

溢额再保险也是以保额为基础，分出公司先确定每一危险单位自己承担的自留额，保险责任超过自留额的部分称为溢额，分出人将溢额部分办理再保险。分出人和再保险人以每一危险单位的自留额和分保限额占保险金额的比例，计算分保费、分摊责任和赔款，该方式可以灵活确定自留额，节省分保费支出，缺点是再保险接受人只对溢出部分负责赔偿，而自留部分仍由分出人自己承担，而且在操作上相对成熟，再保险比较烦琐、费时。

溢额分保与成数分保相比，相同点是保险条件遵循原保单条款，最大的不同是溢额分保是将超过分出人自留额的责任办理分保，而不是将每一风险的一定比例分出。另外，溢额分保的自留比例和分保比例根据每一标的的保额大小而变动，保费和赔款摊付的比例也相应变化；而成数分保的比例关系是固定不变的。

溢额再保险在运用上对分出公司有较大的自由度，分出公司可根据风险情况自行决定自留额，既有助于风险分散，又保留了一定的保费收入。但它也有手续烦琐的不利之处，而且有些巨额风险也有赖于其他分保方式的支持。

3. 成数和溢额混合再保险

成数和溢额混合再保险是成数分保和溢额分保结合使用的分保方式。它将两者结合在同一个合同内，自留额限度内的业务以成数分保方式分出，超过部分以溢额方式分出，它可以弥补上述两种方式单独运用时的不足，取长补短，既解决成数分保付出保费过多的问题，又达到溢额分保项下保费的相对平衡，对于缔约双方均有利。在安排上既可以先安排成数分保，也可以先安排溢额分保。以先安排溢额分保为例：某分出公司安排5000万元承保能力的溢额分保，自留额1000万元，分保4线；针对自留额1000万元再安排成数分保，40%自留，即400万元，60%分保，即600万元。从分出公司来看，实际自留责任或者净自留额为400万元。

（二）非比例再保险

非比例再保险是与比例再保险相对而言的，是以赔款金额作为计算自留额和分保限额基础，也就是先规定一个由分出人自己负担的赔款额度，对超过这一额度的赔款才由分保接受人承担赔偿责任，在保险金额、保险责任和保费方面，再保险双方不存在比例关系。当然，分保接受人也不是无限地承担责任，往往也有限额的规定。非比例再保险的再保费率采取单独计算，与原保费没有像比例再保险那样的比例关系。非比例再保险的方式很多，现在运用比较多的是以下几种，这几种方式都是根据赔款计算的基础不同而有所区别。

1. 险位超额赔款再保险

险位超额赔款再保险以每一危险单位所发生的赔款为基础，确定分出公司自负责任限额和分入公司分保限额的再保险方式。它可以扩大保险人的业务承保能力。如果在一次事故当中造成多个危险单位的损失，有的合同也规定危险单位个数的限制，一般为险位限额的 2～3 倍。

例如，某一险位超赔合同内容为每危险单位 100 万元后的 900 万元分保，一次事故中限 3 个危险单位。现假设有一次事故造成 4 个危险单位损失，赔款额分别为 200 万元、400 万元、300 万元、250 万元。则前 3 个危险单位，分出人负担 300 万元，接受人负担 600（100 + 300 + 200=600）万元，而第四个危险单位因合同规定的限制全部由分出人负担。

2. 事故超额赔款再保险

事故超额赔款再保险是以一次巨灾事故中多数风险单位所发生赔款的总和为基础，来确定自负责任额和分保责任额的再保险方式。它是险位超赔在空间上的扩展，用来保障保险分出人的累积责任，分入公司负责当任何一次事故累积的损失超过规定自负责任额以后的赔款，是一种比较复杂的再保险方式。

这种再保险方式主要是针对巨大的自然灾害设计的，所以又称“巨灾超赔分保”，它实际上是险位超赔在空间上的扩展。由于大的自然灾害一般损失额都比较大，所以巨灾超赔分保常分层安排，以避免风险的集中。所谓分层，即对整个超赔保障数额安排不同的层数，分保给不同的接受公司。

例如，某分出人针对其承保的3000 万元保额的海上风电业务安排 3 层超赔分保：

自留额为 500 万元；

第一层，超过 500 万元后的 500 万元；

第二层，超过 1000 万元后的 1000 万元；

第三层，超过 2000 万元后的 1000 万元。

发生赔款时，先由分出公司按自留额赔付，不足部分由第一层负担，再由剩余第二层负担，以此类推。也就是说，对于高层分入人来讲，只有大额赔款才可能轮到他支付。

3. 赔付率超赔再保险

赔付率超赔再保险以年度赔款累计总额或按年度赔付率来确定自负责任额和分保责任额的再保险方式。即在约定的一定时期（通常为 1 年）内，双方当事人约定在某一年度内，当分出公司的赔付率超过一定标准时，超过部分由分入公司负责至某一赔付率或金额，它是险位超赔在空间上的扩展，是一种对保险人的财务损失的保障，而不是对个别危险负责。不足之处在于，再保险接受人只对超过赔付以上部分负责赔付，而赔付率之内部分的赔款仍由分出人自行负责。

由于超额赔款保障的安排基于对分出公司大量业务的统计分析和损失记录，因此超额赔款的保费会随着分出公司购买的保障程度不同而有所不同。为此，在安排超赔保障时，为方便接受人选择，同时降低分出人的成本，分出人会将自己所需的保障金额分若干层来购买，而且对于其中每一层，分出公司可以选择是否购买，也可以选择向不同的分保接受人购买不同层。超赔保障的保费支出也是基于经验统计。

为方便读者理解比例再保险与非比例再保险，表 14－1 对比例再保险与非比例再保险进行了比较。

表 14－1　　比例再保险与非比例再保险的比较

比例再保险	非比例再保险
无论合同分保或临时分保，分保条件可以续转	一般只承保 12 个月，续转时，条件重新商谈
以保险金额计算分保保障	以赔款金额计算保障
保费是原始保单保费的一定比例	保费根据赔款的历史记录厘定
赔款按照自留和分保比例分担，一般赔款无须提前告知	赔款按照超赔条件摊付，需摊付的赔款应提前通知
除了现金赔款，保费和赔款是按照季度或规定的期间做账并支付的	保费在合同起期时支付，年终可调整
责任期较长，特别是合同业务	一般在年度终了可以清楚计算分保责任

二、按照再保险业务的分保安排方式分类

（一）临时再保险

临时再保险又称为临时分保，是再保险的最初形态，它是逐笔成交的、具有可选择性的分保安排方式，它常用于单一风险的分保安排。对于保险公司，当承保的单一风险大于其自留的限额时，可以自由选择安排多少分保、向谁安排等；另一方面，保险公司必须将风险的整体情况和分保安排的条件如实告知再保险公司，一般保障条件与原保单一致。再保险公司则可以根据业务情况和自己的承保能力自由选择接受与否以及接受的份额。

临时再保险的优点在于再保险接受人可以有权决定是否接受分保业务，收取保费快捷，便于资金运用。但是临时分保手续较为烦琐，分出人必须逐笔将分保条件及时通知再保险人，对方是否接受事先难以判断，如果不能迅速安排分保就要影响业务的承保或对已承保的业务保险人将承担更多的风险责任。

（二）合同再保险

合同再保险又称为合同分保，是由保险人与再保险人用签订合同的方式确立双方的再保险关系，在一定时期内对一宗或一类业务，根据合同中双方同意及规定的条件，只需属于合同限定范围内的保险业务，再保险分出人有义务分出、再保险接受人亦有义务接受。简单地说，合同分保实际上是再保险人提供给保险人的、对其承保的某一险种的业务的一种保障。分保合同是长期有效的，除非缔约双方的任何一方根据合同注销条款的规定，在事前通知对方注销合同。

合同再保险与临时再保险的区别是合同分保是按照业务年度安排分保的，而临时分保则是逐笔安排的；合同分保涉及的是一定时期内的一宗或一类业务，缔约人之间的再保险关系是有约束力的，因此协议过程要比临时分保复杂得多。表 14-2 对临时再保险与合同再保险进行了比较。

表 14-2　　临时再保险与合同再保险的比较

临时再保险	合同再保险
临时性，再保险人可以接受或拒绝	约束性，再保险人必须接受规定的业务
单个风险（与保单一致）	大量风险
必须告知风险的细节情况	不必详细告知风险的细节，除非是特殊业务，或按合同规定提供报表
时间和经济成本均较高	时间和经济成本相对较低
每一风险必须单独安排，没有市场承诺的分保保障	合同事先安排，保险人承保的业务将自动得到分保保障

（三）预约再保险

预约再保险又称为预约分保，是介于合同再保险和临时再保险之间的一种分保方式，是在临时再保险的基础上发展起来的一种再保险方式。预约再保险往往用于对合同分保的一种补充。它既具有临时再保险的性质，又具有合同再保险的形式。预约再保险的订约双方对于再保险业务范围虽然有预约规定，但保险人有选择的自由，不一定要将全部业务放入预约合同。但对于再保险接受人则具有合同性质，只要是合同规定范围内的业务，分出人决定放入预约合同，接受人就必须接受，对于接受人来说，具有合同的强制性。

一个保险公司对一类特殊的业务办理临时分保次数增多时，为节省手续，往往考虑采用预约再保险。这有利于将某类超过自留或固定合同限额的业务自动列入预约再保险合同，不必安排临时分保。虽然预约再保险合同的接受人不能逐笔审查列入合同的业务，但却可以得到更多的业务，增加保费收入，求得业务平衡。一般分出公司要向分保接受人提供放入合同的业务报表。

三、按照再保险业务的渠道分类

（一）分入、分出再保险

分入再保险业务和分出再保险业务（分别简称“分入业务”和“分出业务”）是一组相对的概念。保险公司将直接承保的业务根据需要在市场上安排再保险保障，相对保险公司来说，这部分业务就是分出业务，而接受这些业务的保险或再保险公司称这种业务为分入业务。

（二）交换再保险

交换再保险业务也叫“互惠分保”，它不是一种分保方式，而是由分保方式发展演变而来的要约和承诺关系的互惠条件，即分出公司一方面将业务分出，同时又要求接受公司提供分入业务或回头业务。这样既能分散风险，又可以不使保费收入减少。对分保接受人来说，在超过自留额部分中按照互利的原则分回相等数量和预期质量、利润大致对等的回头业务也是有利的。作为交换的业务，一般都是质量较好的比例合同分保业务，非比例分保业务一般不进行交换。交换业务的双方如有一方注销分出业务时，另一方可同时注销作为交换的业务。

交换再保险的意义在于，分出人有了类似交换性质的互惠分保则使其业务平稳性较好，因为通过分保交换，分出公司可以有较大数量的业务和较多的保费收入，根据大数法则原理，保险标的数量增加，风险系数就可降低，财务基础也就越稳定。

（三）转分保再保险

转分保再保险是指再保险接受人所负的责任超过其对一个风险的自留额时，与直接保险公司安排再保险一样，寻求转嫁再保险责任的再保险形式。转分保是分保接受人的分保，它有两种形式：一是按原条件转分保一定的比例，即以成数转分；二是用超额赔款保障其自留部分的责任。通过这种转分保，分出公司就可以减轻其自身的再保险责任，避免危险的集中与积累。转分保在分出时，分出人还可以收取少量的转分保手续费。因此，保险公司有了一定数量的分入分保后往往会组织转分保。

由于转分保接受人难以确切了解和控制转分保业务的详细情况，所以转分保业务在分出时较多采取成数合同分保的方式，而且往往在分出人自留比例较多的情况下才容易分出。即便如此，当分入责任较大时，分保接受人除了用比例转分保降低对每一风险单位的责任外，仍面临着在发生巨灾事故或者许多个风险累积于一次事故中承担巨大责任的潜在风险，因此转分保分出公司在特定的比例转分保以外，经常还要设计安排非比例转分保，以保障他们自留部分的责任。

由于转分保业务的特殊性，也使得转分保业务成为体现再保险市场承保能力强弱的晴雨表。当市场上有过剩的再保险承保能力时，则转分保业务在市场上较好安排；当再保险承保能力不足时，则转分保业务几乎没有分保渠道。

（四）集团再保险

集团再保险是一个国家或一个地区之内很多家保险公司为达到一个共同目的而联合组成的，增强承保力量的分保形式。集团再保险的特点是，参加这个组织的保险公司既是分出公司又是接受公司，它们将自己的业务通过集团组织分保给其他成员公司接受，同时又通过集团接受来自其他会员的业务，超过集团限额部分由集团向外安排再保险。这种再保险集团既有国家性的，也有地区性的或跨区域性的。

集团再保险的组织形式可以利用集体力量，相互支持，互通有无，还可以防止保费外流，既有利于危险的分散，又有利于加强合作发展保险事业，是一种很好的组织形式。

四、按照再保险业务的实施方式分类

（一）法定再保险

法定再保险是指根据国家法律或法令规定，必须向国家再保险公司或指定的再保险公司办理的再保险。操作方式一般为规定比例的成数再保险。许多国家特别是发展中国家，为了减少保费外流，扶持国内保险和再保险业的发展，规定保险公司必须首先将其所承保的业务按照规定的比例分给指定的保险公司。有些国家只是规定必须优先分给当地公司，以满足当地保险公司接受分保的需求，但仍然允许向其他保险公司和国外再保险公司分保。

法定再保险是国家直接干预再保险业的措施，其主要目的是：维护保险公司的偿付能力；控制和减少外汇资金外流；限制外国保险公司的竞争，扶持民族保险事业的发展等。我国 1995 年实施的《保险法》规定实行 20%的法定再保险，中国再保险公司一直是接受法定再保险业务的指定公司。随着我国加入 WTO 和与国际市场逐步接轨，法定再保险业务从 2003 年开始以 5%的比例逐年递减，直到 2006 年完全取消了法定再保险，全面放开再保险市场。

（二）自愿再保险

自愿再保险又称商业再保险，是指原保险人和再保险人双方根据自愿原则，约定双方权利和义务而产生的再保险关系。对于商业再保险公司而言，原保险人和再保险人作为自主经营的主体，自主决定办理再保险，而非按照有关国家或地区的法律法规强制执行；自留金额和分保金额也都由原保险人根据业务的实际情况和自身经济实力及风险偏好来自行选择；再保险的条件也由再保险双方根据实际情况进行协商自行规定。

第三节　全球的再保险市场

一、再保险市场的构成

再保险市场是指保险人与再保险人所达成的再保险交易的市场。此种市场所交易者为投保人的原始风险的二次分散，是保险市场的二级市场。

在再保险市场上，包括以下方面的要素：一是再保险市场的卖方或供给方，即再保险承保人，从国际保险实践看，再保险市场的供给方即承保人，主要由专业再保险人、原保险人的再保险部门、再保险集团以及伦敦劳合社承保人和专业自营保险公司等组成；二是为促成再保险交易提供辅助作用的保险中介方，即再保险经纪人。

1. 专业再保险人

专业再保险人是专营再保险业务的保险人，它一般不作为原保险人来经营直接保险业务，而是专门接受原保险人分出的业务，同时也将接受的再保险业务的一部分转分给其他再保险人。专业再保险公司是在再保险需求不断扩大、再保险业之间竞争加剧的情形下，由兼营再保险业务的保险公司中独立分出来的，以适应再保险业的发展。专业再保险公司在全球各地有分支机构，进行再保险营运时，可称为跨国性公司，此类公司的规模庞大，单位众多，在市场上举足轻重，直接影响了市场的行情。

例如，全球最知名的两家专业再保险公司——德国的慕尼黑再保险公司和瑞士的瑞士再保险公司，分别成立于 1880 年和 1863 年，它们的业务广泛分布于全球各地，在世界多个国家都设置有分公司。世界上最早的专业再保险公司是德国的科隆再保险公司（后被伯克希尔哈撒韦集团收购），成立于 1846 年，1852 年开始经营业务。据 2019 年 A.M.Best（美国）公布的《全球再保险市场报告》表明，2018 年世界前 10 家最大的再保险集团再保险费净收入为 1631 亿美元，专业再保险公司净保费收入占比达到了 79%，其中慕尼黑再保险公司 345 亿美元，瑞士再保险公司 340 亿美元，两家共占 40%以上。

2. 原保险人的再保险部门

原保险人的再保险部门，一般允许其经营原保险人承保的同类风险责任。接受再保险业务可以使原保险人分散其损失风险。同时，这样做可以为公司扩大商机。许多原保险人纷纷成立了专营再保险业务的子公司，但是这类再保险公司所占有的市场份额远远低于专业再保险的份额。

3. 再保险集团和承保辛迪加

再保险集团和承保辛迪加是由原保险人或再保险人组成，形成分散集团成员间风险的机制。通过该集团，可以将成员的损失风险分散到许多保险人之间，从而增加了整个集团的承保能力。对如何解决单个再保险人承保能力不足的问题，提供了一个完美的解决方案。现在亚非拉国家都建有这种地区性的再保险集团，如亚非再保险集团、亚非再保险航空集团、土巴伊火险、航空保险集团（1985 年改名为经济合作组织再保险集团 ECO）、非洲航空保险集团等。还有一些专业联营性的再保险集团，如由再保险人群体协议组成处理特殊风险的联合组织，像英国、德国，日本、美国等建立的原子能再保险集团，以及法国的特殊风险再保险集团。

4. 伦敦劳合社承保人

伦敦劳合社是世界上最大的、最负盛名的再保险组织。劳合社通过由个人和公司成员组成的承保辛迪加来承担风险。作为一个由上百家专业承保辛迪加组成的大市场，劳合社可以办理全球的直接保险和再保险业务，还可以办理集团间再保险业务。

5. 专业自营保险公司

专业自营保险公司，又称专属保险公司，简称自保公司，属于大企业自设的保险公司，为其母公司和子公司提供直接保险，同时也承保外界的风险和接受分入再保险业务。专业自营保险公司的业务数量有限、承保的业务风险质量差等天然缺陷，决定了它与再保险不可分割的联系：专业自营保险公司的经营以妥善安排再保险为前提，其业务活动的新趋向是从事再保险业务。近年来，随着国际保险市场的费率猛增、保障缩小等的变化，专业自营保险公司通过专属保险公司自留一部分责任，加上分保所得的手续费，可以降低保险费，以最经济的代价处理风险管理成了许多企业作为风险管理的最好的办法，专业自营保险公司也成为了再保险市场上的积极的竞争者。百慕大被称为专业自营保险公司中心和诞生地，岛内至今有一千多家专属保险公司，有人称其为世界第三位再保险市场。很多专业自营保险公司为享受免税优惠，在百慕大和开曼岛等地注册。但专业自营保险公司一般规模不大，常常要将主要风险转嫁给再保险市场，所以接受分入业务不是很多。

6. 再保险经纪人

再保险经纪人为分出公司提供再保险服务，包括帮助分出公司确定其再保险需求，安排再保险规划满足其分保需求，寻找可提供再保险需求的市场，代表分出公司谈判合同条款、确定承保范围以及提供其他创新型业务等。

再保险人从再保险保费中，取出一部分给再保险经纪人作为佣金。佣金随着比例分保合同或超额赔款分保合同的不同而变化。原保险人和再保险人，在缴纳保费或给付保险金时，习惯上也通过再保险经纪人来进行。

再保险经纪人能够为分出公司提供综合性服务。随着保险人对附加服务要求的不断增多，中介人也必须建立必要的防护设施。评估所有再保险人的财务状况是否安全，是再保险经纪人提供的服务之一，同时也是其本身的职责。分出公司在选择再保险人时，很大程度上依赖于再保险经纪人的判断能力。

对原保险人来说，使用再保险经纪人非常有利。经纪人通常对如何进行再保险规划比较有经验，并且熟悉再保险市场，这就可以为分出公司赢得更为有利的交易条件。再保险经纪人还可以帮助分出公司进入世界上许多更大的再保险市场，并扩大其承保能力，这一点对于原保险人来说是至关重要的。

二、全球主要的再保险市场

鉴于再保险业的国际性，目前再保险的主要市场仍为发达国家。全球主要的再保险市场主要集中在欧洲和北美地区，欧洲再保险市场主要由专业再保险公司组成，其核心由德国、瑞士和英国组成。欧洲再保险市场的特点是完全自由化、商业化，竞争激烈，并且成为世界再保险市场的中心，北美再保险市场主要以美国和百慕大为核心。

（一）德国再保险市场

德国是欧洲大陆最大的再保险中心，在世界前 15 家最大的再保险公司中，德国最多的时候占到 1/3。德国的再保险市场很大程度上是由专业再保险公司控制，直接由保险公司做的再保险业务量很有限，例如最负盛名的慕尼黑再保险公司，以及汉诺威再保险公司、通用科隆再保险公司、格宁环球再保险公司和安联再保险公司。

慕尼黑再保险公司建于 1880 年，是世界上第一大再保险公司，2018 年净保费收入 345 亿美元，非寿险净保费收入达到了 225 亿美元。庞大的分公司和分支机构网络遍布全世界，使慕尼黑再保险公司成为世界再保险市场的主要力量。它在国内市场上的地位也相当显赫，与国内 200 多个公司有业务往来，其中包括欧洲大陆最大的保险公司——安联保险集团，它们的联系由互相拥有对方 25%的资产而维系，通过共同承担风险而更加深了联系。由于前联邦德国经济的迅速发展和第二次世界大战的冲击，慕尼黑再保险公司长期集中精力在国内打基础，战后几年的外汇控制也无疑是对国际业务的限制，鼓励国内再保险业发展。近几年来尽管已深入国际业务的发展，成为世界再保险市场上的主要力量，但是国内业务仍占很大比例，欧洲是它的第二个目标，海外则是它今后发展的方向，目前他们很重视对东欧及亚太地区的开拓。慕尼黑再保险公司与世界上 120 个国家的 2000 多个国外公司有联系，而保费收入只有 40%左右来自国外，且其中 56%来自欧洲，16%来自北美，13%来自中东、远东和澳大利亚，9%来自非洲和近东，6%来自拉丁美洲。慕尼黑再保险公司的主要分公司和代理处设在北美、英国、瑞士、南非、澳大利亚、新西兰。公司向外扩展的最佳业务是工程保险的再保险，已经有长驻工程人员、服务公司、技术顾问在几个发展中国家。慕尼黑再保险公司进入发展中国家，是希望促进这些国家的再保险发展，它大量地培训客户公司的职员和那些想与之有业务联系的公司的职员，以技术服务的优势作为发展关系的起点。

（二）瑞士再保险市场

瑞士是欧洲大陆第二大再保险中心。瑞士稳定的社会和经济、成熟的金融业和自由的法律环境，资金流动和货币兑换无限制，使瑞士成为国际保险和再保险中心，主要从事转分保业务。与德国再保险市场相似，瑞士再保险市场上也是专业再保险公司占统治地位，除“瑞士再保险”外还有名列世界前 50 的苏黎世再保险集团和丰泰保险集团。

瑞士拥有世界第二位的再保险公司——瑞士再保险公司，以 2018 年再保险公司的总保费收入来看，瑞士再保险公司以 347 亿美元居慕尼黑再保险公司总保费收入 378 亿美元之后，但是它的国外再保险费收入却雄居世界之首，这也是瑞士再保险公司与慕尼黑再保险公司在经营业务结构上的最大区别。瑞士再保险公司的发展是以国际业务为基础的。瑞士再保险公司建于 1864 年，其保费收入的 90%来自国外，其中约 53%来自欧洲，22%来自北美，8%来自亚洲，5%来自非洲，2%来自澳大利亚，公司的一半业务由设在苏黎世的总部办理，其余的由在德国、伦敦、纽约、多伦多、墨尔本、约翰内斯堡的分公司办理。瑞士再保险公司在发展中国家影响较大，尽管在发展中国家和地区没有设立分公司，但是在中国香港、墨西哥、菲律宾、新加坡、委内瑞拉有服务机构，提供再保险事务咨询和客户职工的训练。瑞士再保险公司的信息中心在世界再保险市场中很有名气。

（三）伦敦再保险市场

伦敦再保险市场是以劳合社为主，众多保险公司并存，相互竞争、相互促进、完善有序的市场，主要包括劳合社再保险市场、伦敦保险承保人协会再保险市场、伦敦再保险联营组织（集团）、伦敦保险与再保险市场协会。世界保险市场中，航空航天保险及能源等保险的承保能力有 60%以上集中在伦敦再保险市场。伦敦市场是完全自由竞争的国际化的保险及再保险市场。伦敦的保险和再保险市场由劳合社再保险市场和保险公司市场两部分组成。

1. 劳合社再保险市场

劳合社成立于 1688 年，属于较大规模的保险集团，既是市场同时也是全球最大的再保险集团。业务不论巨细，只要符合劳合社的要求都有可能被承受。劳合社是许多大型再保险业务的主要承保者，同时也是许多保险市场的再保首席承保人。

再保险业务分保给劳合社市场，需通过指定的经纪人，一般经纪人若无劳合社发给的经纪人执照，即无法在劳合社市场中活动，自然也无法进行商业交易。由于经纪人是劳合社的业务来源，因此传统上劳合社与经纪人均维持良好的关系。

劳合社市场是由许多辛迪加组成的，辛迪加的成员是个人或公司，规模大小不同，成立较早或较具规模者，对业务的承受与选择较有经验，在市场中也名声卓著。这些辛迪加常被邀请担任某一业务的首席承保人，代表市场厘定费率，确定交易条件，审核再保险资料并负责与经纪人沟通联系。首席承保人根据他所了解的业务品质、形态、大小、费率及本身的承受能力确定这一辛迪加的承受量。首席承保人对业务的了解与认识通常是其他辛迪加承受同一业务的依据，因此，首席承保人的承受量也足以影响其他辛迪加对该件业务的认受额。

2. 伦敦保险协会再保险市场

伦敦保险协会是劳合社以外的另一大规模再保险市场，由保险公司组成，历史悠久，成立于1884年，成立的动机是与劳合社竞争。现在伦敦保险协会的成员包括：① 前英国大型保险公司；② 英国大型保险集团的附属再保险公司；③ 外国再保险公司在伦敦的分公司；④ 外国大型保险公司在伦敦的分公司；⑤ 外国保险公司或再保险公司在伦敦委任的代理人。伦敦保险协会承受业务可经由经纪人中介，也可直接承受，较之其业务来源偏重经纪人的劳合社而言自由得多。但是，劳合社与经纪人之间有传统关系，在业务萧条或不景气来临时，劳合社经纪人能为劳合社市场尽力，这一现象较之伦敦保险协会不同。

伦敦保险协会业务来源较为广泛、复杂，因组成分子不同，其业务来源也不相同，大致可分为三类：

（1）各大型保险公司的分公司承受业务之后，经由总公司的再保险部门分保至伦敦保险协会市场。此种业务以英国本地业务为主。

（2）经纪人带来的业务。经纪人在市场中进行分保工作，其方式与往劳合社市场分保相似。

（3）各大型保险公司在国外的分支机构承受业务之后经其总公司分保至伦敦保险协会市场。

过去欧洲大陆的再保险业务多为专业再保险公司所控制，伦敦保险协会以其巨大的能量加强竞争力，获取不少再保险业务。亚洲新兴工业国潜力雄厚，但其保险公司规模较小，对大型业务常需再保险市场支持。伦敦保险协会对亚洲新兴工业国的再保险市场兴趣浓厚，近年来也积极介入。

（四）美国再保险市场

美国作为世界再保险最发达的国家之一，其再保险市场已越来越为人们所眼目。美国保险市场广大，其保费收入几乎占全球保费收入的一半。但是，其再保险市场的发展偏重于业务交换、共同保险和联营（pool）方式，与伦敦再保险市场有很大差别。虽然纽约再保险市场已跃身于世界再保险市场之前列，但是它还是最近20年才发展起来的，一个原因是美国保险的发达，使其可以自留相当比例的保费，这比欧洲再保险公司的自留额高多了；另一个原因是美国的法律与欧洲相比不利于再保险的发展。在世界最大的前15家再保险公司中，美国的雇主再保险占第三位，2018年净保费收入70亿美元；通用再保险公司占第四位，净保费68亿美元。

在美国再保险市场上，最为著名的是纽约再保险市场。纽约再保险市场主要由国内和国外专业再保险公司及直接保险公司组成，公司规模有大有小，组织结构多种多样。其业务来源主要是北美洲、南美洲和伦敦保险市场。纽约再保险市场过去主要是内向型，但随着美国市场在国际市场上进行扩张，纽约再保险市场逐渐演变成国际性的再保险中心。

美国再保险市场组织主要有：

（1）纽约保险交易所。纽约保险交易所成立于1978年，为再保险交易提供了场所，其组织方式和运作方法仿照伦敦劳合社的做法，由一些辛迪加组成，接受再保险业务，但是它的成员是公司，负有限责任。由于成立时间不长，且近年来损失率偏高，业务已相当萎缩。

（2）协会。这种形式的保险及再保险组织，为多家公司所组合，类似伦敦保险协会。

（五）百慕大市场

百慕大是国际主要的再保险市场之一，市场上占比最高的公司类型是自保公司。截至 2017 年底，共有 739 家自保公司在百慕大注册，其中 2017 年新注册的为 17 家。百慕大自保公司承保的 2017 年度净保费为 547 亿美元。在新注册的公司中，几乎一大半是属于专属保险公司，它首先推出的离岸落户保险、管理及金融再保险等均走在世界自保市场的前列。

百慕大保险市场之所以能够如此吸引外国保险商，据百慕大注册署的官员说，百慕大的特殊环境、浓郁的商业气氛、雄厚的经济实力和健全的服务配套，是国际保险和再保险公司在百慕大落后的主要因素。百慕大地区气候宜人，地理位置紧邻美国，地理位置优越，政局稳定，拥有良好的保险市场发展的外部环境和众多高素质的保险人才，再加上其宽松的监管体系以及优惠的税收政策，吸引了大量的保险公司入驻和资金流入。

第四篇

案例及法规篇

第十五章

典 型 事 故 案 例

第一节 某海上风电海底电缆受损事故

一、事故经过

2018 年 7 月，某公司海上风电在建项目在海缆敷设作业过程中，通过电缆耐压试验，发现其中一根主电缆三芯中有一芯绝缘电阻为“0”，经排查确认此海缆有两处受损，随即向保险人报案。

二、损失情况

电缆两处破损点分别位于距岸边约 2.3km、0.75km 的海底处。破口均呈斜向走势，电缆表面的保护层已破损，尺寸约为长 20cm、宽 5cm，受损情况如图 15－1～图 15－4 所示。

图 15－1 现场在寻找电缆破损点

图 15－2 破损点处现场切割查勘海缆

三、事故原因

根据现场对电缆破损口走势及表面保护层的受损情况进行查勘，结合施工单位海缆敷设记录分析，该海缆应是在夜间浅滩敷设过程中，因海水渗透冲刷较快导致埋设的海缆发生移动，同时受现场照明的影响，在施工过程中海缆被水陆挖掘机钩刺损坏，造成电缆破损。

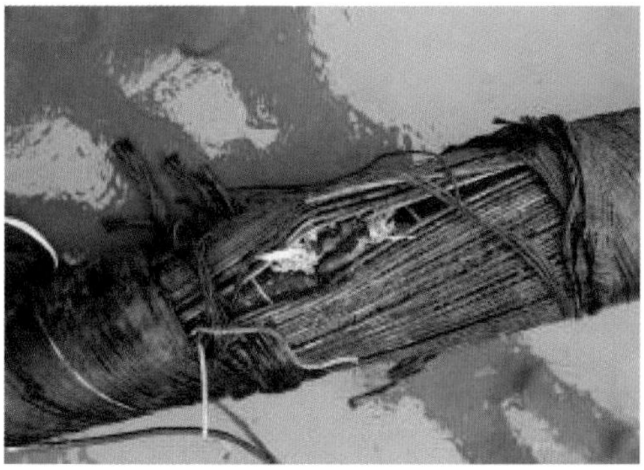

图 15-3 破损处海缆受损情况

图 15-4 海缆破口呈斜向走势

四、案例启示

该项目海缆施工采用海底直埋敷设方式，埋置于海底，电缆整个敷设走向是由陆上往海上平台方向敷设，分为浅滩和深海敷设两个阶段，电缆呈蛇形向前敷设，在浅滩敷设时需动用 4 台水陆两用挖掘机开挖电缆沟槽，以便敷缆船能把电缆直接敷设进沟槽中。

经查，海缆故障点的位置为气水交界处，为后挖沟埋设段，该地点海水渗透冲刷较快。按要求浅滩作业时段需在低潮时进行电缆敷设，落潮时停止作业。

该海缆受损的直接原因是在施工过程中被挖掘机钩坏，同时海浪等自然原因也不可避免地造成一定的影响。因此，海缆敷设期应针对各种自然风险、技术风险做好风险防范工作，在施工阶段和运维阶段海底冲刷对海缆形成极大威胁，造成海缆的移动和海底冲刷掏空，因而在施工前应对施工区域海底条件进行工程地质勘探，并对施工期以及已敷设完毕的海缆海底冲刷情况进行海底检测。同时，施工过程中应提升施工作业环境，提高施工人员风险防范意识，严格按照作业规程进行施工，减少人为原因造成施工设备损坏事故的发生。此次海缆受损发生于夜间浅滩电缆敷设过程，现场照明等作业环境对施工安全的影响应予以重视。此外，应警惕牵引设备、船舶走锚及外来船舶对海缆造成的破坏潜在可能，及时做好事故的预防工作。

从海上风电项目的损失经验来看，欧洲的统计数据中 80%的损失都与海缆有关，海缆受损的原因 50%来自安装过程中的人为失误，2018 年 5 月的统计显示，过去的 60 个已建项目中只有 3 个项目未发生过海缆事故。我国海上风电保险刚刚起步，相比国外海上风电项目，样本数量和赔付记录较少，借鉴成熟市场的发展经验尤为必要，在发展初期无论是投保方还是保险人都应高度关注并重视海缆风险，有针对性地做好项目建设期和运维期的风险管理。

从损失事故的保险赔偿情况来看，欧洲海上风电项目海缆个案赔款额平均在 260 万美元左右，其中最大海缆赔付金额超过 3500 万美元，对于海缆受损赔偿，除海缆及接头等材料费外，还涉及高额的特种船舶租赁费用、人工费用和检测费用。目前，我国海上风电项目大都采用建筑安装一切险保单形式，并根据项目的实际情况附加相应条款以进一步扩大保险保障的范围。如扩展海缆检查费用条款和检测/重新测试条款，即可为检测及相关设备费用提供赔付条件。

五、风险管理策略

（一）加强海上风电项目的风险管理机构建设

（1）组建风险管理小组，可引入“业主+经纪公司+保险公司+行业技术第三方”的多方联席会议机制，让各方始终带着设计期望开展工作，保障设计期望成为项目各环节风控的唯一标准，尤其是夜间施工等高风险级别的工程环节。

（2）海缆及海缆陆缆过渡段敷设是海上风电项目风险高发的环节，应当加强对参与该环节的工程人员、管理人员的风险教育和培训，培训课程尤其要将过往海缆事故的问题要点、风险要点作为主要内容。

（二）增加海上风电项目风险管理的控制机制

（1）从“风险识别—风险分析—风险评价—风险处理—风险沟通—剩余风险追踪监测及改进”多个维度审视风控的制度体系，加强对海缆敷设环节、夜间施工环节的风险沟通、剩余风险追踪监测及改进的制度保障工作。

（2）海缆工程任务复杂且艰巨，在电缆敷设安装过程中往往有不可预料的意外事故发生，在安装过程中遭受的损伤修复工作费时且昂贵，由于风暴、海浪或水流的影响，敷设船无法保持定位，动态定位功能丧失，会使敷缆船无意中发生后退，从而使已经敷设的电缆承受较大的弯曲应力。海底电缆在登陆时也会造成损失。因此，要求施工作业人员要严格按照安装规范进行操作，方能确保证敷设安装工作的顺利完成。

海缆敷设、基础施工、机组吊装、调试并网等环节均有夜间施工的情况，除海缆敷设之外，亦应补充开展对基础施工、机组吊装、调试并网等其他环节夜间施工的风险调查分析。

（3）针对国内海上风电的场址、设备及施工风险特征，我国海上风电保险应在借鉴欧洲成熟的保单条款和海上风电海事检验人机制的同时，建立符合自身管理特点的风险管控体系，形成独具特色的海上风电保单，为海上风电的发展提供全方面的风险保障。

第二节　某海上风电工程导向架垮塌落海受损事故

一、事故经过

2015 年 12 月，某公司海上风电在建项目在沉桩作业转场施工作业时，海面风力突然巨变，风力加大。此时，施工方正在拔起 3 号临时桩，2 号和 4 号临时桩已完全拔出脱离海床，被导向架定位销固定在导向架上，1 号临时桩已拔出，但因自重入泥约 3m。由于导向架在施工船上与海底定位桩（即临时桩）连成一体，施工船无法撤离施工地点且大风使船体上下颠簸和左右横移幅度较大，造成导向架失稳垮塌落海，并在落海过程中损坏施工船船体，受损情况如图 15－5～图 15－7 所示。随即向保险人报案。

图 15－5　受损的液压油缸

图 15－6　受损的临时桩

图 15－7　受损的导向架钢套

二、损失情况

导向架 4 个牛角损坏，临时桩抱筒损坏、变形，抱箍无法启动；导向架吊索落入海底、有破损；导向架缸套与临时桩变形、液压部件受损，其中液压缺漏油、电机外壳变形。

施工船船体双体船内侧干舷受损，甲板导向架限位装置已破损，局部撕裂。

三、事故原因

根据施工船事故报告和航海日志，事发当日 14 时左右，海面瞬时风力加大到 8 级，因导向架放在施工船上且与临时桩连成一体，导致施工船无法撤离施工地点，导向架经受不住外力导致 4 个支腿撕裂，导向架失稳垮塌落入海里，并在沉入海底过程中造成施工船体损坏。

四、案例启示

海上风电建设期受台风、暴风等自然及恶劣天气条件的影响较大，对于投保人和施工方在项目建设期应特别重视海洋施工环境可能造成施工事故的严重性，提高对气象灾害、海洋灾害的风险监控能力，尽可能地根据动态气象预报减少恶劣天气施工，优化施工方案，缩短海上施工时间，调整施工作业方式，将工程管理和风险管理前移延伸，避免和减少恶劣天气情况造成的风险事故。

关于事故索赔，导向架及临时桩虽未在保单中明确列明，但因其以摊销费用形式计入工程造价内，属于保险标的范围，保险赔付的比例应根据摊销和后续使用的具体情况协商确定。

五、风险管理策略

（一）加强海上风电项目的风险管理机构建设

（1）加强管理小组建设，引入多方联席风控。

可根据项目合同管理的复杂性，同步邀请总包方、分包方等全部合同单位的风险管理人员进入风险管理小组，充分保障风险管理的落地效果。

可引入“业主+经纪公司+保险公司+行业技术第三方”的多方联席会议机制，让各方始终带着设计期望开展工作，保障设计期望成为项目各环节风控的唯一标准，尤其是施工条件苛刻、施工窗口期较短、施工海域天气预报准确率较低的高风险级别的工程环节。

（2）加强开展海上风电项目工程人员、管理人员的风险教育和培训。

自然灾害对沉桩、驳船托运、海上吊装等严重依赖施工窗口期的施工环节的风险影响较大，需要在风险教育和培训中更多地展开对这部分风险影响的分析，帮助和推动工程人员、管理人员选择安全系数更高的施工方案和施工作业方式。

（3）建立海上风电项目的风险预警机制，建立“监测—诊断—检测—评估—整改”的多维度风险屏障，加强施工环节的风险监测，酌情选用预报更准确的气象信息服务商，提高动态预报的频率。

（二）增加海上风电项目风险管理的控制机制

（1）建设完善规章制度体系。

从“风险识别—风险分析—风险评价—风险处理—风险沟通—剩余风险追踪监测及改进”多个维度审视风控的制度体系，加强对沉桩环节的施工风险识别和分析，根据评价结果优化施工方案，保证风险处理措施层次充分，每个层次的安全裕度充足。

（2）做好施工组织设计和事故应急演练工作。

海上施工经常面对的是强风及波浪，一般只有在一定的海况条件下才可以进行桩基施工。根据 2016 年、2017 年国内海上风电场项目实施经验，11～12 月期间，可用于桩基施工的有效天数非常少，平均每个月少于 1/3 的时间，有些项目甚至更少，如果在此时段投入大量的船只和人员，势必造成极大的误工损失，若强行施工，则存在人身安全和设备损坏的风险。因此，需要根据各个项目本身的海况，分析有效的施工窗口期，合理安排人力、物力及施工进度，避免造成经济和人员损失。

第三节　某海上风电项目叶片雷击受损事故

一、事故经过

2018 年 4 月，某公司海上风电项目工作人员在对风机进行调试和倒送电时，发现其中 1 台风机 A 叶片出现破损，如图 15－8～图 15－11 所示，初步判定为直接雷击对叶片造成损伤。随后向保险人报案。

图 15－8　A 叶片损坏

图 15－9　拆除受损 A 叶片（一）

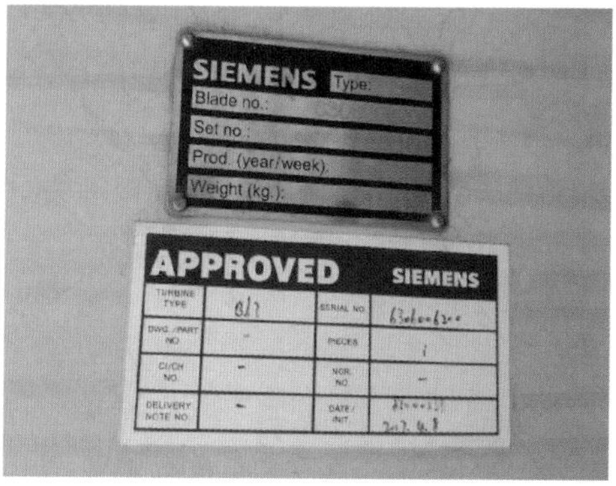

图 15－10　A 叶片铭牌

图 15－11　拆除受损 A 叶片（二）

二、损失情况

A 叶片叶尖红色油漆部分整体炸裂，玻璃钢分层开裂，接闪器位置熔融，叶片主体受损变形区域过大，叶片锯齿损坏。据悉，受损叶片采用一体合模技术工艺，开裂部位需要重新填充，但填充后无法保证叶片的使用寿命，此外高空维修需要进口的专业设备和平台且需连续作业，海上难以满足此窗口期条件。因此，叶片需要整体进行更换。

三、事故原因

现场工作人员查阅机组 3 支叶片雷电计数卡，雷电记录卡显示叶片 A 的电流值为 80kA，远大于叶片 B、C 的电流值，排除其他原因后认定叶片 A 损坏因雷电所致。

四、案例启示

雷击是造成风电机组叶片受损的主要原因。随着海上风电装机容量的不断扩大和机组的大型化趋势，风机轮毂的高度更高、叶片会更长，更容易受到直击雷、感应雷产生的雷电涌流的侵害，不仅会造成风机叶片受损，亦有可能发生机舱着火等重大损失事故。因此，在设备设计阶段和施工建设期应考虑增强设备的防雷、抗风、防盐雾湿热等性能，尽可能地减少自然灾害带来的损失。

五、风险管理策略

（一）加强海上风电项目风险管理机构建设

（1）加强管理小组建设，引入多方联席风控。

可根据项目合同管理的复杂性，同步邀请总包方、分包方等全部合同单位的风险管理人员进入风险管理小组，充分保障风险管理的落地效果。

可引入“业主+经纪公司+保险公司+行业技术第三方”的多方联席会议机制，让各方始终带着设计期望开展工作，保障设计期望成为项目各环节风控的唯一标准，尤其是完成吊装后需要等待较长时间方能并网运行的海上风电机组及其叶片等零部件，运营期的运维、监控、依靠控制策略主动抵御自然灾害等的工作无法在等待期内尽数开展，相应的设计期望执行不足、风险上升的情况应当得到多方联席会议机制的关注。

（2）加强开展海上风电项目工程人员、管理人员的风险教育和培训。

可降低海上风电机组及叶片等零部件风险的工具、设备、策略、措施等直接关系风险防控的效果，需按要求在限定的顺序、限定的时间、限定的区域完成配置，应有针对性地开展风险防控工作教育和培训，使项目人员充分了解并落实到位。

（二）增加海上风电项目风险管理的控制机制

（1）建设完善的规章制度体系。

从“风险识别—风险分析—风险评价—风险处理—风险沟通—剩余风险追踪监测及改进”多个维度审视风控的制度体系，加强对待并网海上风电机组及叶片等零部件的风险评价、风险处理工作，为风险评价结果不佳的管理方案提供优化建议，为风险处理增加更多的缓冲层次、更多的减损余地。

（2）加强常规性的调查分析。

CTR 61400－24—2002《风力发电机组防雷保护》的统计数据表明，每年每 100 台风电机组中有 3.9～8 台因遭受雷击而损坏，其中沿海区域的风电机组受到直击雷损坏的概率最大。国际电工委员会统计的实际运行情况显示：风电机组因雷击损坏率为 4%～8%，在雷暴活动频繁的区域更是高达 14%。

待并网海上风电机组及叶片等零部件面临的自然灾害风险，除雷击风险外还包含台风风险、冰雹风险等，建议补充开展风险调查分析，保障应对风险的处理措施层级充分，每个层次的安全裕度充足。

（3）做好自然灾害的预报和预警工作，加强重大自然灾害应急管理。

建立和完善防台、防汛、防雷等天气应急管理工作机制，加强应急装备建设，提高防范和应急处置能力，将损失降至最低的同时确保施救过程中造成的人身伤害等次要灾害的发生。在事故应急演练中应加入待并网海上风电机组及叶片等零部件应对台风灾害、冰雹灾害、雷击灾害的内容，防止因应急反应行动组织不力或现场救援工作的无序和混乱而延误事故，造成损失扩大。

第十六章

海上风电风险与保险的相关法规

第一节　海上风电相关政策及行政法规

一、国内海上风电相关政策及行政法规

鉴于我国海上风电还处于起步阶段，各种机制都还不完善，海上风电的发展在很大程度上还要凭借着“政策东风”，才能更快更好地发展。而国家为了满足海上风电的发展需求，也陆续出台了一系列发展海上风电的举措和配套法律法规。

2007 年，我国启动国家科技支撑计划，将能源作为重点领域，提出在“十一五”期间组织实施“大功率风电机组研制与示范”项目，研制 2～3MW 风电机组，组建近海试验风电场，形成海上风电技术。此后政府主管部门和行业协会为进一步推动海上风电发展，制定针对海上风电的政策和行业标准。

海上风电行业作为新兴的多学科交叉行业，由政府主管部门和行业协会共同管理。政府主管部门为国家发展和改革委员会及其下属的国家能源局、国家海洋局，国家发展和改革委员会主要是做好国民经济和社会发展规划与能源规划的协调衔接。国家能源局负责拟订并组织实施能源发展战略、规划和政策，研究提出能源体制改革建议，负责能源监督管理等。其中，自 2011 年起，国家能源局和国家海洋局先后印发了《海上风电开发建设管理暂行办法》《海上风电开发建设管理暂行办法实施细则》《海上风电开发建设管理办法》，以完善海上风电管理体系，规范海上风电开发建设秩序，促进海上风电产业持续健康发展。

行业协会主要通过多个自律组织为行业提供指导，包括中国可再生能源学会风能专业委员会（中国风能协会）、中国循环经济协会可再生能源专业委员会、中国农业机械工业协会风能设备分会和全国风力机械标准化技术委员会。其中，中国风能协会是行业主要的自律组织。该协会作为我国风能领域对外学术交流和技术合作的窗口、政府和企事业单位之间的桥梁和纽带，积极与国内外同行建立良好的关系，与相关专业委员会团结协作，与广大科技工作者密切联系，始终致力于促进我国风能技术进步，推动风能产业发展，提升全社会新能源意识。

随着近几年来海上风电行业的爆发式发展，为进一步保障海上风电行业的健康有序发展，国家结合发展新能源的国情和海上风电行业的具体情况相继出台了多项行业管理

规定，对行业指导方向、具体产业规划、上网电价、产业运营等多个重要方面进行了制度规范。具体内容如下：

1. 海上风电行业指导政策

表 16－1　　海上风电行业指导政策文件汇总

文件名称	颁发单位	颁布时间	主要内容
《中华人民共和国可再生能源法》	全国人民代表大会常务委员会	2005 年（2009 年修正）	促进可再生能源的开发利用，增加能源供应，改善能源结构，保障能源安全，保护环境，实现经济社会的可持续发展
《国务院关于加快培育和发展战略性新兴产业的决定》	国务院	2010 年	积极发展新能源产业，提高风电技术装备水平，有序推进风电规模化发展，加快适应新能源发展的智能电网及运行体系建设
《当前优先发展的高技术产业化重点领域指南（2011 年度）》	国家发展和改革委员会、科学技术部、工业和信息化部、商务部、国家知识产权局	2011 年	鼓励兆瓦级以上风电机组关键零、部件技术，风电逆变系统的数字化实时控制技术，保护检测技术，风能监测与应用技术及装备，风电储能及电网稳定技术与设备等
《产业结构调整指导目录（2011 年本）》（2013 年修正）	国家发展和改革委员会	2013 年	支持风电与光伏发电互补系统技术开发与应用、海上风电机组技术开发与设备制造、海上风电场建设与设备制造

2. 海上风电产业规划政策

表 16－2　　海上风电产业规划政策文件汇总

文件名称	颁发单位	颁布时间	主要内容
《可再生能源中长期发展规划》	国家发展和改革委员会	2007 年	加快推进风力发电、太阳能发电的产业化发展，力争到 2010 年使可再生能源消费量达到能源消费总量的 10%，到 2020 年达到 15%
《风电开发建设管理暂行办法》	国家能源局	2011 年	风电开发建设应坚持“统筹规划，有序开发、分步实施，协调发展”的方针，明确风电开发建设地方规划及项目建设应与国家规划相衔接
《能源发展战略行动计划（2014～2020 年）》	国务院	2014 年	重点规划建设酒泉、内蒙古西部、内蒙古东部、冀北、吉林、黑龙江、山东、哈密、江苏等 9 个大型现代风电基地以及配套送出工程。以南方和中东部地区为重点，大力发展分散式风电，稳步发展海上风电
《中国风电发展路线图 2050》	国家发展和改革委员会能源研究所可再生能源发展中心	2014 年	统筹考虑风能资源，风电技术进步潜力、风电开发规模和成本下降潜力，结合国家能源和电力需求，以长期战略目标为导向，确定风电发展的阶段性目标和时空布局
《能源技术革命创新行动计划（2016～2030 年）》	国家发展和改革委员会、国家能源局	2016 年	2020 年目标：形成 200～300m 高空风力发电成套技术。2030 年目标：200～300m 高空风力发电获得实际应用并推广
《电力发展“十三五”规划（2016－2020）》	国家发展和改革委员会、国家能源局	2016 年	重点阐述“十三五”时期电力发展的指导思想和基本原则，明确主要目标和重点任务

续表

文件名称	颁发单位	颁布时间	主要内容
《风电发展“十三五”规划》	国家能源局	2016 年	2020 年底，风电累计并网装机容量确保达到 21 亿 kW 以上，其中海上风电并网装机容量达到 500 万 kW 以上；风电设备制造水平和研发能力不断提高，3～5 家设备制造企业全面达到国际先进水平，市场份额明显提升
《可再生能源发展“十三五”规划》	国家发展和改革委员会	2016 年	实现 2020、2030 年非化石能源占一次能源消费比重分别达到 15%、20%的能源发展战略目标，加快对化石能源的替代进程，改善可再生能源经济性
《能源发展“十三五”规划》	国家发展和改革委员会、国家能源局	2016 年	坚持统筹规划、集散并举、陆海齐进、有效利用，调整优化风电开发布局。逐步由“三北”地区为主转向中东部地区为主，大力发展分散式风电，稳步建设风电基地，积极开发海上风电
《关于印发 2017 年能源工作指导意见的通知》	国家能源局	2017 年	通知要求，要稳步推进风电项目建设，年内计划安排新开工建设规模 2500 万 kW，新增装机规模 2000 万 kW。扎实推进部分地区风电项目前期工作，项目规模 2500 万 kW
《全国海洋经济发展“十三五”规划》	国家发展和改革委员会、国家海洋局	2017 年	规划指出，要加强 5MW、6MW 及以上大功率海上风电设备研制，突破离岸变电站、海底电缆输电关键技术，延伸储能装置、智能电网等海上风电配套产业，因地制宜、合理布局海上风电产业，鼓励在深远海建设离岸式海上风电场，调整风电并网政策，健全海上风电产业技术标准体系和用海标准

3. 海上风电财税政策

表 16－3　海上风电财税政策文件汇总

文件名称	颁布单位	颁布时间	主要内容
《可再生能源电价附加补助资金管理暂行办法》	国家发展和改革委员会、财政部、国家能源局	2012 年	促进可再生能源开发利用，规范可再生能源电价附加资金管理，提高资金使用效率
《国家发展改革委关于海上风电上网电价政策的通知》	国家发展和改革委员会	2014 年	对非招标的海上风电项目，区分潮间带风电和近海风电两种类型确定上网电价。鼓励通过特许权招标等市场竞争方式确定海上风电项目开发业主和上网电价。通过特许权招标确定业主的海上风电项目，其上网电价按照中标价格执行，但不得高于以上规定的同类项目上网电价水平
《中共中央国务院关于进一步深化电力体制改革的若干意见》	国务院	2015 年	完善政企分开、厂网分开、主辅分开的基础上，按照管住中间、放开两头的体制架构，有序放开输配以外的竞争性环节电价，有序向社会资本放开配售电业务，有序放开公益性和调节性以外的发用电计划
《关于完善陆上风电光伏发电上网标杆电价政策的通知》	国家发展和改革委员会	2015 年	实行陆上风电、光伏发电上网标杆电价随发展规模逐步降低的价格政策。鼓励各地通过招标等市场竞争方式确定陆上风电、光伏发电等新能源项目业主和上网电价，但通过市场竞争方式形成的上网电价不得高于国家规定的同类陆上风电、光伏发电项目当地上网标杆电价水平

续表

文件名称	颁布单位	颁布时间	主要内容
《可再生能源发电全额保障性收购管理办法》	国家发展和改革委员会	2016年	旨在贯彻落实《中共中央国务院关于进一步深化电力体制改革的若干意见》（中发〔2015〕9号）及相关配套文件要求。加强可再生能源发电全额保障性收购管理，保障非化石能源消费比重目标的实现，推动能源生产和消费革命
《关于做好风电、光伏发电全额保障性收购管理工作的通知》	国家发展和改革委员会、国家能源局	2016年	综合考虑电力系统消纳能力，核定部分存在弃风、弃光问题地区规划内的风电、光伏发电最低保障收购年利用小时数
《国家发展改革委关于调整光伏发电陆上风电标杆上网电价的通知》	国家发展和改革委员会	2016年	降低2017年1月1日之后新建光伏发电和2018年1月1日之后新核准建设的陆上风电标杆上网电价，光伏发电Ⅰ、Ⅱ、Ⅲ类资源区电价调整为0.65、0.75、0.85元/kWh，陆上风电Ⅰ、Ⅱ、Ⅲ、Ⅳ类资源区电价分别降为0.40、0.45、0.49、0.57元/kWh
《关于试行可再生能源绿色电力证书核发及自愿认购交易制度的通知》	国家发展和改革委员会、国家能源局、财政部	2017年	在全国范围内试行绿证核发和自愿认购，为陆上风电、光伏（不含分布式）发放绿证。通知明确，绿证自2017年7月1日起自愿认购，2018年将启动绿色电力配额考核和证书强制约束交易
《关于开展风电平价上网示范工作的通知》	国家能源局	2017年	通知提出，提高风电的市场竞争力，推动实现风电在发电侧平价上网，拟在全国范围内开展风电平价上网示范工作。为确保示范效果，电网企业要做好与示范项目配套的电网建设工作，确保配套电网送出工程与风电项目同步投产
《关于全面深化价格机制改革的意见》	国家发展和改革委员会	2017年	根据技术进步和市场供求，实施风电、光伏等新能源标杆上网电价退坡机制，2020年实现风电与燃煤发电上网电价相当、光伏上网电价与电网销售电价相当。探索通过市场化招标方式确定新能源发电价格，研究有利于储能发展的价格机制，促进新能源全产业链健康发展，减少新增补贴资金需求

4. 海上风电产业运营政策

表16-4　海上风电产业运营政策文件汇总

文件名称	颁发单位	颁布时间	主要内容
《国家能源局关于明确电力业务许可管理有关事项的通知》	国家能源局	2014年	贯彻简政放权、加强大气污染防治的总体要求，进一步发挥电力业务许可证在规范电力市场秩序等方面的作用
《国家能源局关于规范风电设备市场秩序有关要求的通知》	国家能源局	2014年	加强检测认证确保风电设备质量，规范风电设备质量验收工作，构建公平、公正、开放的招标采购市场，加强风电设备市场信息披露和监管
《国家能源局关于印发全国海上风电开发建设方案（2014～2016年）的通知》	国家能源局	2014年	列入全国海上风电开发建设方案（2014～2016年）项目共44个，涉及天津、河北、辽宁、江苏、浙江、福建、广东、海南，总容量1053万kW。列入开发建设方案的项目视同列入核准计划，应在有效期（2年）内核准

续表

文件名称	颁发单位	颁布时间	主要内容
《国家能源局关于进一步完善风电年度开发方案管理工作的通知》	国家能源局	2015 年	进一步简化审批程序，提高行政效能，促进风电产业健康发展，弃风比例超过 20%的地区不得安排新的建设项目，须采取有效措施改善风电并网和制定消纳方案
《关于推进“互联网+”智慧能源发展的指导意见》	国家发展和改革委员会	2016 年	鼓励建设智能风电场、智能光伏电站等设施及基于互联网的智慧运行云平台，实现可再生能源的智能化生产
《关于建立可再生能源开发利用目标引导制度的指导意见》	国家能源局	2016 年	促进可再生能源开发利用，保障实现 2020、2030 年非化石能源占一次能源消费比重分别达到 15%、20%的能源发展战略目标
《海上风电开发建设管理办法》	国家能源局、国家海洋局	2016 年	规范海上风电项目开发建设管理，促进海上风电健康、有序发展
《2017 年能源领域行业标准化工作要点》	国家能源局	2017 年	加快海上风电场工程建设、运行维护、海上升压站等方面标准编制；全面修订特高压标准体系，重点加强配用电领域标准建设，支持配电网规划设计、配电网运营管理、直流配电系统、用能信息采集、电能替代、需求响应等方面标准建设；持续完善风电、光伏发电、生物液体燃料加工转化等领域标准体系
《关于公布首批多能互补集成优化示范工程的通知》	国家能源局	2017 年	首批多能互补集成优化示范工程共安排 23 个项目，其中，终端一体化集成供能系统 17 个、风光水火储多能互补系统 6 个。多能互补集成优化示范工程中涉及的风电、光伏发电项目，“三北”地区应严格消化存量，其他地区应在优先消化存量的基础上，再发展增量

表 16－5　　国内海上风电相关行政法律法规

序号	名称	实施日期	最新修订日期
1	《中华人民共和国标准化法》	1989 年 4 月 1 日	2018 年 1 月 1 日
2	《中华人民共和国环境保护法》	1989 年 12 月 26 日	2015 年 1 月 1 日
3	《中华人民共和国海洋环境保护法》	1983 年 3 月 1 日	2017 年 11 月 5 日
4	《中华人民共和国海上交通安全法》	1984 年 1 月 1 日	2016 年 11 月 7 日
5	《中华人民共和国反不正当竞争法》	1993 年 12 月 1 日	2018 年 1 月 1 日
6	《中华人民共和国审计法》	1995 年 1 月 1 日	2006 年 6 月 1 日
7	《中华人民共和国电力法》	1996 年 4 月 1 日	2018 年 12 月 29 日
8	《中华人民共和国大气污染防治法》	1988 年 6 月 1 日	2018 年 10 月 26 日
9	《中华人民共和国仲裁法》	1995 年 9 月 1 日	2017 年 9 月 1 日
10	《中华人民共和国行政处罚法》	1996 年 10 月 1 日	2018 年 1 月 1 日
11	《中华人民共和国刑法》	1997 年 10 月 1 日	2017 年 11 月 4 日
12	《中华人民共和国消防法》	1998 年 9 月 1 日	2019 年 4 月 23 日

续表

序号	名称	实施日期	最新修订日期
13	《中华人民共和国合同法》	1999年10月1日	—
14	《中华人民共和国招标投标法》	2000年1月1日	2017年12月28日
15	《中华人民共和国专利法》	1984年3月12日	2009年10月1日
16	《中华人民共和国水法》	2002年10月1日	2016年7月2日
17	《中华人民共和国安全生产法》	2002年11月1日	2014年12月1日
18	《中华人民共和国测绘法》	1993年7月1日	2017年7月1日
19	《中华人民共和国环境影响评价法》	2003年9月1日	2018年12月29日
20	《中华人民共和国物权法》	2007年10月1日	—
21	《中华人民共和国劳动合同法》	2008年1月1日	2013年7月1日
22	《中华人民共和国民事诉讼法》	1982年10月1日	2017年7月1日
23	《中华人民共和国水污染防治法》	1984年11月1日	2018年1月1日
24	《中华人民共和国可再生能源法》	2005年2月28日	2010年4月1日
25	《中华人民共和国海商法》	1993年7月1日	—
26	《中华人民共和国民法通则》	1987年7月7日	2009年8月27日
27	《中华人民共和国侵权责任法》	2010年7月1日	—
28	《中华人民共和国民事诉讼法》	1982年10月1日	2017年7月1日
29	《中华人民共和国节约能源法》	1998年1月1日	2018年10月26日

二、国外海上风电政策

可再生能源可以使能源来源多样性以确保供应安全，并且在应对全球变暖减少 CO_2 排放效果显著，因而对于全球各个国家的吸引力日益增强。许多国家已制定了可再生能源的发展目标，各国制定政策以推动可再生能源加速发展，风电是其中一类。

虽然在海上建造风电场的成本和风险远较陆上风电场高，但一些国家陆上风电场建设地点的稀缺性使得海上风电场更具有操作性。欧洲等多个国家针对海上风电场制定新的规定和法律，主要有两点原因：

第一，原有规定和法律大部分仅适用于陆地而不包括海上。虽然建造海上风电场同石油和天然气开采等海上行动比较类似，但相应的规定和法律并不适用。大多数国家电力法案覆盖了发电设备的安装和并网，但没有覆盖陆地边界以外的发电。不同国家制定了不同的政策来管理和推动海上风电的发展。例如，在一些国家，海上风电场连接电网被视为国家电网的延伸，因此电力法律随之延伸。而在其他国家，电网被视为发电场所有者的财产和责任。海上风电场建造审批的过程也不同，如英国和丹麦采用招标系统，而荷兰开发商则是在一个很透明的程序中进行申请。

第二，为了获得财政支持。同大多数可再生能源一样，海上风电具有低运行成本和高前期投入的特点。如果简单地由市场推动，这项低竞争力但应开发的技术可能会烟消云散。为了解决市场不完整性，政府应将外部成本内在化或直接补贴支持海上风电。

欧洲海上风电之所以在技术和市场上能有如今成熟的发展，离不开各国政府在海上风电政策制定的努力。通过对具有代表性的国家过去和现在的政策的对比分析，调查其政策制定如何促进海上风电的发展，对我国海上风电在制定推动海上风电发展的政策，降低海上风电开发商、投资方和政府的财务风险和政策不确定性，具有积极的借鉴意义。

已开始海上风电建设的欧洲国家，除了部分规模较小的国家外，大都较早地开始制定针对海上风电的政策以及积极的长期目标，未制定针对海上风电的国家如比利时、瑞典和爱尔兰，有些项目也开展了政策的制定。英国、丹麦、荷兰和德国在海上风电发展模式上具有典型特征，在政策制定方面起步较早，这对于建立海上风电技术标准化质量认证体系、形成高效的项目管理制度、搜集和整理海上风能资源数据、调动地方政府积极性等方面具有重要的推动意义。对英国、丹麦、荷兰的政策变化主要从其能源政策、审批程序、财政支持和电网建设进行介绍，对德国以其闻名的《可再生能源法》和《海上风电法案》为基础介绍其政策的变化和分析。

（一）英国

1. 能源政策

虽然英国是欧洲风力资源最丰富的国家之一，但利用风能的时间相对较短。最早非化石燃料公约（NFFO）中的竞争性招标使可再生能源获得投资方资金支持，在 1989 年电力市场私有化过程后，可再生能源通过非化石燃料公约（NFFO）竞争性招标获得资金支持，在非化石燃料公约可再生能源范围内，允许开发商从 1990 年到 2000 年投标 5 轮可再生能源发电建造合同，电力公共机构有义务购买一定数量的可再生能源电力；2000 年供电从输配电中剥离，要求公共机构（配电商）购买一定数量可再生能源电力不再具有法律效力，而这一条款是 NFFO 的基础，同时补贴从化石燃料征税中获得。之后英国政府宣布可再生能源公约开始实施，要求电力供应商在电力供应中必须有快速增长的一部分可再生能源电力。在 2003 年能源白皮书中，可再生能源电力占整个电力 10% 的目标提高到了 2050 年的 60%。英国的能源政策包括了排放削减和提供可持续和竞争力能源供应的目标，同时扶持英国风电产业创造就业和拓展国内外市场。

2002 年英国颁布实施的《可再生能源义务法》为英国的电力运营商设置了提高可再生能源电力比例的义务，规定了可再生能源发电的具体数额：2003 年为 3%，逐年递增，到 2010 年为 10.4%，2015 年预计为 15.4%。按照《可再生能源义务法》的要求，所有供电商都必须完成当年规定的可再生能源电力份额。如果企业自身不能完成，则可以从市场上购买可再生能源义务证书（Renewable Obligation Certificate，ROC）。若不购买，就要向电力监管局缴纳高达其营业额 10%的罚款。

此外，领海海域内装机容量 1MW 以上的海上风电项目须按《电力法案 1989（EA）》审批。同时，贸易和工业大臣批准了开发商上报的项目后，项目周边海域将不允许进行公共航行。运输与工程法（TWA）专门审批领海海域内的海上风电场项目，可临时修改公共航海权，批准辅助性工程，有权强制征地。

2. 审批程序

英国成立专门机构审批符合的项目。它解散了贸易与工业部（DTI），由商业、企业和法规改革部（DBERR）代替，DTI 的能源管理职能进而全部转到了 DBERR。DTI 在其内部成立了一个海上可再生能源批准局（ORCU），集中受理海上风电场的审批申请。与之密切合作的部门还有海洋审批与环境局（MCEU）和 DTI 下设的可再生能源顾问委员会。DTI 还成立了海上可再生能源审批单位（ORCU）一站式服务部门来协助审批申请。

DTI 在 2003 年 11 月为海上风电产业制定了新的战略框架，在此之前审批程序要求很难达到，开发商必须接受预先资格认证（包括财务能力、近海开发和运营风电机组的专门技术、开发商符合规定条款和环境影响评估）后获得 3 年的开发权限。此后风电项目可在 3 个战略区域展开，通过财务能力和专门技能预先认证的有资质的开发商可向选定的区域投标，获得法定审批后的开发时间改为 7 年，租用协议将变成全效力协议。

3. 财政支持

政府财政支持以最多 40%投资合理成本的资本补贴的形式提供，其次可再生能源法案 RO 确保了 25 年经营期限，为海上风电提供长期市场，此外气候变化税提高了非可再生能源发电的成本，2002 年的税率为 4.3 磅/kWh 或 6.7 欧元/kWh。

4. 电网建设

2005 年 7 月，英国开始对海上风电场电网安排的协商过程，主要讨论了 3 个选择：第一种选择，价格管理方式，把海上风电场电网看作是从陆上区域到海上的延伸；第二种选择，一部分输电费由输电系统使用者支付；第三种选择，全部费用由风电场开发商支付，允许开发商从资本市场寻求融资。英国政府为确保海上风电电网发展的公平竞争，于 2006 年 3 月决定采取价格管理方式，来管理海上风电电网系统。这样，并网的资金成本一般以申请年度系统使用费的方法，在若干年内支付。英国政府已宣布，采取多家竞争方式发放海上风电许可，从 2009 年 10 月开始全部实行这套制度。这项新的规章制度会对海上风电和再生能源发电的可行性产生巨大影响。它鼓励开发商把海上风电的巨额投资成本转到运行成本中。此外，作为一种价格调控型资产，这些运行成本的净现值，要比项目提供的资金低得多。对于风电场开发商来说，这意味着 10%～15%的前期投入可以分摊到之后数年，减少了他们的金融风险。另一个有利方面是，发电量在海上变电站计量，避免了在连岸电缆的线损。目前英国仍按此执行。

（二）丹麦

1. 能源政策

丹麦早在 1973 年石油危机后制定了新能源（特别是风能）政策，包括居住限制、个体能源消耗量极小值和非中心地带发电强制的电网连接，从 1979 年开始推动着郊区化运动。与公用事业就实施目标和每千瓦时补贴的协议为发展的丹麦风电产业提供了广阔的国内市场，丹麦目前已成为风能占发电量比例最高的国家，2006 年占比为 23%。丹麦政府规定电力部门风力发电必须占有的配额，在电价方面也有一定的补贴。丹麦环境部早在 1979 年就要求风电强制上网，要求电力公司支付部分的并网成本。从 1992 年开始，就要求电力公司以 85%的电力公司的净电力价格购买风电，这其中不包括生产和配电成本的税收。于 1981 年对风电生产进行补贴，后将其并入二氧化碳税补贴中。从 1979 年开始，政府为安装使用丹麦认证的风机提供 30%的补贴资金，以补贴他们的安装成本。20 世纪 90 年代初期，丹麦实施了风机扩容计划，即以新型和大容量的风机替代小型风机或者运行状况差的风机，并为这样的替代提供 20%～40%的补贴。从 20 世纪 80 年代初期到 90 年代中期，风力发电所得的收入都不征税。丹麦国家政府一直对地方政府施加压力，要求地方政府优先考虑发展风能。

丹麦海上风电能源政策起始于 1996 年，丹麦政府在“Energy 21”制定了 2030 年 4000MW 的目标。鉴于大型风力涡轮机的可实现性和陆上风电场的广泛实施，政府修改了海上风电的目标，以达到 2030 年在 1990 年 CO_2 排放基础上削减 50%的目标。1997 年研究并选定了 5 个适合区域建设海上风电场，并建造 5 座示范性海上风电场，装机容量总计 750MW。2001 年后，政府缩减风电场数量并选定 Horns Rev 和 R.dsand 两个风电场，两处装机容量总计 318MW。在 2004 年 3 月 22 日的“能量战略 2025 年”报告中，交通能源部（DTE）认为未来丹麦风能主要发展方向在海上，如果未来风能具有竞争力且公众服务义务能得以保证时，对风能的扶持政策将逐步淘汰。目前丹麦政府正在制定一个海上风电场区域远景规划，预计到 2025 年在 7 个区域新建 23 个海上风电场，每个风电场装机容量 20 万 kW，总容量达到 460 万 kW。届时，丹麦的风电总装机容量将超过 900 万 kW，将实现全国 50%以上的电力都来自清洁的风力发电。

丹麦政府通过“风电机二组担保项目” 由政府为使用丹麦风电机二组的项目提供长期的融资和担保贷款，并向大量进口丹麦风电机二组的国家提供拨款和项目开发贷款，国家为风电机二组技术研究提供低息贷款。此外，丹麦还建立了适合本国国情的风电机二组技术标准化质量认证体系，促进和推动当地风电市场和风电机二组制造业的发展。

2. 审批程序

丹麦能源管理局（DEA）负责管理审批程序并有权授予所有执照和许可证，在这个过程中咨询其他相关部门。审批程序包括基于财务、法律和技术资格的预先审查，通过的开发商可递交投标价格。

之后管理局与选择的申请人进行协商，并根据每千瓦时送电价格、选择的地点和计划的可信度进行选择开发商。被选择的申请人获得许可勘测区域，安装风力发电机和调查风能资源，还必须进行环境影响评估（EIA）。在递交完全应用报告和 EIA 后等候公众咨询程序。咨询程序之后，许可证持有人给出详细的项目描述以证明所有内容都可实现。如果所有一切都满足要求，DEA 将允许开发商安装。

3. 财政支持

当前丹麦对可再生能源采取发电补贴和能源税、CO_2 税的豁免优惠措施。海上风电场除可以获得千瓦时投标输电价格外，还可以获得税收优惠和绿色认证补贴带来的收益。2000 年 3 月 22 日的“政府协议”在预生产阶段增加了平衡成本（Balancing Cost）。从 2002 年 7 月 19 日协议开始，对海上风电开始实施补助封顶价格加上市场价格不超过 0.36 丹麦克朗/kWh 的环境奖励。

开发商在协商投标时只需要同一个机构谈判，即 DEA。这种一站式程序在开发商获取许可时给予了很大便利。DEA 严格管理招标过程，使之充分竞争，因而可以确保政府获得较低价格和推动企业创新。

4. 电网建设

风电场内网由开发商负责，包括涡轮机和海上变电站之间的电缆。变电站和陆上高压电网的连接由传输系统运营商（TSO）负责建设，费用来自向消费者征收的传输税。海上风电的电网由 TSO 建造，成本由丹麦民众分担。当 TSO 不能利用开发商的发电，开发商有权获得经济赔偿。海上风电场电网由 System Operator 和 TSO 管理，电网和必要的增容由 TSO 统一规划。

（三）荷兰

1. 能源政策

荷兰政府从 1976 年开始就在研发投入上向风机制造倾斜，1988 年投资补贴政策推动了荷兰的风电产业。但是自 1997 年以后，荷兰海上风电的发展一直很慢，与英国、丹麦等国家相比，其海上风电政策支持缺乏连续性，海上风电项目优惠政策不稳定、过于复杂，时断时续的补贴无法保证对企业补贴的长期化。截至 2011 年底，荷兰只有 4 个海上风电场。此后荷兰社会与经济理事会与能源企业、环保组织协商，出台国家能源协议并加大资金投入，以刺激海上风电项目的发展。2014 年 9 月，荷兰政府公布了第一个发展路线，到 2030 年将建成 5 座风力发电场。

2. 审批程序

与英国、丹麦相比，荷兰迟迟无法制定出项目审批程序，例如，Egmond 海上风电场工程从项目启动到海上施工开始经历了 10 年。英国和丹麦对审批都有一站式服务和专门机构的考虑，在荷兰对主要的申请许可由 DNZ（Directie Noordzee，隶属于荷兰交通、公共工程和水管理部）负责，而对于电缆铺设还要求获得许多不同的许可。《公共工程和水管理法案》（Wbr）是建造海上风电场最重要的许可申请，如果风电场建设地点在 12 海里之外，还会因环境管理要求的变化涉及另一个部门，除了要求适用 Wbr 外，还包括《环境管理法案》和适用于特别需要考虑环境影响区域的环境影响评估。

审批程序第一步是开发商将项目计划书发送到 DNZ，DNZ 在返给开发商许可申请指导书的同时，对项目进行公开。开发商在递交风电场建造和交付计划的同时递交 EIA。同时，开发商还需要通过其他审批和获得补贴的协商。

荷兰的审批程序为开放式程序，在地点分配上采用“先来先服务”的原则，进度表和建造地点由开发商在许可申请中提出。对比丹麦与英国，丹麦能源部掌握着投标的计划和风电场的建造，在英国预算则决定获得建造地点调查许可的申请者数量，而荷兰政府无法控制项目时间和地区以及开支，缺乏具体措施来划分几年间的项目，这就导致了程序的非连续性。此外出于环保的考虑，荷兰政府将决定权交由市场决定的做法增加了对环境影响最小化要求下的最优选择的不确定性。

3. 财政支持

海上风电场金融支持包括财政手段，能源投资补贴 EIA 和可再生能源发电（MEP）的每千瓦时补贴。在 MEP 中，几种可再生能源对它们的非盈利区间（Unprofitable Top，生产成本和市场预期价格之间的差值）进行补贴，非盈利区间由研究机构计算得出。对于海上风电，2006 年 MEP 补贴设定为 0.097 欧元/kWh。

2005 年 5 月，海上风电场 MEP 补贴在未来 6 个月规定为 0，现在补贴为 0 规定又开始执行了，这是由于在建的两个风电场在 2010 年前会给予其他风电场足够的经验。2006 年 11 月 29 日，海上风电场 MEP 补贴被不确定的规定为 0，这是由于 2010 年可再生能源占总发电量 9%的目标已经达到，因此大型生物燃料和海上风电项目不再获得 MEP 支持。

（四）德国

德国的海上风电在 2007～2010 年经历了初步扩张阶段，海上风机装机容量从 2008 年仅有的 12MW 在 2010 年猛增到 180.3MW，其增长速度大大高于其他可再生能源的增长速度，海上风电成为德国能源转型的巨大突破口。

在发展准备阶段，《可再生能源法》从法律上保障海上风电发展初期的商业吸引力，通过法律精确地将不同类型的新能源进行定价，并保证对可再生能源的长期支持，即新投产的新能源和可再生能源电站在投产以后 20 年内享受固定电价。

2002 年，德国政府授权联邦环境部制定了《德国政府关于海上风能利用战略》，该战略将海上风电的发展上升到战略的层面，并显示出德国制定海上风电政策的侧重点：考虑到对自然环境的影响，扩张应逐步完成；高度重视海上风场在技术和环境上的不确定性，对海上风机技术研究、生态问题研究、电网接入研究的资金投入不断加大，资助试验基地、风场测试和数据收集；对自然和环境保护的相关法律条款进行修改，为德国在该区认定保护区域和海上风场区域以及海上风机的安装的法律授权过程提供了法律依据。

2009 年修订了《可再生能源法》，其中的重要变化之一是将海上风电从 8.92 欧分/kWh 上调至 13～15 欧分/kWh，以后每年调低 5%。修订后的《可再生能源法》对于海上风电给予了大力支持，电价上调幅度达到了 45.7%～68.2%。2010 年《能源规划环境友好、可靠与廉价的能源供应》报告指出：海上风电是一个相对较新的技术，难以计算投资风险，并且投资具有周期短、金额大的特点，为了更好地认识海上技术风险，需要融资建设海上风电场，以获得相关的经验，德国复兴信贷银行将于 2011 年启动海上风电计划，根据市场利率总信贷额度将达 50 亿欧元。这些经济激励政策的制定也推动了德国的海上风电技术的日益成熟。

在进一步扩展阶段，2010 年 9 月 28 日，德国联邦政府发布了面向 2050 年的能源总体发展战略《能源规划环境友好、可靠与廉价的能源供应》，对于海上风电的发展给出了明确的目标："到 2030 年将累计投资 750 亿欧元，使海上风电装机容量达到 500 万 kW"；同时为降低成本，在保留原先上网电价政策的同时，制定更具成本效益的政策，取消固定电价政策，鼓励海上风电招标；进一步明确海上风电场的许可法律依据，修订海上风电安装条例；以及制定电网改造、储能技术的研发、促进国际合作等政策。

而谈及德国海上风电政策，不得不提到德国可再生能源发展的重要法律基础和核心政策——2000 年颁布的《可再生能源法》（简称"EEG"）。该法案至今经历了 2004 年、2009 年、2012 年、2014 年和 2017 年 5 次修订和完善。

其中，EEG-2012 明确可再生能源目标：2020 年可再生能源占电力终端消费比例达到35%，2030年达到50%，2040年达到65%，2050年达到80%；进一步强化直接销售机制；调整可再生能源固定上网电价标准。

EEG－2014，目前在规划或建设中的并于2020年前并网发电的海上风电项目仍适用于该法案的规定。进一步明确可再生能源目标：2025年实现可再生能源消费至少占终端能源消费比例的40%～45%、2035年实现55%～60%、2050年实现80%的目标。确定可再生能源路扩张路径：海上风电2020年实现650万kW总装机容量。继续修订上网电价：海上风电每阶段4欧分/MWh市场管理溢价补贴直接转化为上网电价，该电价适用于2020年前并网发电的项目。

EEG－2017，该修正案在2017年1月1日正式生效，该修正案与之前法案相比最大的改变是可再生能源发电商获得发电收入将由原先固定电价模式转变为竞争性的招标模式。针对海上风电，法案提出了具体的目标：① 2021～2025年，总招标装机容量为1GW；② 从2026年起，每年招标的平均装机容量为840MW；③ 到2030年实现总装机容量15GW的目标。

2017年1月1日，德国海上风电法案——WindSeeG 2017正式生效，该法案旨在明确2021～2030年10年间完成1500万kW的海上风电装机的任务。这一目标的实现需要稳步向前推进，并同时考虑投资成本的下降、电网送出设施的同步建设、陆上并网点的规划以及每个项目的开发、审批、建设和并网事宜。该法案明确了：① 德国专属经济区（EEZ）的规划，以及在该海域建设海上风电场的规定；② 除了EEG－2017法案规定之外的，通过招标方式取得2020年12月31日以后并网发电的海上风电项目的规定；③ 2020年12月31日以后并网发电的海上风电项目的审批、建设、并网、送出线路及运行等相关规定。

从德国整个海上风电政策发展来看，对我国制定适合国情的海上风电政策有很好的借鉴意义，主要表现在：

（1）通过基于《可再生能源法》《海上风电法案》制定的海上风电政策，对海上风电的发展制定整体性的方针战略，明确具体的发展目标做好空间规划和前期准备，由政府负责完成前期选址、地质勘探等基础性工作，减少企业的重复劳动且显著降低投资风险，降低政府补贴成本。同时，通过支持技术创新降低海上风电的成本，在未来通过逐渐取消固定电价，转为招标的形式进一步刺激企业降低海上风电的成本。

（2）将海上风电发展切实提高到战略层面，并逐步地、持之以恒地推进。德国政府认为海上风电具有技术和环境双重高风险，尤其是对于环境的影响不确定性较大，因此在战略中突出了逐步发展的策略。德国2001年审批通过了“Alpha Ventus”实验风场，在历经了3个研究平台，搜集了大量数据，科研项目大量开展后，于2009年建成，历时8年。相比之下，我国海上风电显得激进，国家发展和改革委员会于2008年5月核准了东海大桥100MW海上风电实验项目，2010年7月已全部完成并且并网发电，历时仅仅2年。

（3）在海上风电发展的前期，重调查、重技术、重环境、轻规模。德国对于海上风电前期的发展规模非常谨慎，政府资助研究平台，获取包括海洋环境、生态环境、气象环境以及技术参数等重要指标，不断通过精确的测风实验，修改和评估适合开发的海上风场，政府还在不断加大力度支持企业的技术研发，支持关于海上生态问题的研发，支持电网接入研究。相比于德国，我国对于海上风力资源的评估较为粗犷，具体表现为测风手段和设备比较落后。我国对于海上风电的环境问题关注也非常不足，从部委支持的研究项目、基金项目以及学术论文的发表来看，相关研究比较缺少。我国需要尽快出台相关政策，重视与海上风电有关的生态环境研究。同时，政府科研资金的投放也应该更加倾向于企业和企业与科研院所联合的方式。

（4）整个发展时期对海上风电提供强有力的经济支持。德国不但在上网电价方面给予海上风电良好的发展环境，在技术研发的支持方面同样也给予充分的资金支持。目前我国正处于在海上风电的起步阶段，需要政府在政策制定、市场应用、技术创新以及人才培养方面进一步加大投入和改革力度。

第二节　海上风电相关行业法规

汇总国内海上风电相关行业法规如表 16－6 所示。

表 16－6　　国内海上风电相关行业法规汇总

序号	法规名称	实施日期	最新修订日期
1	《电力安全事故应急处置和调查处理条例》	2011 年 9 月 1 日	—
2	《电力监管条例》	2005 年 5 月 1 日	—
3	《电力供应与使用条例》	1996 年 9 月 1 日	2016 年 2 月 6 日
4	《电力设施保护条例》	1987 年 9 月 15 日	2011 年 1 月 8 日
5	《电网调度管理条例》	1993 年 11 月 1 日	2011 年 1 月 8 日
6	《电力工程设计收费工日定额》	1991 年 10 月 18 日	—
7	《电力工程涉外项目设计、服务收费办法》	1993 年 4 月 12 日	—
8	《电力建设工程质量监督规定》	1995 年 1 月 19 日	—
9	《电力工程建设监理规定》	1995 年 7 月 7 日	—
10	《电力工程设备招投标管理办法》	1995 年 9 月 20 日	—
11	《电力工程建设项目大型设备运输招标投标管理办法（暂行）》	1997 年 6 月 13 日	—
12	《电力工程设计招标投标管理规定》	1998 年 1 月 12 日	—
13	《全面推行电力工程施工、监理招投标工作》	1998 年 3 月 9 日	—
14	《电力行业标准复审管理办法》	1999 年 6 月 16 日	—
15	《电力行业标准化指导性技术文件管理办法》	2000 年 6 月 20 日	—
16	《发电机组进入及退出商业运营管理办法》	2011 年 11 月 1 日	—
17	《电力安全生产监管办法》	2015 年 3 月 1 日	—
18	《电力监管条例》	2005 年 5 月 1 日	—
19	《中华人民共和国海域使用管理法》	2002 年 1 月 1 日	—

续表

序号	法规名称	实施日期	最新修订日期
20	《中华人民共和国水上水下活动通航安全管理规定》	2016 年 9 月 2 日	—
21	《防治海洋工程建设项目污染损害海洋环境管理条例》	2006 年 11 月 1 日	—
22	《中华人民共和国航道法》	2015 年 3 月 1 日	2016 年 7 月 2 日
23	《中华人民共和国航标条例》	1995 年 12 月 3 日	—
24	《中华人民共和国船舶和海上设施检验条例》	1993 年 2 月 14 日	2019 年 3 月 18 日
25	《中华人民共和国航道管理条例实施细则》	1991 年 10 月 1 日	—
26	《中华人民共和国船舶和海上设施检验条例》	1993 年 2 月 14 日	—
27	《铺设海底电缆管道管理规定》	1989 年 3 月 1 日	—
28	《海上风电工程环境影响评价技术规范》	2014 年 4 月 17 日	—
29	《风电场工程建设用地和环境保护管理暂行办法》	2005 年 8 月 9 日	—
30	《可再生能源发电价格和费用分摊管理试行办法》	2006 年 1 月 1 日	—
31	《承装（修、试）电力设施许可证管理办法（2009 修订）》	2010 年 3 月 1 日	—
32	《防治海洋工程建设项目污染损害海洋环境管理条例》	2006 年 11 月 1 日	2018 年 3 月 19 日
33	《海上风电开发建设管理办法》	2016 年 12 月 29 日	—
34	《全国海洋主体功能区规划》	2015 年 8 月 1 日	—
35	《能源发展战略行动计划（2014～2020 年）》	2014 年 6 月 7 日	—
36	《海洋工程环境影响评价管理规定》	2017 年 4 月 27 日	—

第三节 海上风电相关保险法规

汇总国内海上风电相关保险法规如表 16－7 所示。

表 16－7　　国内海上风电相关保险法规汇总

序号	法规名称	实施日期	最新修订日期
1	《中华人民共和国保险法》	1995 年 6 月 30 日	2015 年 4 月 24 日
2	《保险经纪人监管规定》	2018 年 5 月 1 日	—
3	《保险经纪机构监管规定（2015 年修订）》	2009 年 10 月 1 日	2015 年 10 月 19 日
4	《保险公估机构监管规定》	2009 年 10 月 1 日	2015 年 10 月 19 日

附录　海上风电开发建设管理办法

（国能新能〔2016〕394号）

第一章　总　　则

第一条　为规范海上风电项目开发建设管理，促进海上风电有序开发、规范建设和持续发展，根据《行政许可法》《可再生能源法》《海域使用管理法》《海洋环境保护法》和《海岛保护法》，特制定本办法。

第二条　本办法所称海上风电项目是指沿海多年平均大潮高潮线以下海域的风电项目，包括在相应开发海域内无居民海岛上的风电项目。

第三条　海上风电开发建设管理包括海上风电发展规划、项目核准、海域海岛使用、环境保护、施工及运行等环节的行政组织管理和技术质量管理。

第四条　国家能源局负责全国海上风电开发建设管理。各省（自治区、直辖市）能源主管部门在国家能源局指导下，负责本地区海上风电开发建设管理。可再生能源技术支撑单位做好海上风电技术服务。

第五条　海洋行政主管部门负责海上风电开发建设海域海岛使用和环境保护的管理和监督。

第二章　发　展　规　划

第六条　海上风电发展规划包括全国海上风电发展规划、各省（自治区、直辖市）以及市县级海上风电发展规划。全国海上风电发展规划和各省（自治区、直辖市）海上风电发展规划应当与可再生能源发展规划、海洋主体功能区规划、海洋功能区划、海岛保护规划、海洋经济发展规划相协调。各省（自治区、直辖市）海上风电发展规划应符合全国海上风电发展规划。

第七条　海上风电场应当按照生态文明建设要求，统筹考虑开发强度和资源环境承载能力，原则上应在离岸距离不少于10km、滩涂宽度超过10km时海域水深不得少于10m的海域布局。在各种海洋自然保护区、海洋特别保护区、自然历史遗迹保护区、重要渔业水域、河口、海湾、滨海湿地、鸟类迁徙通道、栖息地等重要、敏感和脆弱生态区域，以及划定的生态红线区内不得规划布局海上风电场。

第八条　国家能源局统一组织全国海上风电发展规划编制和管理；会同国家海洋局审定各省（自治区、直辖市）海上风电发展规划；适时组织有关技术单位对各省（自治区、直辖市）海上风电发展规划进行评估。

第九条　各省（自治区、直辖市）能源主管部门组织有关单位，按照标准要求编制本省（自治区、直辖市）管理海域内的海上风电发展规划，并落实电网接入方案和市场消纳方案。

第十条　各省（自治区、直辖市）海洋行政主管部门，根据全国和各省（自治区、直辖市）海洋主体功能区规划、海洋功能区划、海岛保护规划、海洋经济发展规划，对本地区海上风电发展规划提出用海用岛初审和环境影响评价初步意见。

第十一条　鼓励海上风能资源丰富、潜在开发规模较大的沿海县市编制本辖区海上风电规划，重点研究海域使用、海缆路由及配套电网工程规划等工作，上报当地省级能源主管部门审定。

第十二条　各省（自治区、直辖市）能源主管部门可根据国家可再生能源发展相关政策及海上风电行业发展状况，开展海上风电发展规划滚动调整工作，具体程序按照规划编制要求进行。

第三章　项　目　核　准

第十三条　省级及以下能源主管部门按照有关法律法规，依据经国家能源局审定的海上风电发展规划，核准具备建设条件的海上风电项目。核准文件应及时对全社会公开并抄送国家能源局和同级海洋行政主管部门。

未纳入海上风电发展规划的海上风电项目，开发企业不得开展海上风电项目建设。

鼓励海上风电项目采取连片规模化方式开发建设。

第十四条　国家能源局组织有关技术单位按年度对全国海上风电核准建设情况进行评估总结，根据产业发展的实际情况完善支持海上风电发展的政策措施和规划调整的建议。

第十五条　鼓励海上风电项目采取招标方式选择开发投资企业，各省（自治区、直辖市）能源主管部门组织开展招投标工作，上网电价、工程方案、技术能力等作为重要考量指标。

第十六条　项目投资企业应按要求落实工程建设方案和建设条件，办理项目核准所需的支持性文件。

第十七条　省级及以下能源主管部门应严格按照有关法律法规明确海上风电项目核准所需支持性文件，不得随意增加支持性文件。

第十八条　项目开工前，应落实有关利益协调解决方案或协议，完成通航安全、接入系统等相关专题的论证工作，并依法取得相应主管部门的批复文件。

海底电缆按照《铺设海底电缆管道管理规定》及实施办法的规定，办理路由调查勘测及铺设施工许可手续。

第四章　海域海岛使用

第十九条　海上风电项目建设用海应遵循节约和集约利用海域和海岸线资源的原则，合理布局，统一规划海上送出工程输电电缆通道和登陆点，严格限制无居民海岛风电项目建设。

第二十条　海上风电项目建设用海面积和范围按照风电设施实际占用海域面积和安全区占用海域面积界定。海上风电机组用海面积为所有风电机组塔架占用海域面积之和，单个风电机组塔架用海面积一般按塔架中心点至基础外缘线点再向外扩 50m 为半径的圆形区域计算；海底电缆用海面积按电缆外缘向两侧各外扩 10m 宽为界计算；其他永久设施用海面积按《海籍调查规范》的规定计算。各种用海面积不重复计算。

第二十一条 项目单位向省级及以下能源主管部门申请核准前，应向海洋行政主管部门提出用海预审申请，按规定程序和要求审查后，由海洋行政主管部门出具项目用海预审意见。

第二十二条 海上风电项目核准后，项目单位应按照程序及时向海洋行政主管部门提出海域使用申请，依法取得海域使用权后方可开工建设。

第二十三条 使用无居民海岛建设海上风电的项目单位应当按照《海岛保护法》等法律法规办理无居民海岛使用申请审批手续，并取得无居民海岛使用权后，方可开工建设。

第五章 环 境 保 护

第二十四条 项目单位在提出海域使用权申请前，应当按照《海洋环境保护法》《防治海洋工程建设项目污染损害海洋环境管理条例》、地方海洋环境保护相关法规及相关技术标准要求，委托有相应资质的机构编制海上风电项目环境影响报告书，报海洋行政主管部门审查批准。

第二十五条 海上风电项目核准后，项目单位应按环境影响报告书及批准意见的要求，加强环境保护设计，落实环境保护措施；项目核准后建设条件发生变化，应在开工前按《海洋工程环境影响评价管理规定》办理。

第二十六条 海上风电项目建成后，按规定程序申请环境保护设施竣工验收，验收合格后，该项目方可正式投入运营。

第六章 施 工 及 运 行

第二十七条 海上风电项目经核准后，项目单位应制定施工方案，办理相关施工手续，施工企业应具备海洋工程施工资质。项目单位和施工企业应制定应急预案。

项目开工以第一台风电机组基础施工为标志。

第二十八条 项目单位负责海上风电项目的竣工验收工作，项目所在省（自治区、直辖市）能源主管部门负责海上风电项目竣工验收的协调和监督工作。

第二十九条 项目单位应建立自动化风电机组监控系统，按规定向电网调度机构和国家可再生能源信息管理中心传送风电场的相关数据。

第三十条 项目单位应建立安全生产制度，发生重大事故和设备故障应及时向电网调度机构、当地能源主管部门和能源监管派出机构报告，当地能源主管部门和能源监管派出机构按照有关规定向国家能源局报告。

第三十一条 项目单位应长期监测项目所在区域的风资源、海洋环境等数据，监测结果应定期向省级能源主管部门、海洋行政主管部门和国家可再生能源信息管理中心报告。

第三十二条 新建项目投产一年后，项目建设单位应视实际情况，及时委托有资质的咨询单位，对项目建设和运行情况进行后评估，并向省级能源主管部门报备。

第三十三条 海上风电设计方案、建设施工、验收及运行等必须严格遵守国家、地方、行业相关标准、规程规范，国家能源局组织相关机构进行工程质量监督检查工作，形成海上风电项目质量监督检查评价工作报告，并向全社会予以发布。

第七章 其 他

第三十四条 海上风电基地或大型海上风电项目，可由当地省级能源主管部门组织有关单位统一协调办理电网接入系统、建设用海预审、环境影响评价等相关手续。

第三十五条 各省（自治区、直辖市）能源主管部门可根据本办法，制定本地区海上风电开发建设管理办法实施细则。

第八章 附 则

第三十六条 本办法由国家能源局和国家海洋局负责解释。

第三十七条 本办法由国家能源局和国家海洋局联合发布，自发布之日起施行，原发布的《海上风电开发建设管理暂行办法》（国能新能〔2010〕29 号）和《海上风电开发建设管理暂行办法实施细则》（国能新能〔2011〕210 号）自动失效。

参 考 文 献

[1] Design of Offshore Wind Turbine Structures：DNVOS－J101 [S]. DNV，2014.
[2] Fatigue design of offshore steel structures：DNVGL－RP－C203 [S]. DNVGL，2016.
[3] Guideline for certification of offshore wind turbines [S]. GL，2012.
[4] John Twidell，Gaetano Gaudiosi. 海上风力发电 [M]. 张亮，白勇，译. 北京：海洋出版社，2012.
[5] Support Structures for Wind Turbines：DNVGL－ST－0126 [S]. DNVGL，2016.
[6] Thomas Worzyk. Submarine Power Cables：Design，Installation，Repair，Environmental Aspects [M]. Springer－Verlag Berlin Heidelberg：2009：161－177.
[7] Thomas Worzyk.海底电力电缆——设计、安装、修复和环境影响 [M]. 应启良，徐晓峰，孙建生，译. 北京：机械工业出版社，2011.
[8] Truels Kjer，张宇，杨昕昕. 浅析海上风电风险和保险解决方案 [J]. 风能，2019（6）：64－65.
[9] 毕亚雄，赵生校，孙强，等. 海上风电发展研究 [M]. 北京：中国水利水电出版社，2017.
[10] 蔡志刚. 海上风力发电机筒型基础稳定性研究 [D]. 天津大学，2012.
[11] 岑贞锦，蒋道宇，张维佳，蔡驰. 海底电缆检测技术方法选择分析 [J]. 南方能源建设，2017，4（3）：85－91+96.
[12] 陈晶. 导管架式海上风电基础结构分析 [D]. 2014.
[13] 陈丽蓉，兰宏亮，钟正雄. 大型海上风电场地质灾害危险性评估技术方法探讨 [J]. 上海地质，2009，2：44－47.
[14] 陈楠. 海上风电场升压站电气设计及其可靠性评估 [D]. 华南理工大学，2011.
[15] 陈小海，张新刚. 海上风电场施工建设 [M]. 北京：中国电力出版社，2018.
[16] 陈小海，张新刚. 海上风力发电机设计开发 [M]. 北京：中国电力出版社，2018.
[17] 陈晓明，王红梅，刘燕星，等. 海上风电环境影响评估及对策研究 [J]. 设计开发，2010：26－31.
[18] 丹麦 Ris 国家实验室，挪威船级社. 风力发电机组设计导则 [M]. 北京：机械工业出版社，2011.
[19] 杜鹃，陈玲. 再保险 [M]. 上海：上海财经大学出版社，2009.
[20] 杜肖洁. 海上风电项目风险分析研究 [D]. 中国海洋大学，2014.
[21] 方涛，黄维学. 大型海上风电机组的运输、安装和维护的研究 [C] // 中国农机工业协会风能设备分会风能产业. 2013（7）.
[22] 冯琴. 风电机组紧固件的要求及制造工艺 [J]. 电气制造，2012（3）：54－56.
[23] 官兵. 全球再保险市场结构的对比分析 [J]. 保险研究，2008（2）：32－35.
[24] 韩宁宁. 海上风电施工方案及难点问题探讨[J]. 工程经济，2018，28（12）：34－37.

［25］韩志伟，周红杰，李春，等. 海上风力机与船舶碰撞的动力响应及防碰装置[J]. 中国机械工程，2019，30（12）：1387－1394.
［26］胡炳志，陈之楚. 再保险（第2版）[M]. 北京：中国金融出版社，2006.
［27］黄玲玲，曹家麟，张开华，等. 海上风电机组运行维护现状研究与展望［J］. 中国电机工程学报，2016，36（3）：729－738.
［28］贾若. 进一步推动再保险市场的全球化［N］. 中国保险报，2018－11－06（004）.
［29］金伟良，郑忠双，李海波. 地震载荷作用下海洋平台结构物动力可靠度分析［J］. 浙江大学学报，2002，36（3）：233－238.
［30］李冰. 海底电力电缆风险因素分析及其评价［D］. 大连理工大学，2014.
［31］李宏伟，王宗辰，原野，等. 渤海海域地震海啸灾害概率性风险评估［J］. 海洋学报，2019，41（1）：51－57.
［32］李静，谢珍珍，陈小波. 基于SVM的海上风电项目运行期风险评价［J］. 工程管理学报，2013，27（4）：51－55.
［33］李显强. 海上风电机组雷电防护研究［D］. 湖北：武汉大学，2015.
［34］李晓峰. 大型双馈风力发电机设计和制造工艺［D］. 湖南：湘潭大学，2014.
［35］梁利生. 钢结构表面腐蚀的危害与防护［J］. 山西建筑，2007（30）：171－172.
［36］刘帆，徐善辉，窦星慧，等. 重力式导管架大直径导管制造工艺［J］. 中国海洋平台，2018，190（4）：99－105.
［37］刘木清.3.6MW海上双馈风力发电机设计研究［D］. 上海：上海交通大学，2012.
［38］刘新立. 风险管理（第二版）[M]. 北京：北京大学出版社，2014.
［39］马冬辉，祖巍. 基于风险的导管架平台水下结构安全检测规划［J］. 船舶，2017，28（6）：8－12.
［40］牟宝喜. 工程风险与风险管理［M］. 海口：南海出版社，2010.
［41］欧阳子泰，吕未. 海上风电项目风险分析研究[J]. 中国水运，2019（11）：35－36.
［42］秦杰，杨震，尚士杰. 风电设备现场安装与调试技术浅析［J］. 中国战略新兴产业，2019（4）：165.
［43］曲恒民. 浅论兆瓦级风电机组塔架制造的新工艺、新方法［C］. 中国钢结构行业大会，2012.
［44］全国风力机械标准化技术委员会. 海上风力发电机组设计要求，GB/T 31517—2015［S］. 北京：中国标准出版社，2015.
［45］全国风力机械标准化技术委员会. 海上风力发电机组运行及维护要求，GB/T 37424—2019［S］. 北京：中国标准出版社，2019.
［46］任文毅，谭凯，周意普. 风电机组装配工艺验证的应用[J]. 风能，2016，71（1）：62－64.
［47］沈贤达，张洁，郭辰，等. 基于风险分析的海上风机基础安全性评价研究[J]. 水利学报，2015（S1）：334－338.
［48］施岐璘，李子林，胡蕊，等. 浅析海上风电项目风险及保险管理［J］. 风能，2016（3）：44－47.

[49] 史鑫蕊. 国际再保险公司全球业务管理模式及其借鉴 [J]. 保险研究，2013（1）：68－77+96.
[50] 双红，龙卫洋. 再保险理论与实务 [M]. 北京：电子工业出版社，2011.
[51] 苏荣，元国凯. 海上风电场海底电缆防护方案研究 [J]. 南方能源建设，2018，5（2）：121－125.
[52] 王福禄，奚玲玲，孙佳林. 风机主控系统调试与分析 [J]. 装备机械，2012（3）：53－58.
[53] 王开. 中国再保险市场发展研究 [J]. 中国市场，2017（24）：97－98.
[54] 王思佳. 谁为中国海上风电扎紧“保险”[J]. 中国船检，2019（5）：19－22.
[55] 王文刚. 3MW 风力发电机组生产工艺研究 [D]. 北京：华北电力大学，2015.
[56] 王绪瑾. 保险学（第六版）[M]. 北京：高等教育出版社，2017.
[57] 王绪瑾. 财产保险（第二版）[M]. 北京：北京大学出版社，2017.
[58] 为泽，冯宾春，邓杰. 海上风电机组安装概述 [J]. 水利水电技术，2009，40（9）：4－7+11.
[59] 吴佳梁，李成锋. 海上风力发电技术 [M]. 北京：化学工业出版社，2010.
[60] 吴益航. 海上风电运行维护问题策略探索 [J]. 电力设备管理，2018（12）：67－69.
[61] 谢尧. 浅析风电液压系统总成设计与调试 [J]. 山东工业技术，2018（14）：108.
[62] 谢珍珍. 海上风电项目运行期风险评价研究 [D]. 辽宁：大连理工大学，2013.
[63] 杨静东. 风力发电场运行维护与检修 [M]. 北京：中国水利水电出版社，2014.
[64] 杨亚. 欧洲海上风电发展趋势与政策机制的启示与借鉴 [J]. 中国能源，2017，39（10）：8－14.
[65] 应世昌. 新编海上保险学（第二版）[M]. 上海：同济大学出版社，2010.
[66] 于继海. 海洋生物附着及对水泥基材料表面及性能影响研究 [D]. 山东：暨南大学，2017.
[67] 于永纯. 海上风力发电机组调试与维护 [M]. 北京：中国电力出版社，2017.
[68] 在役导管架平台结构检验指南，GD 08—2013 [S]. 中国船级社，2013.
[69] 张超然，李靖，刘星. 海上风电场建设重大工程问题探讨 [J]. 中国工程科学，2010（11）：12－17.
[70] 张驰. 风电场升压站电气设备安装与调试探究 [J]. 河北：科技风，2018（2）：163.
[71] 张金接，符平，凌永玉. 海上风电场建设技术与实践 [M]. 北京：中国水利水电出版社，2013.
[72] 张宇鑫，张维佳，陈政. 基于风险概率和复杂海床地质条件的海底电缆差异化保护方案研究 [J]. 通讯世界，2017（24）：241－242.
[73] 张振，杨源，阳熹. 海上风电机组辅助监控系统方案设计 [J]. 南方能源建设，2019，6（1）：49－54.
[74] 赵远涛，罗楚军，李健，等. 海南联网工程海底电缆风险分析 [J]. 中国电业（技术版），2014（10）：70－73.

［75］郑伯兴，苏荣，冯奕敏. 海上风电场升压站风险分析与管控研究［J］. 南方能源建设，2018，5（S1）：228－231.
［76］郑功成，许飞琼. 财产保险（第五版）［M］. 北京：中国金融出版社，2015.
［77］郑小惠. 论国内海上风电项目保险管理及解决方案［J］. 中国市场，2019（8）：51－52.
［78］郑小惠. 浅谈国内海上风电项目保险管理及解决方案（上）［N］. 中国保险报，2018－11－23（004）.
［79］郑小惠. 浅谈国内海上风电项目保险管理及解决方案（下）［N］. 中国保险报，2018－11－27（004）.
［80］中国电力企业联合会. 海上风电场风力发电机组基础技术要求，GB/T 36569—2018［S］. 北京：中国标准出版社，2018.
［81］中国建筑科学研究院. 混凝土结构设计规范，GB 50010—2010［S］. 北京：中国建筑工业出版社，2010.
［82］中交第三航务工程勘察设计院有限公司，等. 港口工程桩基规范，JTS 167－4—2012［S］. 北京：人民交通出版社，2012.
［83］中交水运规划设计院，等. 港口工程钢结构设计规范，JTJ 283—1999［S］. 北京：人民交通出版社，1999.
［84］周意普，谭杨，李龙. 风力发电机组制造工艺管理研究［J］. 风能，2014（7）：68–71.
［85］朱军，张伦伟. 海上升压站导管架平台的建造工艺研究［J］. 装备制造技术，2018，288（12）：175－179.
［86］朱蕊. 深化开放背景下国际再保险市场环境及再保险公司经营绩效分析［J］. 未来与发展，2019，43（5）：73－77.